兽医临床经典案例解析丛书

犬病临床诊疗实例解析

贺生中　卓国荣　主编

中国农业出版社

本书有关用药的声明

兽医科学是一门不断发展的学问。用药安全注意事项必须遵守，但随着最新研究及临床经验的发展，知识也不断更新，因此治疗方法及用药也必须或有必要做相应的调整。建议读者在使用每一种药物之前，要参阅厂家提供的产品说明以确认推荐的药物用量、用药方法、所需用药的时间及禁忌等。医生有责任根据经验和对患病动物的了解决定用药量及选择最佳治疗方案，出版社和作者对任何在治疗中所发生的对患病动物和/或财产所造成的损害不承担任何责任。

中国农业出版社

内 容 提 要

　　本书由多年从事犬病诊疗临床实践、教学和科研的教师和专家编写，主要内容包括犬病诊疗的基础知识，临诊中常见的传染病、寄生虫病、内科病、外科病及产科病等疾病的诊断技巧和治疗措施，着重强调了实验室检查在犬病临床诊疗中的应用。每一种疾病，包括临诊实例、病因浅析、初诊依据、定性诊断、药敏试验、防控措施及经验小结等内容。内容丰富、重点突出、实用性强，可作为宠物门诊、宠物饲养等有关技术人员的工具书和参考书，亦可供农业职业院校宠物医学、宠物护理与美容、宠物养护与疫病防治等专业教学辅导用书。

编写人员

主　编　贺生中　卓国荣

副主编　张　鸿　陆　江

编　者　贺生中　卓国荣　张　鸿　陆　江

　　　　赵学刚　刘　静　周伟伟　张　斌

　　　　卢　炜　傅宏庆　李　玲　翟晓虎

　　　　周红蕾　郑筱峰　姚　平　王　鉴

　　　　舒永芳

审　稿　黄秀明

前　言

　　随着我国"宠物热"的发展，居民饲养宠物犬的数量和质量得到了很大的提高。同时，也带动了围绕宠物犬的一系列产业的大发展，既提高了居民的生活质量，也促进了经济的发展。在此过程中，犬的疾病发生率也不断提高，并且出现了许多新病，增加了宠物犬疾病诊治的难度。为此，编写此书供相关人员参考。

　　本书结合临诊实际情况，以犬病实例为特色，以实践需要为目的，以病例分析、强化应用为重点，在保持科学性和系统性的基础上，突出简便性、应用性和实践性；以我国目前有代表性的犬常见多发病和危害严重的疾病为重点内容，兼顾同类疾病的鉴别诊断和疑难杂症的诊疗要点，贯彻中西医结合的治疗方针，选编部分行之有效的中兽医经验良方和针灸方法，满足不同层次的读者需求。

　　本书共六章，分别为犬病基本诊疗方法、传染病、寄生虫病、内科病、外科病及产科病。第一章由贺生中、卓国荣编写，第二章由赵学刚、刘静编写，第三章由周伟伟、张鸿编写，第四章由张斌、卢炜、傅宏庆、陆江、王鉴编写，第五章由李玲、卓国荣、翟晓虎、周红蕾、舒永芳编写，第六章由郑筱峰、姚平编写。张斌、周红蕾对本书编写提纲提出有益意见，全书由贺生中统稿，黄秀明审稿。

　　由于本书涉及领域较广，并且近年来诊疗技术发展迅速，在资料搜集过程中难免遗漏，加之我们的编写经验不足、水平有限，书中仍存在缺点和不足，恳请读者批评指正。

编　者

2011 年 3 月

目 录 ●●

第一章
犬病基本诊疗方法

一、生理常数

犬的生理常数：寿命为 10～20 岁；性成熟为 7～12 月龄；繁殖适龄期为 1～2 岁龄；性周期为 180（126～240）天；妊娠期为 60（58～63）天；哺乳期为 50～60 天；直肠体温为 37.5～38.5℃（成年犬），38.5～39℃（幼年犬）；心率（脉搏）为 70～120 次/min；呼吸频率为 10～30 次/min。

二、保定方法

为防止人被犬咬伤，尤其对于具有攻击性的犬只，在接近犬只前都应采取合适的保定方法。临床中常用的保定方法有扎口保定、口笼保定、项圈保定、徒手保定和手术台保定等。

扎口保定法是用绷带（或细的软绳）在犬嘴中间绕两次，打一活结圈，套在嘴后颜面部，在下颌间隙系紧，然后将绷带两游离端沿下颌拉向耳后，在颈背侧枕部收紧打结。这种保定方法可靠，一般不易被自抓松脱。本方法适合保定长嘴犬。

口笼保定法是用牛皮革制成的犬口笼给犬套上，将其带子绕过耳扣牢。市场上或宠物用品商店售有各种型号和不同形状的口笼，此法主要用于大型犬。

项圈保定法是用大小适宜的伊丽莎白项圈套在犬颈部，从而遮挡住犬头部，防止其撕咬伤口或咬人，本法适宜于中小型犬。

徒手犬头保定法是保定者站在犬一侧，一手托住犬下颌部，一手固定犬头背部，握紧犬嘴。此法适用于幼年犬和温驯的成年犬。

犬手术台保定法有侧卧、仰卧和胸卧保定三种。保定前，犬应进行麻醉。根据手术需要，选择不同体位。

三、临床检查方法

临床检查方法主要包括问诊、视诊、触诊、叩诊、听诊和嗅诊。

问诊就是询问宠物主人而获取病史资料的过程，又称病史采集，通过问诊可了解疾病的现状和历史，这是认识疾病的开始，也是诊断疾病的重要方法之一。问诊得到的结果对了解疾病的发生、发展情况和对疾病的诊断及治疗具有重要意义，既可为兽医师提示诊断的思考方法和范围，又可为进一步检查提供线索。

视诊是以视觉来观察病畜全身状况或局部状态的诊断方法，包括用肉眼观察的直接视诊和借助于某些器械进行观察的间接视诊两类。

触诊就是利用检查者的手或借助检查器具触压动物体，根据感觉了解组织器官有无异常变化的一种诊断方法。触诊主要是由检查者的手来完成的，而手的感觉以指腹和掌指关节部掌面的皮肤最为敏感，故多用这两个部位进行触诊。触诊可确定病变的位置、硬度、大小、轮廓、温度、压痛及移动性和表面的状态。

叩诊是对动物体表某一部位进行叩击，使之振动并产生音响，根据产生音响的性质，去判断被叩击部位及其深部器官的物理状态，间接地确定该部位有无异常的诊断方法。

听诊是以听觉听取动物内部器官所产生的自然声音，根据声音的特性判断内部器官物理状态与机能活动的诊断方法，是临床上诊断疾病的一项基本技能和重要手段，在诊断心脏、肺脏和胃肠疾病中尤为重要。

嗅诊是以检查者的嗅觉闻动物呼出的气体、排泄物及病理性分泌物的气味，并判定异常气味与疾病之间关系的诊断方法。嗅诊时检查者用手将患畜散发的气味扇向自己鼻部，然后仔细判定气味的特点与性质。

四、临床检查程序

(一)临床检查常规程序

临床检查应遵循的检查程序为首先进行登记、询问病史，以获得对病犬一般的了解。在此基础上进行一般体格检查，而后分系统进行器官检查，最后进行补充性的实验室检查和特殊检查。

(二)临床检查的项目

1. 一般检查 一般检查包括整体状态的观察，可视黏膜、被毛、皮肤和淋巴结的检查，以及体温、脉搏、呼吸次数的测定。

2. 系统检查 包括心脏血管系统检查，呼吸系统检查，消化系统检查，泌尿生殖系统检查，神经系统检查，血液系统检查等。

3. 实验室检查及特殊检查 主要指必要的实验室检验、X射线检查、心电图检查和超声检查等。

在临床实际工作中，并非对每个病例全部实施上述临床检查项目，兽医师应根据不同疾病的特点决定需要检查的内容和次序。但有一条原则必须遵守，就是在临床上必须详细地和全面地检查主要的系统和器官，甚至在病因已被查明、病变部位已被确定的情况下，也应重视其他器官的检查，这样才不至于遗漏各种伴随症状或并发病。

五、实验室检查

目前，宠物行业实验室检查主要包括血液常规检验、血液生化检验、粪便检验、尿液检验、皮肤化验。

血液常规检验是临床最常用的检验手段，方便快捷、成本低，对于疾病的诊断有极其重要的意义，可用于贫血、炎症、病毒性感染、寄生虫感染、过敏以及应激等许多疾病的诊断参考，还可以监测疾病的发展，用于机体状态的评估和疾病预后的推断等。

血液生化检验主要检测肝功、肾功、血糖、血脂、电解质、总蛋白、白蛋白、血钙、血氨、镁、铁、氯化物等，用于诊断肝病、肾病、糖尿病、电解质紊乱，了解体内营养状况，能够发现体内潜在病变，尤其针对老年性、慢性内科病诊断治疗有重要意义。

粪便检验主要用于诊断是否有细小病毒病，是否有胃肠道出血，是否有寄生虫虫卵，是否有肠道炎症，对于拉稀的犬有鉴别诊断意义。

尿液检验主要用于检验泌尿系统疾病、肾脏疾病、肝脏疾病、糖尿病。对于有尿频、尿血、尿淋漓、尿混浊、或尿量突然增多或突然减少、或怀疑有糖尿病的犬应先作尿液检验。

皮肤化验主要通过刮取皮肤表层物质作显微镜检查，观察是否有皮肤疥螨、蠕形螨、真菌、细菌等。由于皮肤病外观症状都比较相似，故一般皮肤问题都建议先做皮肤化验作参考。

六、采血技术

采血时可选用静脉采血和心脏采血。采血之前对犬进行合适的保定。

静脉采血：选用部位有颈静脉、前肢头静脉、后肢隐外静脉或隐内静脉等。采血时，将宠物侧卧保定，局部剪毛消毒，助手握住采血部的上方，或用血带结扎，待静脉血管怒张显露后，用5～7号针头或小儿头皮针，以与皮肤呈45°角刺入皮下，刺入血管后再沿血管推入0.5～1cm，连接干燥消毒的注射器抽出血液。

心脏采血：必要时，可在胸右侧第4或第5肋间的胸骨之上，肘突水平线上，进行心穿刺。采血时用长约5cm的乳胶管连接在注射器上，手持针头，垂直进针，边刺边回抽注射器活塞，将血采出。

七、导尿技术

导尿法是指应用导尿管将贮积在膀胱内的尿液导出体外的方法。导尿常用于：尿闭塞的治疗，膀胱的清洗；采集膀胱内的尿液以进行化验。插导尿管时一定要慎重，要严格消毒。使用未消毒的器械及不规范的操作是导致尿路感染、尿道损伤、膀胱破裂的主要原因。

（一）雄犬导尿法

1. 所需物品　消毒的导尿管、灭菌润滑油、新洁尔灭、灭菌手套、灭菌止血钳、一次性注射器（20mL）、积尿杯、抗菌药物溶液。

2. 导尿方法　横卧保定，上侧后肢向前牵拉并保持屈曲状态。剥开包皮显露龟头、用0.1％新洁尔灭溶液洗净龟头。选择适宜尺寸的导尿管，在其前端涂2～3cm长的灭菌凡士林进行润滑，从尿道口将导尿管插入尿道内。在前送导尿管时，可以用戴灭菌手套的手或止血钳进行前送，当前送困难时，也可以在导尿管内穿入细钢丝，以增加导尿管的硬度。当导尿管不能顺利通过尿道到达膀胱时，则可能存在尿道结石、前列腺肿或尿道狭窄。

如果患犬体小，则应更换细的导尿管。当导尿管插入膀胱内时，将有尿液流出，用 20mL 注射器采集尿液（或用积尿杯收集）。导尿终止时，将 2～5mL 的抗菌药物溶液注入膀胱内，然后拔出导尿管。

（二）雌犬导尿法

1. 所需物品　灭菌的金属或塑料制的雌犬用导尿管、开膣器、一次性 20mL 注射器、0.1％新洁尔灭、0.5％利多卡因、积尿杯、5mL 呋喃西林溶液。

2. 导尿方法　用 0.1％新洁尔灭将阴门彻底清洗消毒。为降低插管的不适感，可将 0.5％的利多卡因溶液滴入阴道内。在站立位下，即使不能看到尿道开口的隆起，也可以将导尿管插入尿道内。如果操作困难，则可以用开膣器观察到尿道口的隆起。如果插入困难，还可以采取仰卧保定，通过开膣器确定尿道口。导尿后应向膀胱内注入 5mL 呋喃西林溶液。

八、灌肠技术

灌肠法用于促进有毒物质的排出、催吐（高压灌肠）、松解套叠的肠管、补液等。用于深部给药或补液时，应注意选择无刺激性、等体温、等渗的液体，剂量一般应按每千克体重 8～12mL，且灌肠时动作应轻柔。

用于高压灌肠以松解套叠的肠管或催吐时，应选用单向灌肠器，并捏紧动物的肛门，通过灌入液体的压力使套叠的肠管松解，或促进呕吐。

灌肠的操作方法是：首先配制好灌肠液体并盛于专用的灌肠容器内，然后将肛门管的尖部涂以液体石蜡，术者以右手拿肛门管游离端，左手虎口从尾背侧向下抵住尾根，用拇指与食指和中指相对捏住肛门，右手将肛门管缓缓插入肛门内，助手轻轻加压，灌入灌肠液，术者继续向深部送入肛门管，抵达一定深度后固定肛门管，并捏紧肛门，进行灌肠；待灌肠完后拔出肛门管，再捏紧肛门一会。然后松开，让动物自由活动。如用于松解肠套叠时，可在灌肠时轻揉腹部，协助完成。

九、洗胃技术

洗胃法用于中毒的宠物需要排出胃内毒物或使毒物毒性降低乃至消失。洗胃前首先要插入气管插管，并使气管插管的气囊充气。然后插入粗的胃导管，根据犬体重的大小注入 $100\sim300mL$ 的生理盐水或自来水，反复冲洗，直至洗净。或根据需要选择药物（如 $0.1\%\sim0.2\%$ 高锰酸钾、2% 碳酸氢钠、$0.2\%\sim0.5\%$ 硫酸铜、绿豆汤、0.5% 活性炭悬浊液）进行洗胃。也可用专用的洗胃机，通过负压吸取胃液进行洗胃。

十、穿刺技术

宠物临床常用的穿刺技术主要有腹腔穿刺和膀胱穿刺。

（一）腹腔穿刺术

1. 适应证 腹腔内有渗出液、漏出液或血液时，穿刺排出内容物；在疾病诊断时需要穿刺取其内容物，进行理化检查或病理学检查。

2. 器械 套管针或注射针。

3. 保定和麻醉 手术台上横卧保定。一般不用麻醉。

4. 手术方法 穿刺部位为腹部中线，在脐与耻骨前缘之间的中点处。穿刺部位剪毛、消毒。用套管针或注射针垂直刺入腹腔内，即有液体流出；套管针取出针芯即有液体流出。

排出内容物应缓慢地进行；有时内容物排出受阻，由于针孔被肠系膜或网膜堵塞所致，此时要摆动针头或在套管针内插入针芯，再取出针芯则继续流出。

（二）膀胱穿刺术

1. 适应证 尿闭时，其他导尿方法无效，防止发生膀胱破裂的急救方法。

2. 操作方法 术部，雌性犬在耻骨前缘前方的白线上或者膨胀最明显的部位；雄犬在耻骨前缘前方，阴茎侧方。术部剪毛、消毒，稍微移动皮肤，用注射针向膀胱垂直方向刺入即可排出尿液，排出尿液后拔出针头，消毒术部。

十一、输血技术

输血前应对血库血液或成分进行严格筛查，血浆变成棕色可能细菌污染。仔细观察标签上动物种类、品种、血型及有无交叉配血试验结果等，以防输错血，引起溶血反应。

输入的血液或其成分中，通常不加入其他药物或液体，因为加入低渗液体可引起溶血，如加入5％葡萄糖溶液；加入含有钙的溶液，如复方氯化钠溶液，将引起凝血。但为了稀释红细胞，减小黏稠度和加快输血速度，可加入0.9％氯化钠等渗溶液。

新鲜冰冻血浆在输入前应解冻。盛血浆的塑料袋，在冰冻之前最好放在纸盒里。从冰冻箱内取出纸盒后先加温，待塑料袋变温柔软时，才用手拿取，然后马上给动物输入。解冻一般用37℃水浴箱，不提倡用微波炉加温。

输血（或其成分）的途径，最常用的是静脉，在血管扁缩或幼小动物，难以输入时，可通过骨髓输入。骨髓输血后5min，95％以上红细胞可进入血液循环。临床上不提倡腹腔输血，以防引发腹膜炎。

输血速度，因输入血液成分及动物状况不同，其速度也不完全相同。全部输入量最迟应在 4h 内输完，以便减少细菌的繁殖。犬因输血发生溶血性休克相当快，输血开始后，要密切注意呼吸、心搏数和体温。

十二、消毒灭菌技术

灭菌是指用物理或化学方法将所有致病性和非致病性微生物全部杀灭。灭菌法是指杀灭或除去所有微生物的繁殖体和芽孢或孢子的技术。微生物包括细菌、真菌、病毒等。微生物的种类不同，灭菌的方法不同，灭菌效果也不同。细菌的芽孢具有较强的抗热能力，因此灭菌效果，常以杀灭芽孢为准。消毒是指杀灭物体上的微生物的繁殖体，不能保证杀死芽孢或孢子。灭菌与消毒在药品生产过程中是极为重要的，它是药品生产过程中一项重要的操作，也是保证药品质量的重要措施之一。

灭菌涉及厂房、设备、容器、洁具、工作服装、原辅材料、成品、包装材料、仪器等。灭菌法基本上分为二大类：物理方法（干热灭菌、湿热灭菌、射线灭菌、滤过灭菌）和化学方法（气体灭菌、药液灭菌）。

物理灭菌法包括热力、紫外线、放射线、超声波、高频电场、真空及微波灭菌等。医院常用的有热力和紫外线灭菌，其他方法均因可靠性差或对人体损害性大，不能得到广泛应用。紫外线灭菌主要用于室内空气消毒，因此本节只介绍热力灭菌。它包括干热灭菌与湿热灭菌，前者是通过使蛋白质氧化和近似炭化的形式杀灭细菌，包括火焰焚烧、高热空气。后者通过使蛋白质凝固来杀灭细菌，包括煮沸、流通蒸汽和高压蒸汽。高压蒸汽灭菌法是临床应用最普遍、效果可靠的灭菌方法。此法所用灭菌器的式样有很多种，但其原理和基本结构相同，是由一个具有两层壁能耐高压的锅炉所构成，蒸汽进入消毒室内，积聚而产生压力。

蒸汽的压力增高，温度也随之增高，当温度达 121～126℃ 时，维持 30min，即能杀死包括具有极强抵抗力的细菌芽孢在内的一切细菌，达到灭菌目的。

化学灭菌法用于锐利器械等不适于热力灭菌的器械，可用化学药液浸泡消毒。常用的化学消毒剂有下列几种：

70% 酒精：它能使细菌蛋白质变性沉淀，常用于刀片、剪刀、缝针及显微器械的消毒。一般浸泡 30min。酒精应每周过滤，并核对浓度一次。

2% 中性戊二醛水溶液：它可使蛋白质变性，浸泡时间为 30min，用途与 70% 酒精相同。药液需每周更换一次。

10% 甲醛溶液：能干扰蛋白质代谢和 DNA 合成，浸泡时间为 20～30min。适用于输尿管导管等树脂类、塑料类以及有机玻璃制品的消毒。

0.1% 苯扎溴铵（新洁尔灭）溶液：浸泡时间为 30min，亦可用于刀片、剪刀、缝针的消毒，但效果不及戊二醛溶液，故目前常用于持物钳的浸泡。

0.1% 氯己定（洗必泰）溶液：浸泡时间为 30min，抗菌作用较新洁尔灭强。

十三、麻醉技术

进行犬手术时必须选择适当的麻醉。在选择麻醉方法时应根据实验要求、犬的种属特性及客观条件选择安全、有效、简便、经济又便于管理的方法。由于犬不易配合手术，所以实际操作中常常选择犬全身麻醉，包括静脉麻醉、腹腔或肌内注射麻醉、吸入麻醉等。偶有手术选择局部麻醉、复合麻醉或气管插管全麻。注射麻醉目前常用"846"合剂（又名速眠新），由几种镇静剂和麻醉剂混合而成，含有保定宁、氟哌啶醇等成分，是一种安全范围较宽的麻醉复合制剂，具有中枢性镇痛、镇静和肌肉松弛作用。单独进行肌肉、腹腔或静脉注射可取得满意的麻醉效果。吸入麻醉是指由于麻醉剂经呼吸道进入机体后导致的可逆性全身痛觉和意识消失的状态。一般采用开放式吸入法，系用一端蒙上4～6层医用纱布的圆筒或锥形铁丝网犬口罩作为麻醉面罩，套在犬的口鼻上，将乙醚缓慢地滴在纱布上进行麻醉，待犬不再挣扎，呼吸平稳即可开始手术。手术过程中可以间断滴加乙醚，以维持麻醉深度。但是也必须避免麻醉过深而导致呼吸停止。

十四、手术操作基本技术

手术操作基本技术主要包括组织切开和剥离、止血与缝合。

(一) 组织切开和剥离

1. 原则

（1）组织切开前，必须了解局部的解剖关系，如组织的解剖层次，各层的厚度，血管、神经的分布，以及重要器官的表面解剖标志等。

（2）选择切口应接近病变器官，易于显露，损伤组织少，无重要血管、神经通过，易于愈合，不影响功能和美观的地方，关节处做S状切口，关节曲面做横切口。

（3）切口大小要合适，刀刃锋利，切口整齐。

2. 方法

（1）选好切口后，碘伏消毒，酒精脱碘后，按紧皮肤，垂直皮肤一刀切开。组织应逐层切入，不可一刀切之过深，或与纤维走向垂直切开，以免误伤组织。

（2）切开皮肤、皮下组织后，为了避免损伤深筋膜下的神经和血管，一般可在深筋膜下面使其与深层组织分开，然后切开深筋膜。

（3）肌膜可用刀切开，肌肉可沿肌纤维方向用刀柄、手指、拉钩做钝性分离，必要时也可将肌纤维切断。

（4）切开胸膜和腹膜时，应该避免损伤胸、腹腔内脏器，可采用手指、纱布、刀柄等隔离深部脏器，然后切开胸膜或腹膜。

（5）空腔脏器切开前，要用盐水纱布垫保护周围器官，以免污染。在切开同时，吸净脏器内流出的内容物。

（6）骨膜切开一般根据术野需要的长度切开骨膜，后用骨膜剥离器贴近骨质分离骨膜。

（二）止血

止血要迅速、准确而完善，这是减少失血、保证术野清楚，手术顺利进行的重要一环。

常见止血方法有：结扎止血、修补止血、压迫止血、填塞止血、电刀电凝止血和药物止血等。

（三）缝合

1. 缝合的原则

（1）必须按层次，同层组织准确对合。

（2）深浅合适，不留死腔。

（3）松紧合适，太紧影响血运，太松影响愈合。缝合时遇有张力，做减张缝合。

（4）一般皮肤缝合应避免内翻和严重外翻，皮肤松弛处，如阴囊做外翻缝合，胃肠道缝合时，应当使浆膜内翻，输尿管缝合时，应该外翻，内膜对内膜。

（5）感染的伤口仅做引流，不做缝合。

2. 组织缝合的方法

组织缝合的方法包括间断缝合法、连续缝合法、荷包缝合法、浆肌层间断内翻缝合法、全层间断内翻缝合法、浆肌层连续内翻缝合法和全层连续内翻缝合法。

十五、引流技术

（一）适应证

1. 皮肤和皮下组织切口严重污染，经过清创处理后，仍不能控制感染时，在切口内放置引流物，使切口内渗出液排出，以免潴留发生感染，一般需要引流 24～72h。

2. 脓肿切开排脓后，放置引流物，可使继续形成的脓液或分泌物不断排出，使脓腔逐渐缩小而治愈。

（二）引流种类

1. 纱布条引流　应用防腐灭菌的干纱布条涂上软膏，放置在腔内，排出腔内液体。纱布条引流在几小时内吸附创液，创液和血凝块沉积在纱布条上，会阻止进一步引流。

2. 胶管引流　应用乳胶管，在插入创腔前用剪刀将引流管剪成小孔，引流管小孔能引流出其周围的创液。这种引流管对组织无刺激作用，在组织内不变质，对组织引流的反应很小。应用这种引流能减少术后血液、创液的蓄留。

（三）引流的应用

创伤缝合时，引流管插入创内深部，创口缝合，引流的外部一端缝到皮肤上。在创内深处一端，由缝线固定。

（四）引流的护理

应该在无菌状态下引流，引流出口应该尽可能向下，有利于排液。出口下部皮肤涂有软膏，防止创液、脓汁等腐蚀、浸润被毛和皮肤。每天应该更换引流管或纱布，如果引流排出量较多，更换次数要多些。因为引流的外部已被污染，不应直接由引流管外部向创内冲洗，否则会使引流外部细菌和异物进入创内。要控制住病畜，防止引流被舔、咬或拉出创外。

十六、安乐死技术

安乐死是一种迅速结束绝症宠物生命以及减轻主人痛苦的最佳办法。适于安乐死的主要病症有：各种癌症晚期、久治不愈的高位截瘫、频发性治疗无效性犬瘟热、肾脏衰竭透析无效性尿毒症等。安乐死主要是选择一些对心脏等生命脏器有不可逆性损害的药，在投药的瞬间或一定时间内使犬丧失生命。目前使用最多的方法是在麻醉状态下，静脉推注 10% 的氯化钾 $10\sim20mL$，静脉注射部位为前臂头静脉或者心脏等。注射前一定要先撤除止血带，注射时要迅速，犬可在瞬间因心脏处于舒张期停搏而死亡。

第二章

传 染 病

一、病毒性传染病

(一) 犬瘟热

犬瘟热是由犬瘟热病毒引起犬科和鼬科动物的一种高度接触性、致死性传染病。早期双相热型，症状类似感冒，随后以支气管炎、卡他性肺炎、胃肠炎等为特征。病后期可见神经症状如痉挛、抽搐，有的伴有皮炎。部分病例可出现鼻部和角垫高度角质化（硬脚垫病）。

[临诊实例] 一犬主带着一条2岁多、体重约26kg的德国牧羊犬到宠物医院就诊。犬主诉：该犬有1周左右食欲不佳，咳嗽，流浓鼻液，鼻镜干裂，该犬一直未免疫。

[病因浅析] 本病由犬瘟热病毒感染所引起，患犬的分泌物如唾液、眼泪、鼻液、粪便、尿液等含有大量的病毒，并向外排泄，直接或间接传染给健康犬而发病。

[初诊依据] 对于典型病例，可根据临诊症状及流行病学特征作出初步诊断。

[定性诊断] 目前宠物医院普遍采用犬瘟热快速诊断试剂板进行确诊诊断。也可病毒分离鉴定：从自然感染病例分离病毒较为困难，可取典型病例的胸腺、脾和淋巴结等病料，接种雪貂脑内或易感幼犬腹腔，死后采取病料经常规处理后接种于犬肾细胞、犬巨噬细胞或鸡成纤维细胞进行病毒分离，再用已知标准阳

性血清作中和试验，以鉴定病毒。有条件的可用电子显微镜观察病毒形态，以确定病毒。

[**药敏试验**] 为有效地治疗继发感染，最好先做药敏试验，以筛选出敏感的药物供临床参考应用。

[**防控措施**] 一旦发生犬瘟热，为了防止疫情蔓延，必须迅速将病犬严格隔离，病舍及环境用火碱、次氯酸钠、来苏儿等彻底消毒。严格禁止病犬和健康犬接触。对尚未发病有感染可能的假定健康犬及受疫情威胁的犬，应立即用犬瘟热高免血清进行被动免疫或用小儿麻疹疫苗做紧急预防注射，待疫情稳定后，再注射犬瘟热疫苗。

在出现临诊症状之后，可用大剂量的犬瘟热高免血清进行注射，控制本病的发展。在犬瘟热最初发病期间给予大剂量的高免血清，可以使机体增加足够的抗体，防止出现临诊症状，达到治疗目的。对于犬瘟热临诊症状明显、出现神经症状的中后期病例，即使注射犬瘟热高免血清，大多也很难治愈。

对症治疗：补糖、补液、退热、防止继发感染、加强饲养管理等措施，对本病有一定的治疗作用。

[**经验小结**] 本病较难治疗，应以预防为主，定期进行犬瘟热疫苗免疫接种。免疫程序是：首免时间 50 日龄；二免时间 80 日龄；三免时间 110 日龄。三次免疫后，以后每年免疫一次。目前市场上出售的六联苗、五联苗、三联苗均可按以上程序进行免疫。

（二）犬细小病毒病

犬细小病毒病是犬的一种具有高度接触传染性的烈性传染病。临诊上以急性出血性肠炎和心肌炎为特征。

[**临诊实例**] 一犬主带着一条 4 月龄、体重约 9kg 的金毛犬到宠物医院就诊。犬主诉：1 周前刚买回，昨天洗了澡，今天开始呕吐，拉稀，不食。

[病因浅析] 犬细小病毒对犬具有高度的接触传染性,各种年龄和不同性别的犬都有易感性,但以刚断奶至 90 日龄的犬发病较多,病情也较严重。据临诊发病犬的种类来看,纯种犬及外来犬比土种犬发病率高。病犬的粪便中含毒量最高。感染犬、隐性带毒犬是本病的主要传染源,康复犬也可长期带毒。病毒随病犬的粪便、尿液等排泄物排出,污染周围环境,使易感犬发病。

[初诊依据] 对于典型病例,可根据临诊症状及流行病学特征作出初步诊断。

[定性诊断] 目前宠物医院普遍采用犬细小病毒快速诊断试剂板进行确诊诊断。

[药敏试验] 为有效地治疗继发感染,最好先做药敏试验,以筛选出敏感的药物供临床参考应用。

[防控措施]

1. 预防 平时应做好免疫接种。在本病流行季节,严禁将个人养的犬带到犬集结的地方。当犬群暴发本病后,应及时隔离,对犬舍和饲具反复消毒。对轻症病例,应采取对症疗法和支持疗法。对于肠炎型病例,因脱水失盐过多,及时适量补液显得十分重要。为了防止继发感染,应按时注射抗生素。

2. 治疗 犬细小病毒病早期应用犬细小病毒高免血清治疗。目前我国已有厂家生产,临诊应用有一定的治疗效果。每犬皮下或肌内注射 5~10mL,每天或隔天注射 1 次,连续 2~3 次。

对症治疗:补液疗法,用等渗的葡萄糖盐水加入 5‰碳酸氢钠注射液给予静脉注射。可根据脱水的程度决定补液量的多少。

消炎、止血、止吐,庆大霉素每千克体重 1 万 U,地塞米松每千克体重 0.5mg 混合肌内注射;或卡那霉素每千克体重 5 万 U 加地塞米松混合肌内注射。维生素 K 每千克体重 30.4mg,肌内注射。胃复安每千克体重 2mg 口服。

[经验小结] 本病发病快,要及时采取输液治疗。幼犬定期进行免疫接种。

（三）犬传染性肝炎

犬传染性肝炎（又称"蓝眼病"）是由犬传染性肝炎病毒（腺病毒）引起的一种急性败血性传染病。临诊上以马鞍形高热、严重血凝不良、肝脏受损、角膜混浊等为主要特征。

[临诊实例] 一犬主带着一条 8 月龄、体重约 4kg 的北京犬前来就诊。犬主诉：4 天前该犬不知什么原因开始拉稀，呕吐，不食，左眼发蓝，羞明，流泪，时不时用爪抓眼部。

[病因浅析] 在自然条件下，病毒由口腔和咽上皮侵入附近的扁桃体，经淋巴和血液扩散至全身。犬和狐狸均是自然宿主，尤其是病犬及带毒犬是本病的传染源。健康犬通过接触被病毒污染的用具、食物等经消化道感染发病，感染病毒后的怀孕母犬也可经胎盘将病毒传染给胎儿。

[初诊依据] 对于典型病例，可根据临诊症状及流行病学特征作出初步诊断。

[定性诊断] 目前宠物医院普遍采用犬传染性肝炎快速诊断试剂板进行确诊诊断。

[药敏试验] 为有效地治疗继发感染，最好先做药敏试验，以筛选出敏感的药物供临床参考应用。

[防控措施]

1. 预防 防止盲目由国外及外地引进犬，防止病毒传入，患病后康复犬一定要单独饲养，最少隔离半年以上。防止本病发生最好的办法是定期给犬做健康免疫，免疫程序同犬瘟热疫苗。目前大多采用多联苗免疫。国外已经推广应用灭活疫苗和弱毒疫苗。目前国内生产的灭活疫苗免疫效果较好，且能消除弱毒苗产生的一过性症状。幼犬 7～8 周龄第 1 次接种、间隔 2～3 周第 2 次接种，成年犬每年免疫 2 次。

2. 治疗 在发病初期，用传染性肝炎高免血清治疗有一定的作用。一旦出现明显的临诊症状，即使使用大剂量的高免血清也很难有治疗作用。对严重贫血的病例，采用输血疗法有一定的作用。对症治疗，静脉补葡萄糖、补液及 ATP（三磷酸腺苷）、辅酶 A 对本病康复有一定作用。全身应用抗生素及磺胺类药物可防止继发感染。

对患有角膜炎的犬可用 0.5% 利多卡因眼药水点眼。出现角膜混浊，一般认为是对病原的变态反应，多可自然恢复。若病变发展使前眼房出血时，用 3%～5% 碘制剂（碘化钾、碘化钠）、水杨酸制剂和钙制剂以 3:3:1 的比例混合静脉注射，每天 1 次，每次 5～10mL，3～7 天为 1 个疗程；或肌内注射水杨酸钠，并用抗生素点眼液。注意防止紫外线刺激，不能使用糖皮质激素。

本病治疗无特效药物。此病毒对肝脏的损害作用在发病 1 周后减退，因此，主要采取对症治疗和加强饲养管理。病初大量注射抗犬传染性肝炎病毒的高效价血清，可有效地缓解临诊症状。但对最急性型病例无效。

对贫血严重的犬，可输全血，间隔 48h 以每千克体重 17mL，连续输血 3 次。为防止继发感染，结合广谱抗生素，以静脉滴入为宜。

对于表现肝炎症状的犬，可按急性肝炎进行治疗。葡醛内酯每千克体重 5～8mg，肌内注射，每天 1 次，辅酶 A 50～700U/次，稀释后静脉滴注。肌苷 100～400mg/次，口服，每天 2 次。核糖核酸 6mg/次，肌内注射，隔天 1 次，3 个月为 1 个疗程。

[经验小结] 本病发病快，要及时采取输液治疗。幼犬定期进行免疫接种。成年犬基本可以康复。

（四）犬冠状病毒病

犬冠状病毒病是犬的一种急性胃肠道传染病，其临诊特征为腹泻。传染源是病犬，传播途径是通过污染的饲料、饮水，经消化道感染。此病发病急、传染快、病程短、死亡率高。如与犬细小病毒或轮状病毒混合感染，病情加剧，常因急性腹泻、呕吐、脱水而迅速死亡。

[临诊实例] 一条 2 月龄的藏獒，不吃，拉稀，粪便呈粥样或水样，病犬表现高度脱水，消瘦，眼球下陷，皮肤弹力下降。

[病因浅析] 本病一年四季均可发生，以冬季多发，与病原对低温有相对的抵抗力有关。过高的饲养密度、较差的饲养卫生条件、断奶、分窝、调运等饲养管理条件突然改变，气温骤变等都会提高感染和临诊发病的几率。

[初诊依据] 对于典型病例，可根据临诊症状及流行病学特征作出初步诊断。

[定性诊断] 目前宠物医院普遍采用犬冠状病毒病快速诊断试剂板进行确诊诊断。

[药敏试验] 为有效地治疗继发感染，最好先做药敏试验，以筛选出敏感的药物供临床参考应用。

[防控措施]

1. 预防 犬舍每天打扫，清除粪便，保持干燥、清洁卫生。每周用百毒杀（按瓶签说明使用）或 0.1% 的过氧乙酸溶液严格喷洒消毒 1 次。病犬圈舍用火焰消毒法消毒。饲料、饮水要清洁卫生，不喂腐烂变质饲料和污浊饮水。病犬剩下的饲料、饮水挖坑深埋，饲具要彻底消毒后再用。刚生下的幼犬吃足初乳，获得母源抗体和免疫保护力，是预防此病的重要措施。也可给无免疫力的幼犬注射成年犬的血清用于预防。一犬有病，须全窝防治。立即隔离病犬，专人专具饲养护理。

2. 治疗 用 5%～10% 葡萄糖注射液 250～500mL 和 5% 碳酸氢钠注射液 10～50mL、头孢曲松钠注射液按每千克体重 0.05g，静脉滴注，每天 1 次，连注 2～3 天，以防脱水自身酸中毒，引起死亡。为了纠正水、电解质失调，可用 0.9% 氯化钠、林格氏液等补液，同时采取对症治疗，抗血清治疗，可缓解症状，有较好的治疗作用。

（五）犬副流感病毒病

犬副流感病毒感染是犬的主要呼吸道疾病之一。临诊表现为发热、流涕和咳嗽。病理变化以卡他性鼻炎和支气管炎为特征。

[临诊实例]一犬主带着4条3月龄体重约3kg比熊犬前来就诊。病犬表现为发热、流大量浆液或黏液性鼻汁，部分病犬以咳嗽、扁桃体红肿为特征。混合感染犬的症状加重。有些犬感染后可表现后躯麻痹和运动失调等症状。病犬后肢可支撑躯体，但不能行走。膝关节和腓肠肌腱反射不敏感。

[病因浅析]本病一年四季均可发生，以冬季多发，与病原对低温有相对的抵抗力有关。过高的饲养密度、较差的饲养卫生条件、断奶、分窝、调运等饲养管理条件突然改变，气温骤变等都会提高感染和临诊发病的几率。

[初诊依据]对于典型病例，可根据临诊症状及流行病学特征作出初步诊断。

[定性诊断]犬呼吸道传染病的临床表现非常相似，不易区别。细胞培养是分离和鉴定犬副流感病毒的最好方法。另外，利用血清中和试验和血凝抑制试验，检查双份血清的抗体效价是否上升，也可进行回顾性诊断。

目前宠物医院普遍采用犬副流感快速诊断试剂板进行确诊诊断。

[药敏试验]为有效地治疗继发感染，最好先做药敏试验，以筛选出敏感的药物供临床参考应用。

[防控措施]接种副流感病毒疫苗是最好的预防措施。加强饲养管理，可减少本病的诱发因素。发现病犬要及时隔离。

治疗原则是防止继发感染和对症治疗。可采用利巴韦林50～100mg/次，口服，每天2次，连用5天。常合并使用头孢菌素每千克体重50mg，地塞米松每千克体重0.5～2.0mg，皮下注射，氨茶碱每千克体重10mg，皮下注射。抗血清皮下注射。同时投入维生素 C 2 000～4 000mg/次。

（六）狂犬病

狂犬病，又名恐水病，俗称疯狗病，是由狂犬病病毒所引起的一种人畜共患的急性接触性传染病。其临诊特征是神经兴奋和意识障碍，继之以局部或全身麻痹。由于它的高致死性而成为最可怕的流行病之一。

[临诊实例] 一犬主带着 1 条 2 岁土犬来就诊，主诉该犬被其他犬咬伤过，没接种过疫苗，咬伤后 15 天表现精神沉郁，常躲在暗处，不听呼唤，不愿和人接近。食欲反常，喜吃异物，吞咽时颈部伸展，瞳孔散大，唾液分泌增多，之后高度兴奋，主动攻击人畜。如今出现沉郁，病犬卧地，疲劳不动，眼斜视，精神惶恐。

[病因浅析] 本病主要通过咬伤、损伤的皮肤黏膜、消化道摄入、呼吸道吸入等途径传播，呈明显的连锁性。不同动物的发病率不同：犬 72%，牛 18.4%，鹿 5.5%，马 4.2%，猪 3%。一年四季均可发生，但春夏季发生较多，这与犬的活动期有一定关系。感染不分性别、年龄。病毒对神经和唾液腺有明显的亲嗜性。病毒经过神经原侵害神经，并存在于有髓神经的轴索内。病毒由中枢沿神经向外周扩散，抵达唾液腺，进入唾液。口腔上皮中也有病毒抗原。病毒在中枢神经系统繁殖，可损害神经细胞和血管壁，引起血管周围的细胞浸润。神经细胞受到刺激后引起神志扰乱和反射性兴奋性增高；后期神经细胞变性，逐渐引起麻痹症状，最后因呼吸中枢麻痹而死亡。

[初诊依据] 对于典型病例，可根据临诊症状及流行病学特征作出初步诊断。

[定性诊断] 确诊需进行实验室检查，其方法主要有病理组织学检查、荧光抗体法及免疫酶染色法等。血清学试验常用于病毒的鉴定和疫苗效果的检查，常用的有中和试验、补体结合试验

等。对可疑病犬应隔离观察或扑杀进行实验室诊断。

病理组织学检查：将出现脑炎症状或患病动物扑杀后，取其小脑或大脑海马角部作触片姬姆萨染色或作病理切片 HE 染色镜检，见神经细胞内有内基氏小体，即可诊断。

荧光抗体法：取可疑病例脑组织或唾液腺制成触片或冰标切片，用荧光抗体染色（将提纯的狂犬病高免血清丙种球蛋白用异硫氰荧光素标记），在荧光显微镜下观察，见细胞浆内出现黄绿色荧光颗粒即可诊断。此法快速且特异性强。

动物接种：取脑病料制成乳剂，经脑内途径接种给 30 日龄的小鼠，观察 3 周。若在接种后 1～2 周内小鼠出现麻痹症状和脑膜炎变化即可确诊。

可通过血清中和试验，检验狂犬病抗体而确定。

[防控措施] 对犬大面积的预防免疫是控制和消灭狂犬病的根本措施。当出现临诊症状时，治疗无效，最终死亡，病犬要及时捕杀。人们捕捉和管理这样的动物应极小心，以免被咬伤感染。如果动物死亡，应将头送到有条件的实验室作有关项目的检查。当人被可疑的狂犬病犬咬伤时，应尽量挤出伤口的血，先用肥皂水彻底清洗，再用3％碘酊处理，并于咬伤后 24h 内紧急接种狂犬病疫苗。最好同时注射免疫血清，可降低发病率。家畜被病犬或可疑病犬咬伤后，应尽量挤出伤口的血，然后用肥皂水或酒精、醋酸、3％石炭酸、碘酊等消毒防腐剂处理，并用狂犬病疫苗紧急接种，使被咬动物在疫病的潜伏期内就产生主动免疫，可免于发病。

（七）犬传染性气管支气管炎

犬传染性气管支气管炎是由犬腺病毒Ⅱ型引起犬的传染性气管支气管炎及肺炎症状。临诊特征为持续性高热、咳嗽、浆液性至黏液性鼻漏、扁桃体炎、喉气管炎和肺炎。从临诊发病情况统计，该病多见于 4 月龄以下幼犬。在幼犬可以造成全窝或全群咳嗽。

[临诊实例] 一犬主带着 3 条 2 月龄体重约 1.1kg 的博美犬前来就诊。该犬表现为持续性发热（体温在 39.5℃ 左右）。鼻部流浆液性鼻液，随呼吸向外喷水样鼻液。6～7 天阵发性干咳，后表现湿咳并有痰液，呼吸喘促，人工压迫气管即可出现咳嗽。听诊有气管音，口腔咽部检查可见扁桃体肿大，咽部红肿。其中一条病犬表现精神沉郁、不食，并有呕吐和腹泻症状出现。

[病因浅析] 本病一年四季均可发病，以冬季多发，通过呼吸道分泌物散毒，经空气尘埃传播，引起呼吸道局部感染。过高的饲养密度、较差的卫生条件、断奶、分窝、调运等饲养管理条件突然改变，气温骤变等都会提高感染和临诊发病的几率。

[初诊依据] 对于典型病例，可根据临诊症状及流行病学特征作出初步诊断。

[定性诊断] 确诊则依赖于病毒分离和鉴定。也可通过双份血清中特异性抗体升高的程度确定。目前宠物医院普遍采用犬腺病毒快速诊断试剂板进行确诊诊断。

[药敏试验] 为有效地治疗继发感染，最好先做药敏试验，以筛选出敏感的药物供临床参考应用。

[防控措施] 发现病例应马上隔离。犬舍及环境用 2% 氢氧化钠液或 3% 来苏儿消毒。

预防接种：目前多采用多价苗联合进行免疫，其免疫程序同犬瘟热。

目前我国还没有犬腺病毒 II 型高免血清，所以发现本病一般采用对症疗法，用镇咳药、祛痰剂、补充电解质、葡萄糖等防止继发感染。

二、细菌性传染病

（一）犬钩端螺旋体病

钩端螺旋体病是一种人畜共患病，犬对本病也很易感，世界各国都有发生。病原体是钩端螺旋体。由于感染的菌型不同,其临诊特点也不一样:有的症状明显,病犬呈现高热、黏膜出血、黄疸、溃疡或坏死,血红蛋白尿;有的病例呈隐性,缺乏明显的临诊症状。

[临诊实例] 江苏某犬场,由外地引进土种肉用种犬 20 余只,从 2008 年 9 月初开始陆续有 6 只经产母犬发病,症状基本相同,以发热、不食、茶色尿及全身性黄疸为主要症状,经多方治疗无效。随后的数月中又有几家犬场发生类似症状的病犬,均为近期由外地引进种犬。病犬突然发病,体温升高至 39.5～40℃不等,精神沉郁,食欲不振,呕吐,腹泻。粪便中带有血样液。几天后,可视黏膜出现黄染,皮肤表面也有黄疸症状出现。呼吸促迫,体表淋巴结肿胀,少尿,尿液呈豆油状黏稠且混浊,机体逐渐脱水,肢体有痛感,不愿运动,之后卧地不起,病程不等,3～7 天死亡。

[病因浅析] 本病在世界各地均有发生,尤其是在热带、亚热带地区多发;有明显的季节性,一般是夏秋季节多发。各种年龄的犬均可发病。公犬的发病率高于母犬,另外幼犬易感且症状较重。鼠类、猪和食虫类是钩端螺旋体的主要宿主,鼠类在感染后多呈带菌状态,不表现临床症状,长期排毒而成为主要的传染源。钩端螺旋体主要存在于宿主的肾脏当中,随尿排出。传播途径主要是通过直接接触,可通过完整的皮肤黏膜、伤口与消化道来传播;本病也可经胎盘传染给胎儿。

[初诊依据] 对于典型病例,可根据临床症状及流行病学特征作出初步诊断。

[定性诊断] 需进行实验室诊断。血常规检查结果:白细胞数平均为 17 200 个/μL,高于正常值(11 500 个/μL);红细胞数 480 万个/μL,低于正常值(680 万个/μL);血红蛋白 9g/dL,低于正常值范围(12～18g/dL)。病原检查:尿液离心后用显微镜暗视野检查,可见呈带钩状 C 形或问号形等多种形态能翻转、

屈曲和快速旋转运动的菌体，根据形态特征确诊为钩端螺旋体。另外，用枸橼酸钠溶液抗凝，采病犬发热期的血液 10mL，先以 1 000r/min 离心 5min，吸出上层血浆，再以 4 000r/min 离心 90min 弃去上清液，取沉淀用生理盐水制成悬滴液，在 400 倍显微镜下暗视野观察，可看到发亮的呈?、S、C 状钩端螺旋体在液滴中游动。其次，用组织器官制成压滴片，以显微镜暗视野检查，可发现活菌体。制成涂片，用镀银染色或姬姆萨染色，显微镜油镜检查，也能发现体形细长，两端弯曲成钩状的螺旋体。

[药敏试验] 为了有效地治疗感染，最好先做药敏试验，以筛选出敏感的药物供临床参考应用。

[防控措施] 治疗原则为抗菌消炎、补充体能、保肝强心、止血止呕、纠正酸中毒。抗菌消炎：用 5% 葡萄糖、青霉素、地塞米松混合后静脉滴注。补充体能、保肝：用 10% 葡萄糖、复合维生素 B、辅酶 A、ATP、肌肝混合静脉注射。止血：用 5% 葡萄糖、庆大霉素、止血敏混合静脉注射。纠正酸中毒、调节电解质平衡：复方氯化钠注射液、碳酸氢钠混合静脉注射。口腔溃疡面处理可用 0.1% 高锰酸钾溶液清洗口腔 2～3 次。如出现尿少尿频，用 10% 葡萄糖，加入速尿注射液混合注射。

1. 防病要点 一旦发病，应立即隔离病犬，深埋病死犬及被污染的饲料、排泄物。用 3% 氢氧化钠溶液对犬舍及活动场地全面彻底消毒，被污染的饮水用 4% 漂白粉溶液消毒，用 3% 来苏儿清洗饲养用具。

2. 免疫预防 仔犬在 2 月龄时开始接种钩端螺旋体疫苗，在 11～12 周龄时二免，在 14～15 周龄时三免，以后每年接种 1 次。对经常接触易感动物的人员进行预防接种。

[经验小结] 由于本病多呈急性暴发，病程短，死亡快，短时间内确诊困难，因此本病以预防为主，主要对犬群定期检疫，消灭犬舍中的老鼠等啮齿类动物；定期对饲料、饮水、犬舍和其他用具严格消毒；加强饲养管理，饲养密度不宜过大，定期进行

免疫，提高犬群免疫力。注射菌苗包含灭活的犬钩端螺旋体和出血性黄疸钩端螺旋体二价菌苗。通过间隔 2～3 周进行 3～4 次注射，一般可保护 1 年。

（二）布鲁氏菌病

布鲁氏菌病是由布鲁氏菌引起的人畜共患病。犬被感染后，多数呈隐性感染，缺乏明显的临诊症状。除犬外，牛、羊、猪都可感染发病，尤其是牛、羊的布鲁氏菌病，常是犬和其他动物感染布鲁氏菌病的主要传染源。

[临诊实例] 一犬主带着 1 条 2 岁龄德国牧羊犬来就诊，该犬屡配不孕，在怀孕 40～50 天出现流产症状，体温不高。阴唇和阴道黏膜红肿，阴道内流出淡褐色或灰绿色分泌物。流产胎儿有皮下水肿、淤血、出血部分组织自溶症状。

[病因浅析] 布鲁氏菌主要存在于妊娠母畜的生殖器官内，并随分娩或流产的胎儿、羊水、阴道分泌物及乳汁向外排出；病公畜的精液中也有大量的病原菌，常可随配种而传染。因此，病畜是本病的传染源，布鲁氏菌的传染性很强，它不仅能通过破损的皮肤、黏膜，也可经正常的皮肤、黏膜侵入体内。其传染途径也较多，除经皮肤、黏膜感染外，还可经消化道、生殖道、呼吸道感染，故给防疫带来了较大的困难。

[初诊依据] 对于典型病例，可根据临诊症状及流行病学特征作出初步诊断。

[定性诊断] 根据流行病学和临诊表现即应怀疑本病。确诊应以细菌学检验及血清学反应为依据进行检查。

1. 细菌学检查 常取流产胎儿的胃内容物、肺、肝、脾和淋巴结以及流产胎盘和羊水等。也可采用血液、乳汁、尿液、阴道分泌物、精液以及其他病变组织器官，直接涂片，用革兰氏染色和科兹洛夫斯基染色镜检，发现革兰氏阴性、鉴别染色为红色的球状或短小杆菌即可确诊。

2. 血清学检查试管凝集法 用 0.5%石炭酸生理盐水将被检血清按 1:25，1:50，1:100 和 1:200 等 4 个稀释度稀释，然后与 100 亿个/mL 的布鲁氏菌抗原反应。血清凝集价在 1:25 达"++"判为疑似，在 1:50 达"++"判为阳性。疑似反应的犬，经 3~4 周后再检测一次。虎红平板凝集试验：吸取待检血清和虎红平板抗原各 0.03mL，滴于玻璃板上，在待检血清旁各滴加 0.03mL 抗原，用牙签搅动血清和抗原，使之充分混合，在 4~10min 内出现任何程度凝集者即为阳性反应。

[药敏试验] 为有效地治疗继发感染，最好先做药敏试验，以筛选出敏感的药物供临床参考应用。

高敏药：强力霉素、四环素、庆大霉素、红霉素、卡那霉素。

中敏药：链霉素。

耐药：头孢霉素、苯唑霉素、氨基苄青霉素、青霉素。

[防控措施] 由于布鲁氏菌寄生于细胞内，抗生素对其较难发挥作用，治病困难，易反复。早期可服用米诺环素（每千克体重 25mg，每天 2 次，持续 3 周以上），同时肌内注射双氢链霉素（每千克体重 10mg，每天 2 次，持续 1 周）或庆大霉素。在用药期间最好配合药敏试验结果选择用药。

预防：对繁殖用的犬群应定期采血检验，发现布鲁氏菌携带犬应淘汰并无害化处理。种公犬在配种前应做血清学化验，确定是否健康。犬舍应经常消毒，流产的胎儿及污染物应无害化处理。个人养犬应定期给犬做健康检查，发现爱犬患病应积极治疗或给爱犬实行安乐死并无害化处理，减少与病犬接触以免传染此病。

[经验小结] 布鲁氏菌属细胞内寄生，体外研究表明，对抗生素具有抵抗力。对感染动物进行隔离饲养是防止传染的唯一途径，同时结合抗生素配以维生素疗法。如发生上述可疑症状时，及时到防疫站采血进行血清学化验，以及时确诊与医治。加强犬

的管理，防止犬感染上布鲁氏菌病。定期对犬进行血清学检查。养犬者应提高警惕，要意识到犬是犬科布鲁氏菌动物宿主。经常对环境及犬进行药物消毒，以防布鲁氏菌病传染给人。

(三) 沙门氏菌病

沙门氏菌病又叫副伤寒，是由沙门氏菌属细菌引起的犬的一种疾病，临床上多表现为败血症和肠炎，也可以使怀孕母犬流产。主要表现有胃肠炎型、菌血症和内毒素血症以及长时间不出现临床症状的带菌状态。

[临诊实例] 江苏某养犬基地共养犬 80 只，发病时有幼犬 25 只，成年犬 55 只。某日，突然发现有 2 只 1.5 岁的成年犬和 3 只 2 月龄的幼犬精神不振，呕吐，拉稀，病犬体温高达 39.7～41℃，遂马上隔离，随后陆续发现同样症状的病犬，而且幼犬易感性高，发病数量多，据统计，此次幼犬的发病率达 47.5%，经输液和对症治疗，成年病犬逐渐好转并痊愈，幼犬的病死率高达 70%。病初表现精神沉郁，食欲减退乃至废绝，体温升高达 40～41℃，呕吐，腹痛及剧烈腹泻，排出带有黏膜的血样稀粪，有恶臭味，严重脱水，有的甚至出现休克或抽搐等神经症状，有的还出现呼吸困难等肺炎症状，幼犬表现菌血症和内毒血症时体温降低、全身虚脱，妊娠母犬感染后有流产或死胎，出生的仔犬体弱、消瘦。

[病因浅析] 沙门氏菌病通过被污染的食物经粪、口途径传播。给宠物饲喂生肉常会导致沙门氏菌传播。此外，营养不良、长途运输、气温骤变、并发症、免疫抑制性药物等各种应激因素均可导致本病发生。同时，长期服用抗生素破坏肠道的正常菌群，可降低机体对沙门氏菌的抵抗力，促进本病的发生。

[初诊依据] 对于典型病例，可根据临床症状及流行病学特征作出初步诊断。

[定性诊断] 根据主诉、现场调查和临床表现以及实验室检查可以对本病进行确诊。

实验室检验：引起犬发生高热、厌食、呕吐和腹泻的原因很多，且健康畜禽带有沙门氏菌的现象较普遍，因此，只凭临床诊断是难以最后确诊的。对具有上述临床表现的犬，应采取病死犬的脾、肠系膜淋巴结、肝、胆汁等病料送检做细菌学检查。从病料中发现有致病性的沙门氏菌，再结合上述临诊表现，才能最后确诊。

[药敏试验] 为了有效地治疗感染，最好先做药敏试验，以筛选出敏感的药物供临床参考应用。

高敏药：头孢曲松钠（菌必治）、头孢噻肟、氟哌酸。

中敏药：庆大霉素、四环素、卡拉霉素。

耐受药：青霉素、氨苄青霉素。

[防控措施] 使用抗菌药物是较常用的治疗方法，可选用氟苯尼考、恩诺沙星等，有条件的可以通过药敏试验选择敏感药物。脱水严重时，可以进行补液，用林格氏液和葡萄糖混合静脉注射，也可加入地塞米松等激素类药物。心功能衰竭者，肌内注射安钠咖；有肠道出血者，可内服维生素K；清肠止酵，保护肠黏膜，可用高锰酸钾液进行灌肠。同时应加强管理，在治疗期间应有专人护理，给予流质饲料。

[经验小结] 保持犬舍的卫生，其用品应经常清洗、消毒，注意灭蝇灭鼠。禁止饲喂不卫生的肉、蛋、乳类等食品，尽可能用煮熟的饲料喂犬。发现病犬，应立即隔离，加强管理，给予易消化的流质饲料。

死尸要深埋或烧掉，严禁食用；病犬舍清洗后，用5％氨水或2％～3％烧碱液消毒。

（四）葡萄球菌病

葡萄球菌为革兰氏阳性菌，但当细菌衰老、死亡或被吞噬后，以及某些对青霉素具有抗药性的菌株有芽孢，无鞭毛，不运动，为需氧及兼性厌氧菌。致病性葡萄球菌产生的毒素主要有：葡萄球菌溶血素、杀白细胞素、肠毒素、凝固酶、溶纤维蛋白酶、透明质酸或称扩散因子、脱氧核糖酸酶等，有的细胞还产生蛋白酶、磷酸酶、卵磷脂酶、溶解酶及脂酶等。

[临诊实例] 某日下午，犬只食用了某熟食店买来的卤鸡肉骨后，当晚就发生呕吐、腹泻。曾用硫酸庆大霉素治疗2天，病情得不到控制。于29日前来就诊。病犬精神沉郁，不愿走动，时卧时立；鼻镜干燥；眼睑明显水肿；小便次数频繁且发黄，大便腥臭带血，里急后重。病犬救治时有呕吐症状，体温40.5℃，呼吸明显加快，73～76次/min。被毛松乱，机体消瘦，有明显的腹痛姿势。

[病因浅析] 犬的葡萄球菌病发病特点是：夏秋季节显著高于冬春季节，进口良种比国产犬发病率高。葡萄球菌以鼻腔繁殖为主，故鼻腔带菌为主要传染源。多经破损的皮肤和黏膜感染。

[初诊依据] 主要根据临诊症状进行初步诊断：发病犬大多为皮肤化脓性炎症。表现局部瘙痒，患部被毛中绒毛脱落，皮肤表面出现点状丘疹。由于患部极度瘙痒，病犬不安，用力蹭擦，使患部皮肤破损，产生黄色的渗出物，病灶疼痛，溃疡难以自愈，周围形成光滑的堤状疤痕，长时间长不出被毛。皮下淋巴结也有肿胀。

[定性诊断] 根据主诉、病史调查、临诊表现等可以做出初步诊断，但要确诊，必须进行实验室诊断：

1. 镜检 取病犬创口脓汁和血液分别涂片，革兰氏染色镜检，见有单个或堆积的革兰氏阳性球菌。

2. 细菌培养 将脓汁和血液标本分离接种在羊血琼脂平板上，经37℃培养24h，可见有直径2～3mm、圆形、不透明、光滑带色泽的菌落。涂片革兰氏染色镜检，可见单个、成堆的无荚膜、鞭毛和芽孢的球菌。

3. 动物接种

（1）静脉注射法　于家兔静脉接种 0.1～0.5mL 肉汤培养物，若属致病性葡萄球菌，于注射后 24～48h 内，家兔死亡。剖检可见浆膜出血，肾、心脏、心肌及其他器官组织有大小不一的脓肿病变。

（2）皮下注射法　于家兔皮下接种 1.0mL 24h 肉汤培养物，若属致病性葡萄球菌可引起局部皮肤溃疡、坏死。

[药敏试验]　为了有效地治疗感染，最好先做药敏试验，以筛选出敏感的药物供临床参考应用。

高敏药：万古霉素、利福平。

中敏药：头孢哌酮、丁胺卡那霉素、头孢唑啉、庆大霉素、环丙沙星。

耐药：氨苄西林、青霉素 G、苯唑西林。

[防控措施]　加强营养，特别应补充 B 族维生素，提高犬的抗病力；注意环境卫生，保持犬舍及用具的清洁，并定期消毒；发病后及时隔离病犬。

全身疗法：用异噁唑青霉素每千克体重 10～15mg，肌内注射；乙氧萘青霉素钠每千克体重 10～15mg，肌内注射；羧苄青霉素每千克体重 5mg，肌内注射等。严重的病犬可合用庆大霉素，每千克体重 1～2mg，肌内注射；或卡那霉素每千克体重 5～10mg，肌内注射；也可选用林可霉素、氯洁霉素、青迪霉素、丁胺卡那霉素、头孢霉素（先锋霉素）等。

局部治疗：①患部用双氧水处理后，用 75% 酒精消毒，涂以红汞复合擦剂（含红汞 25%、95% 乙醇 25%、乳剂鱼肝酮 50%），每天 1 次，连用 5～7 天，多数可痊愈。②溃疡病灶，先将其脓性分泌物冲洗干净，并用 75% 酒精消毒，用中成药一扫光加斑蝥一个研细，用加热后的獾油调成糊膏状敷于患处，24h 后结一层脓痂，揭下膏药，除净脓痂，每天 1 次，连用 5～7 天，此时大多数病灶已无脓汁，然后用①的治疗方法处理。

[经验小结]葡萄球菌广泛存在于自然界，宿主范围很广，人和动物的带菌率很高，要根除这样一种条件性致病菌和它引起的疾病是不太可能的，为控制本病的发生，首先要减少敏感宿主对具有毒力和耐抗生素菌株的接触。

要注意消毒，对手术伤、外伤、擦伤按常规操作处理，被葡萄球菌污染的手和物品以及病犬用过的用具要彻底消毒，对病犬的排泄物应彻底清理并消毒。

及时给犬进行免疫接种，加强饲养管理，提高犬自身的抗病力，可以有效控制此类疾病的发生，防止继发感染。

葡萄球菌分布广泛，犬抗病力变弱时，增加了感染机会。因此，大群养狗必须从管理入手，以控制此病的发生。在发生任何疾病时必须及时确诊，及时治疗，同时加强防病措施。

（五）肉毒梭菌毒素中毒

肉毒梭菌是一种厌氧的腐物寄生性革兰氏阳性芽孢菌，普遍存于自然界中，可产生肉毒梭菌神经毒素。含有肉毒梭菌神经毒素的食物、垃圾或腐肉被犬食入后，能引起中毒。该病以运动中枢麻痹和机能障碍为特征，但其正常意识并未丧失，且痛感正常。犬肉毒梭菌毒素中毒常由 C 型肉毒梭菌毒素引发，多发生于春夏季，冬季发病较为少见。

[临诊实例]江苏某市 1 条重约 30kg 的德国牧羊公犬因卧地不起而请笔者出诊。主诉该犬一直在家拴养，每年定期预防接种和驱虫，几年来很少生病。平时喂些生猪肝、猪肺、瘦肉加些菜汤和米饭，精神、食欲很好。前段时间某屠宰场有一批猪内脏剩余，所以购买了几副猪肺备用。9 月 10 日发现该犬爱睡，厌食，将其赶起，但站立不稳，行走摇摆，直线运动困难，转弯时容易跌倒，颈部向右侧歪斜。14 日则完全不吃食，赶也赶不起来。没喂完的猪肺闻起来有异味。

[病因浅析]肉毒梭菌是一种严格厌氧的革兰氏阳性大杆菌，

细菌及其芽孢广泛分布于自然界中。该细菌本身不致病，只有在厌氧的条件下，才产生强烈的外毒素，温暖季节（18～30℃）最易发生，病情较重。该犬发病时间为9月初，江苏气温在15～28℃，较适宜肉毒梭菌生长繁殖产生毒素，毒素能耐过胃酸、胃蛋白酶和胰蛋白酶的作用，在消化道内不被破坏。另外，本犬所食用的过期猪肺可能含有肉毒梭菌神经毒素等物质。

[初诊依据] 根据病史、症状可作出初步诊断。

主要病状：本病的轻重和食量成正比，潜伏期几小时或数天，症状出现的越早说明中毒越严重。症状为进行性发展，病初可见有呕吐、吐沫，逐步发展为肢体对称性麻痹。一般由后肢向前肢延伸，进而引起四肢瘫痪。患犬反射机能下降、肌肉张力降低；出现明显运动神经机能障碍。病犬一般体温不高、神志清醒。由于咬肌麻痹、下颌下垂、流涎、咀嚼吞咽困难、两耳下垂、眼睑反射较差、视觉障碍、瞳孔散大。严重的犬可见膈肌张力降低，出现呼吸困难、心功能紊乱，死亡率很高。

该病临床上以运动神经和延脑麻痹为特征，发生的机制是毒素破坏了胆碱能神经纤维在神经肌肉交接处释放乙酰胆碱，因而使神经肌肉发生麻痹。诊断上应注意与犬瘟热、弓形虫病、伪狂犬病、脑脊髓炎、蜱致麻痹、药物和化学药品中毒进行鉴别。

[定性诊断] 根据主诉、现场检查、既往病史，再经过类症鉴别，可以获得初步诊断，但要确诊，必须进行如下实验室诊断：

取犬胃内容物，用生理盐水按1：2稀释，置无菌乳钵研磨，制成悬液，浸1～2h，离心，取上清液2份，1份100℃加热灭活30min，另一份不加热。取健康鸡4只，分2组，试验组的鸡每只两侧眼睑分别注射原液0.3mL，对照组的鸡每只注射灭活液0.3mL。注射1h后观察试验组鸡两眼麻痹，并逐渐闭合，并于注射后第12h全部死亡，而对照组的鸡健活。取健康小鼠4只，分2组，试验组小鼠每只腹腔注射原液0.5mL，对照组每只注射灭活液 0.5mL，经观察 21h 后试验组小鼠表现竖毛、四肢瘫软、腰部凹陷宛如蜂腰、呼吸困难而死，而对照组小鼠无变化。经动物试验确诊该犬为肉毒梭菌毒素中毒。

[药敏试验] 为了有效地防治犬肉毒梭菌中毒，对分离的肉毒梭菌最好先进行药敏试验，以筛选出敏感的药物供临床参考应用。

极敏药：头孢拉啶、丁胺卡那霉素。

中敏药：青霉素、链霉素、庆大霉素。

耐药：环丙沙星、新生霉素、复方新诺明。

[防控措施]

1. 应急措施 病犬的治疗采取补液、解毒、排毒、保肝、止痛、解痉等对症支持疗法。病犬被送回兽医室后立即灌服 3% 双氧水 40mL，让其自由呕吐；皮下注射硫酸阿托品 0.5mg，每天 2 次，连用 2 天；肌内注射呋喃苯胺酸 30mg、肝泰乐注射液 0.1g、复合维生素 B 2mL，每天各 2 次，连用 2 天；10% 葡萄糖 250mL、维生素 C 200mg、ATP 20mg、血凝素 ConA 200U、10% 氯化钾 10mL，混合后缓慢静脉注射，每天 1 次，连用 3 天；静脉滴注 20% 甘露醇 100mL，每天 1 次，连用 2 天；灌服 2% 口服补液盐加 10% 葡萄糖，每天 2 次，连用 3 天。

2. 防病要点 肉毒梭菌是一种腐生菌，在腐败的动物尸体中大量繁殖，产生毒素。犬肉毒梭菌中毒多为食入腐烂动物尸体造成，提示宠物主人应注意饲养环境的清洁卫生，消除毒源，不饲喂变质食物。目前，该病尚无特效药物，应以预防为主，犬应禁食腐败饲料、肉类及动物残体。

对于本病的防治可采取以下措施：应用多价抗毒素治疗，每只犬可肌内或静脉注射 3～5mL，早期应用比晚期应用效果显著；硫酸卡那霉素注射液每千克体重 5 万 U，每天 2 次；补液疗法，5% 葡萄糖盐水 100～1000mL、5% 碳酸氢钠注射液 10～50mL，混合静脉滴注；防止犬食入腐败变质的肉类及食物，饲喂前食物应加热至 100℃、10min 以上后喂给。

[经验小结] 该病犬康复需 1 个星期，即抬头、扭头（第 1 天），舌缩回、嘴张合（第 2 天），四肢伸回（第 3 天），伏卧站立（第 4 天），行走（第 5 天）。

犬主为了看门保持家犬凶猛习性，常给犬喂以生肉，而生肉尤其是腐肉被肉毒梭菌神经毒素污染后直接喂食最易引发此病。建议饲喂肉类及肉制品时必须煮透，因肉毒梭菌毒素经 100℃ 10min 即被灭活。平时应注意不要让犬吃腐败的肉食。在犬卧地不起和发生吞咽障碍时，可采用直肠洗胃泻下的方法，能收到良好的效果，但不能多次使用，以免消耗病犬的体力。

在治疗该病时，应考虑钾离子补充，适当浓度的钾离子是神经冲动传导、肌肉收缩、心脏跳动所必需的物质。

肉毒梭菌毒素能抑制乙酰胆碱的释放，从而导致广泛性的神经肌肉阻滞。甲基硫酸可直接促进神经末梢释放乙酰胆碱，对骨骼肌具有较强烈的收缩作用。据临床观察，该药用于治疗犬类瘫痪有明显效果。

三、真菌性传染病

（一）皮肤癣菌病

皮肤癣菌病是犬临床最常见的真菌性皮肤传染病，本病在犬与人之间呈接触性传染，为人畜共患传染病。皮肤癣菌病是由皮肤癣菌对毛发、爪及皮肤等角质组织引起的感染，皮肤癣菌侵入这些组织并在其中寄生，引起皮肤出现界限明显的脱毛圆斑、渗出及结痂等。由皮肤癣菌引起上述部位的感染称为皮肤癣菌病，又称癣。

[临诊实例] 3 月龄的喜乐蒂牧羊犬，鼻梁上毛发脱落，有蚕豆般大后又发现四肢出现脱毛的症状，且体表散布红色丘疹。

[病因浅析] 皮肤癣菌病是由皮肤癣菌感染毛发、爪和皮肤

等角质组织而引起的真菌性皮肤病，病原主要有犬小孢子菌、石膏样小孢子菌和须毛癣菌等。潮湿、温暖的气候，拥挤、不洁的环境以及缺乏阳光照射等是引起本病的主要诱因。

[初诊依据] 对本病的初步诊断主要依赖临床诊断：主要表现是脱毛和形成鳞屑，被感染的皮肤有界限分明的局灶性或多灶性斑块，呈圆形脱毛区。病变常为断毛、掉毛、鳞屑、脓疱、丘疹、皮肤渗出结痂等，患部有痒感，典型的病理变化为脱毛圆斑。也有病灶不脱毛、无皮屑但患部有丘疹、脓疱或皮肤隆起、发红、结节化病变的，称为脓癣，多见于犬的四肢和面部。须毛癣菌感染的犬，患部多在鼻梁两侧成对称性，并可引起犬的趾甲干燥、开裂质脆、变形等甲癣症状，在甲床和甲褶皱处易并发细菌感染。

[定性诊断] 根据临诊症状结合该病发病特点可以作出初步判断，但犬皮肤癣菌病的临诊症状和许多疾病有相似之处，如疥螨、蠕螨、湿疹、皮炎、葡萄球菌性毛囊炎等，仅凭临床的一般检查方法不能确诊，应进行特异性检查。

1. 荧光检查 取病料在暗室里用伍德氏灯照射检查。开灯5min得到稳定波长以后再使用，可见到犬小孢子菌感染发出黄绿色的荧光；石膏样小孢子菌感染则少见到荧光；须毛癣菌感染则无荧光。

2. 镜检 直接检查毛发，从炎症部位拔毛或取断裂毛发或取伍德氏灯下有荧光的毛发，置于载玻片上，滴加几滴 $10\%\sim20\%$ 氢氧化钾，加盖玻片，作用 30min 或稍微加热 15s，待样本透明后，检查真菌孢子或菌丝。

3. 真菌培养 将毛发等病料接种于皮肤癣菌试验培养基或沙氏培养基上，于 25℃ 培养，皮肤癣菌生长使鉴别琼脂（DTM）变红，或根据沙氏培养基上菌落的颜色和形态以及显微镜检查进行鉴定。

4. 分子生物学 在真菌鉴定中应用 PCR 技术，可以分析少量的真菌细胞及单个真菌孢子，检测其 DNA，对一些致病真菌已经设计出特定的引物来鉴定菌种；选择通用寡核苷酸及特异性引物检测其核苷酸序列。

[药敏试验] 单独使用一种抗真菌药物效果并不明显，可以将酮康唑、萘替芬、特比萘芬等几种抗真菌药物进行联合使用，治疗效果较好。

[防控措施] 犬皮肤癣菌病一般为自限性，病程一般为 1～3 个月，如感染不严重，不是全身感染，一般可自行消退。对病犬进行及时有效的治疗，有助于尽早康复，消除隐形感染，防止复发，预防将病原传染给人类或其他犬。

对局限性病灶应于病灶周围广泛剪毛，清洁病变皮肤，局部使用抗菌药治疗。其中市场常见药有：克霉唑软膏、酮康唑软膏、达克宁软膏等。清洁病灶皮肤后，每天 2 次，涂于患处。

全身感染或慢性严重病例，应在坚持局部外用药治疗的同时口服微粒性灰黄霉素，日剂量为每千克体重 50～120mg，分两次间隔 10h，拌油腻食物口服。进食后给药，孕犬禁用。

对皮肤癣菌病，无论是外用药或内服药治疗，应坚持用药 3～4 周或更长时间，直到临床痊愈或分离培养结果为阴性后，再坚持用药 3～4 周。由于皮肤癣菌孢子在外界环境可生存 1 年以上，应采取有效措施清洁环境，防止传染给人类或其他动物，保证治愈后不再感染。发现患犬及时隔离，彻底清洁患犬接触过的场所、用具，周边环境和犬舍、用具可用 10% 的漂白粉溶液进行消毒。避免人犬交叉感染，治疗者和接触患犬者应随时洗手、换衣。对患犬的同群犬、邻舍犬应进行预防性治疗，可采用 0.5% 洗必泰溶液每周 2 次进行药浴。

[经验小结] 寄生或腐生于人和动物表皮角质、毛发、指甲、爪角质蛋白组织中的犬小孢子菌、石膏状小孢子菌、石膏状毛癣菌和疣状毛癣菌等，因其具有嗜角质性，在皮肤上大量繁殖以后通过机械性刺激和有害代谢产物的作用，容易引起局部的炎症和

病变。

目前，尽管对真菌病的诊断手段有了大大提高，但是国内能做真菌检查和菌种鉴定的单位并不多，主要集中于一些较大的动物医院和科研机构。并且皮肤真菌病尤其是浅在性真菌病和系统性真菌病还没有引起人们足够的重视。因此，需要不断培训技术人员，开展真菌学检查，提高诊断率。

（二）念珠菌病

念珠菌病是由念珠菌属，尤其是白色念珠菌引起的一种真菌病。该病原菌既可侵犯皮肤和黏膜，又能累及内脏。在人和动物体内，如消化道、皮肤、呼吸道以及阴道中的正常菌群里，时常有真菌栖生，当机体抵抗力降低或者免疫力低下时，尤其是细胞免疫力降低时，条件性致病真菌就乘虚而入，对组织进行侵袭，发病率大大提高。

[临诊实例] 患犬品种为北京犬，80日龄，雄性犬。7天前，由于气温突然变化，不慎感冒，患犬发热，怕冷，流鼻涕，不爱吃东西，患犬主人就给它注射了柴胡注射液1mL，2次/天，用药3天，患犬不再发烧，感冒症状基本消失。但是患犬精神状态始终不佳，食欲不增，并且表现咀嚼和吞咽困难，喜卧，腹泻，主人又给它注射了青霉素G钾20万U，2次/天，连用了3天，但患犬不见好转，并且见到皮肤表面有大小不一的红色疹。

[病因浅析] 在中国内地，念珠菌感染在犬病中没有引起广大兽医的重视。在世界的其他地区，念珠菌病有较高的发病率。国外研究表明，犬的念珠菌感染常与全身性疾病有关，如糖尿病、细小病毒感染、长期滥用抗生素和糖皮质激素、免疫抑制剂使用不当以及非真菌性皮肤病等。由于当前我国内地主要城市的小动物临床上，大剂量、长时间使用抗生素或者糖皮质激素十分普遍，因此，研究犬的念珠菌病有十分重要的意义。下面一些因素可能是本病的诱因：

与品种有关的诱病因素：京巴犬易发阴囊念珠菌性皮炎，巴哥、斗牛犬易发皮肤念珠菌性脓皮病，老年博美犬易发念珠菌性口腔炎。这些发病犬品种的易感性可能与遗传有关。

与性别有关的诱因：由于母犬阴道有定植的念珠菌群且尿道长度较公犬短，极易发生下泌尿道念珠菌感染。

与年龄有关的诱因：幼年与老年动物的机体免疫功能较差，易感染真菌。处于性成熟后的公犬与母犬易发生念珠菌性龟头炎与念珠菌性阴道炎，这可能和交配行为有关。

[初诊依据]　根据临诊症状初步诊断。肉眼可见：表皮、真皮、黏膜感染，结膜炎，角膜溃疡，皮肤结痂，皮肤红斑，皮肤瘢痕，皮肤脓疱，皮肤囊肿，耳道流脓，唾液分泌过多，口腔黏膜斑疹，外耳炎，中耳炎，爪沟炎，包皮流脓，阴道渗出增多，阴道黏膜斑疹，阴道炎。深部弥散性感染，食欲减退，精神不振，腹泻，吞咽困难，排尿困难，面部瘙痒，发热，血尿，出血性皮肤损伤，跛行（骨髓炎），淋巴结病，精神委靡，疼痛（肌炎），烦渴，多尿，不愿运动（肌炎），呕吐。

[定性诊断]　本病的确诊主要依赖实验室检查。

1. 涂片染色镜检　无菌刮取患犬口腔黏膜表面的白色干酪样假膜，涂于滴有10%氢氧化钾溶液的载玻片上，经革兰氏染色后镜检。可见该菌呈革兰氏染色阳性，着色不均匀。具有成群的芽生孢子和假菌丝，出芽细胞卵圆形，似酵母细胞样。取口腔及阴部假膜涂片，经革兰氏染色镜检，均未见细菌。

2. 病原分离培养　无菌采集患犬口腔黏膜表面的白色干酪样假膜，直接划线接种于沙堡氏琼脂培养基平板及玉米粉吐温琼脂培养基平板上进行培养。在沙堡氏琼脂培养基上，经25℃和37℃培养48h的菌落为奶油色酵母样，圆形、边缘整齐、中央凸起，光滑、湿润。取该菌落中的培养物经革兰氏染色镜检，可见成群的芽生孢子及假菌丝。培养时间过长时，该菌落变得干燥、硬结。在玉米粉吐温琼脂培养基上经37℃培养48h后，挑取菌落经革兰氏染色镜检。可见真菌丝、假菌丝、芽生孢子及很多顶端圆形的厚壁孢子，芽孢集中于菌丝分隔处。

3. 生化试验　将经过纯培养的菌液，用接种环接种于葡萄糖、麦芽糖、果糖、蔗糖、乳糖、半乳糖、棉籽糖、菊糖、甘露醇、山梨醇、明胶，经 37℃ 培养 24h。结果显示，该菌可利用葡萄糖、麦芽糖、果糖，产酸产气，利用蔗糖、半乳糖，产酸不产气。

4. 动物试验　取 SPF 家兔 2 只，腹部剪毛，无菌操作，将 24h 内培养的菌液进行皮下接种。另取 2 只健康兔，注射生理盐水作为对照。2 天后接种部位有中度炎症反应；4 天后该部位出现脓肿；7 天后脓肿明显。试验兔精神高度沉郁，伴有腹泻。第 8 天将兔致死。剖开脓肿部位，可见脓肿液黏稠状。取脓肿液涂片经革兰氏染色镜检，发现病原形态同前。剖检死兔，可见肾脏和肝脏肿大明显，其上布满大小均匀、针头大的脓肿，其中肾脏皮质部病变最为明显。此外，脾脏肿大，肺萎缩，整个肠道明显臌气，腹腔内有酵母味的渗出液。对照组兔均无异样。

[**药敏试验**]　为有效治疗该疾病，有必要进行药敏试验，以筛选出敏感的药物供临床参考应用。

高敏药：伊曲菌素、制霉菌素。

中敏药：两性霉素 B、氟脲嘧啶。

低敏药：克霉唑、酮康唑、大蒜新素。

[**防控措施**]

1. 应急措施　浅部念珠菌病的治疗：①制霉菌素霜或膏（100 000U/g），一般 2 次/天或 3 次/天，用药 2 周。②龙胆紫（0.01%），3 次/天或 4 次/天，用药 2～4 周。③2% 双氯苯咪唑霜，1 次/天或 2 次/天，用药 1 周。④局部应用 3% 两性霉素 B 洗液，3 次/天或 4 次/天，用药 1 周。⑤1% 克霉唑洗液，3 次/天或 4 次/天，用药 1 周。

2. 全身性念珠菌病的治疗　①伊曲康唑，每千克体重 5～

10mg，随食物服用，1 次/天或 2 次/天，可能引起食欲减退、腹泻、体重下降、转氨酶升高和黄疸，但是较酮康唑而言，相对副作用较少。②酮康唑，每千克体重 5～15mg，口服，2 次/天，用药 4 周。③氟康唑，每千克体重 2.5mg，口服，2 次/天，用药 4 周。④两性霉素 B，在肾功能正常情况下也可应用，静脉给药一般效果较差，这是由于两性霉素为脂溶性药物，所以一般给药多将其与脂肪含量高的食物混合饲喂。另外，目前人医开发有两性霉素脂质剂，也可应用于兽医临床。在动物肾功能良好的情况下用药量为每天每千克体重 4～8mg，连用 2～3 周。对于肾功能较差的动物，应酌情减药。

3. 防病要点 补充维生素 A 可提高动物机体对念珠菌感染的抵抗力，同时也可加快疾病的康复速度。对于皮肤及黏膜的念珠菌感染，应保持被感染部位的清洁和干燥，局部组织的通风可以抑制念珠菌的生长。对潜在的免疫抑制性疾病和全身性疾病的治疗非常重要。这是因为，当一些诱因经治疗消除后，尿道念珠菌感染经常可以自愈。这可能和机体对真菌的免疫机制有关。

[经验小结] 白色念珠菌作为条件性致病菌，该菌致病多属内源性感染。长期大量使用广谱抗生素，导致机体正常菌群平衡失调，为本病诱因之一，该病例与之有关。广大宠物犬主只要加强犬的管理，科学喂养，可以避免本病发生。患犬病情较重，可能与犬主自行施治，延误最佳治疗时机有关。故宜早发现早治疗，既要注意标本兼治，又要重视支持疗法的应用。使用碱性的动物浴液，可以有效地减少皮肤念珠菌病的发病率。念珠菌下泌尿道感染——碱化尿液的食物摄入是有益的，而其他念珠菌性疾病很难预防。

第三章

寄生虫病

一、蠕虫病

（一）蛔虫病

犬蛔虫病是由犬弓蛔虫、狮蛔虫寄生于犬的小肠和胃内引发的疾病，主要危害幼犬。犬蛔虫通过吸食患犬营养、破坏器官完整性而影响幼犬的生长发育，严重感染也可导致患犬死亡。此病为人畜共患病，其幼虫对人有很强的致病性。

[临诊实例]两只幼犬均为45日龄。其中一号犬生后二十多天就见腹部膨大，被毛无光泽，体重较同龄犬轻，精神食欲均正常，但随着日龄的增长，腹部膨大越明显，呼吸增数，此时患犬呕吐，粪便稀软，被毛粗乱，消瘦，体重明显减轻。当腹部高度膨满时，精神极度沉郁，食欲减退，腹壁紧张，触诊有波动感，站立时腹下垂，呼吸困难，患犬喜卧，腹部穿刺腹水为透明淡黄色。二号犬发病较晚，症状较轻，但精神沉郁，食欲减退，腹部增大，呕吐，且排出淡黄白色虫体，呈圆柱形，一端较圆，另一端细而尖，长50～150mm。

[病因浅析]犬蛔虫属蛔科，虫体为圆柱状，呈线形，活成虫通常为乳白色。犬弓蛔虫虫体向腹面微弯，前端有狭长的颈翼膜，膜上有粗横纹，在食管与肠管有小胃。雄虫体长5～10cm，尾部弯曲、尾翼发达、有两根交合刺；雌虫体长6～8cm，尾端直，虫体前半部有生殖孔；虫卵为椭圆形，外膜起伏、粗糙。犬

狮蛔虫的虫体微弯于背面，颈翼膜有致密横纹，无小胃，雄虫长4～6cm，有两根交合刺；雌虫长 3～10cm；虫卵近圆形，外膜光滑。

该病人畜共患，所有年龄的犬均可感染，幼犬更易感。本病一年四季可发生，环境卫生条件差、流浪犬多、犬粪得不到及时处理的地方更为普遍。带虫幼犬、哺乳母犬、含幼虫包囊的肉类为本病的传染源。犬只主要通过食入感染性虫卵而发病。犬弓蛔虫虫卵粪便排出体外后，在适宜条件下可发育成含幼虫的感染性虫卵。犬吞食的感染性虫卵进入肠内孵出幼虫，幼虫穿入肠壁随血液到达肝脏、心脏、肺脏、气管，由咽部吞下进入肠管后发育为成虫。该幼虫可通过胎盘感染胎儿或由乳汁传染幼犬或直接随粪便排出体外感染其他犬和动物。犬狮蛔虫 30℃时经 3 天可获得感染力，感染量小时一般不穿过终末宿主组织移行，幼虫在侵入宿主肠壁 7 天左右又回到肠管，经 60 天左右发育为成虫。

[诊断依据] 本病多见于幼犬。患犬食欲不振或废绝、逐渐消瘦、全身被毛干枯无光泽，多有呕吐、腹泻症状，当犬严重感染或患其他传染病，抵抗力低下时可呕出成虫虫体。幼虫可移行进入肝脏、肺脏引发肝炎、肺炎，出现腹水、咳嗽等症状，虫体产生的毒素可引起犬兴奋、痉挛、发热。当犬的肠管被大量虫体占据时，可发生肠阻塞、穿孔进而导致死亡。

通过病犬发育迟缓、长期体瘦毛焦、腹围增大、腹泻、呕吐等症状时可初步诊断为疑似蛔虫感染，进一步进行犬粪便实验室检查，如检出虫卵或虫体可确诊。

虫卵检查有直接法和浮集法。

直接法：用牙签挑取米粒大粪便置于载玻片上，然后加一滴水进行稀释，加盖玻片后在低倍镜下进行观察。

浮集法：将粪便置于试管内，加入饱和食盐水，让液面微高于试管口，上覆载玻片，让其与液面接触，静置 30min，取下载玻片镜检。

判断方法：虫卵，形状椭圆，边缘起伏、粗糙的为犬弓蛔虫虫卵；形状为近圆形，边缘光滑的为犬狮蛔虫虫卵。成虫通过透明、染色、制片进行形态学的观察以予确诊。

[防控措施]

1. 驱虫　幼犬可选用左旋咪唑，每千克体重 10mg，口服，每天一次，连用 3 天；或丙硫咪唑，每千克体重 20mg，口服；还可选用伊维菌素，每千克体重 0.2～0.4mg，皮下注射，隔7～9 天加强一次。

2. 对症治疗

（1）肺炎型　可选用林可霉素，每千克体重 10～20mg，肌内注射，每天 2 次，连用 3～5 天。

（2）肠炎型　硫酸小诺霉素口服液，每千克体重 4mg，每天 2 次，连用 3 天。

（3）输液　根据机体的脱水情况，用 5%葡萄糖溶液按体重的 10%～20%补液，配以维生素 C、ATP、辅酶 A（CoA）、维生素 B_6，每天 1～2 次，连用 3 天。

[经验小结] 母犬妊娠期间注意卫生消毒，对其可能携带虫卵的粪便作无害化处理。哺乳期母犬应注意保持乳房及乳房周围干燥、清洁，尽量减少传染。幼犬断奶后选择合适时机进行预防性驱虫。幼犬生长过程中每隔 1～1.5 个月驱虫一次，并且保持犬舍和犬体的卫生，经常给幼犬刷拭，保持垫料饲喂器具的卫生。注意犬舍通风、消毒，保持垫料、饲喂器具卫生。

（二）钩虫病

本病是由钩口科钩口属、弯口属的线虫寄生于犬的小肠、尤其是十二指肠中引起犬贫血、胃肠功能紊乱及营养不良的一种寄生虫病。本病主要发生于热带及亚热带地区；但我国大部分地区包括北方地区均有本病流行。

[临诊实例] 某犬场自外地购回幼仔 3 只，年龄 2.5～4 个

月。饲养 3 个月后于一周内相继死亡。病程 3~4 天。前期症状主要为异嗜、呕吐、咳嗽、便秘。后期则食欲废绝、腹泻、粪便带血，体温 38.6~39℃。死后剖检为尸体高度消瘦、贫血、血液水样、凝固不良、肝脂肪变性、肺有弥散的出血斑点。胸、腹腔积液，并有纤维素渗出。肠道在小肠段呈出血性肠炎病变，肠黏膜及肠腔内有白色线虫多达数千条，肠内容物呈血红色。

[病因浅析] 犬钩虫病的病原常见的有犬钩虫与狭头钩虫。犬钩虫为淡黄白色小线虫，头端稍向背侧弯曲，口囊很发达，口囊前缘腹面两侧各有 3 个大齿，各齿向内呈钩状弯曲，雄虫长 10~12mm，雌虫长 14~16mm。狭头钩虫两端稍细，较犬钩虫小，口囊前缘腹面两侧各有 1 片半月状切板，雄虫长 5~8.5mm，雌虫长 7~10mm。犬钩虫卵随粪便排出体外，在适宜条件下，经 12~30h 孵出幼虫（杆状蚴），再经 1 周左右蜕化为感染性幼虫（带鞘丝状蚴）。通常经口感染，也可经皮肤和口腔黏膜感染。当幼虫经口进入宿主体内后，停留在肠内，脱去囊鞘，逐渐发育为成虫；当幼虫经皮肤侵入时，钻入外周血管，移行到肺泡和气管，随痰进入口腔，吞下后在小肠发育为成虫。犬钩虫还可通过胎盘、初乳感染。狭头钩虫的生活史与犬钩虫相似，但以经口感染较为多见。

[诊断依据]

1. 临诊症状 临诊症状的轻重很大程度取决于感染程度。轻度感染时病犬表现贫血、消瘦、生长发育不良、异嗜、呕吐、下痢等症状；严重感染时病犬表现食欲不振或废绝，消瘦，眼结膜苍白，贫血，弓背，拉黏液性血便或带有腐臭味的焦油状便，最后因极度衰竭而死亡，一般多见于幼犬。

若幼虫大量经皮肤侵入，病犬可发生钩虫性皮炎，引起局部（以爪部、趾间为主）发红、瘙痒、脓疱、皮炎，并可能继发细菌感染，躯干呈棘皮症和过度角化。少数病犬因大量幼虫移行至肺部，可引起肺炎。

2. 实验室诊断　取少量粪便于试管内，加饱和盐水混匀使液面高出试管口，盖上盖玻片，静置 30～60min 后取下盖玻片把液面贴于载玻片上，置显微镜下检查，检出特征性钩虫卵（呈钝椭圆形，无色，内含 2～8 个卵细胞），即可确诊。对于查不出虫卵的病例，可根据临床病理（该病与其他寄生虫病相比，嗜酸性细胞明显增加，急性病犬增加 15％～35％，慢性型增加 10％～15％），再结合病犬贫血（红细胞下降至 2.0×10^{12}～4.0×10^{12} 个/L，严重的可降到 1.8×10^{12} 个/L 以下）、拉焦油状血便等临床症状，可初步诊断为钩虫病。

[**防控措施**] 选用左旋咪唑每千克体重 5～10mg，或丙硫咪唑每千克体重 10～15mg，或甲苯咪唑每千克体重 22mg，口服，每天 1 次，连用 3 天，必要时 2 周后可重复用药 1 次。

用阿维菌素或伊维菌素制剂每千克体重 0.2mg，一次性皮下注射。对于重度感染病例，应结合采取对症治疗，如输血、补液、消炎、止血、止泻等。

预防该病以对犬定期采取预防性驱虫为主，一般幼犬出生后 20 日龄开始驱虫，6 月龄以后每季度驱 1 次，成犬每半年驱 1 次。另外因钩虫虫卵必须在适宜的体外环境中孵化成幼虫再经一周左右蜕化成感染性幼虫，后经犬的口、皮肤或胎盘感染犬。故及时清洁环境，粪便无害化处理，可移动的犬用具经常移到户外曝晒，亦可用火焰喷灯烧或开水烫，以杀灭幼虫，也是预防该病的主要措施。

[**经验小结**]

1. 犬钩口线虫致病力强，成年犬感染少量虫体时，不显症状。幼犬即便感染少量虫体，如营养不良或免疫力低下，仍可能发病。成虫吸着在肠黏膜上，不停地吸血，同时不停地从肛门排出血液，造成出血、溃疡。虫体还分泌抗凝素，延长凝血时间，便于吸血。虫体有变换吸血部位的习性，以致使伤口失血更多，由于慢性失血，宿主体内蛋白和铁不断地消耗。虫体多时，使宿主出现严重的缺铁性贫血。由此可见犬钩虫病是对犬危害最严重的寄生虫病之一，在犬的养殖过程中应引起高度重视。

2. 一些急性感染病例，通常未排出虫卵就开始发病，故粪检时可能查不出虫卵。诊断时可根据贫血、嗜酸性细胞增加及拉焦油状黏液性血便而作出初步诊断。

3. 对于重度感染的幼犬应先对其采取补液、消炎等治疗，改善体质后再驱虫，否则极易发生驱虫而加快幼犬死亡。可以选用犬血免疫球蛋白，增加辅助疗效，其对严重细菌、病毒、寄生虫感染，能起到抗感染和免疫调节作用，有助于提高机体的免疫能力。

选用阿维菌素或伊维菌素制剂治疗该病有很好的效果，但柯利犬、苏格兰牧羊犬、喜乐蒂犬等易发生过敏，应慎用，剂量不得超过每千克体重 0.05mg。

驱虫药可暂时使成虫停止产卵，因此，仅以粪便有无虫卵排出来评价驱虫效果是不可靠的，一般应间隔 2 周再重复驱虫1 次。

（三）犬恶丝虫病

[临诊实例] 一条 5.5 岁博美公犬，体重 1.8kg，在喂饲时发现该犬有咳嗽、用力喘气的症状，排尿时排出红色尿液，带至宠物医院进行检查。经宠物医师进行各项临床检查后发现，该犬心杂音相当严重（四级），运动耐力下降，喘气，轻微咳嗽，尿液暗红色。抽血镜检未发现微丝蚴，但以检验心丝虫成虫之ELISA 法检查呈阳性，再经放射线学、血液学与超声波学的辅助检查后确定为心丝虫病。因此建议畜主进行心丝虫驱虫工作。由于该犬状况不佳，宠物医师建议住院治疗，住院期间该犬状况不甚稳定，3 日突然死亡，随即进行剖检。经剖检发现该犬右心扩张，在后腔静脉与肺动脉处皆有 2 条心丝虫缠绕，另有 1 条心丝虫于右心房内。在肉眼下，肝脏、肾脏、肺脏、肠管皆有少许

病灶，组织病理学检查发现各脏器亦有病变产生。

[病因浅析]

1. 病原及其特征 犬心丝虫，其成虫为乳白或黄白色、细长粉丝状，头部钝圆。雄虫体长 12～18cm，尾部呈螺旋状弯曲，有尾乳突 11 对（肛前 5 对，肛后 6 对），交合刺 2 根，长短不等。雌虫体长 25～30cm，尾部较直，阴门开口于食道后端，距头端约 2.7mm。其幼虫——微丝蚴无鞘，体长 200～360μm，直径约 6μm。

2. 生活史与感染途径 寄生于患犬右心室的成虫，雌雄交配后的受精卵在雌虫的子宫内发育和孵化。早熟的活动胚胎称为微丝蚴。雌虫将微丝蚴释放入患犬血液后，可生存 2～2.5 年，但其被中间宿主——蚊子（中华按蚊、白纹伊蚊、淡色库蚊等）吞食之前，不能进一步发育。末梢血液中的微丝蚴，随着中间宿主的吸血而进入蚊体内，经中肠到达马尔氏管中发育。经过 2 次蜕皮，约需 2 周即发育成为侵袭性幼虫（第三期幼虫）。此幼虫离开马尔氏管，经体腔移行至蚊子的吻鞘，当犬被微丝蚴阳性蚊子叮咬时，即从口器中逸出侵入犬体内使之感染。

进入终末宿主犬的侵袭性幼虫，首先移行于皮下结缔组织、肌间组织、脂肪组织等继续发育 3～4 个月，再经过 2 次蜕皮，体长增至 3～11cm，然后进入静脉内，随血流移行至右心室、肺动脉中，经过 3～4 个月时间可发育成成虫，即健康犬被蚊子叮咬，侵袭性幼虫进入体内后，经过 6～7 个月的时间，才能发育为成虫。因此，患犬从感染后到其血液中第一次出现微丝蚴的时间至少需要 6～7 个月。成虫主要寄生于右心室和肺动脉中，其寿命 5～6 年，并不断产生微丝蚴。微丝蚴在犬体血液中可生存 2～2.5 年。

实验表明，微丝蚴在末梢血液中的出现具有日间周期性和季间周期性的规律，日间周期性即每天上午 10 点最低，下午 4 点至次日凌晨 4 点显著高于其他时间；晚间 10 点为最高峰，是最低时的 6.5 倍；此时也正是蚊子最活跃的时间。季间周期性即每年 5 月上旬开始，血液中微丝蚴逐渐增加，7 月上旬至 9 月中旬为高峰，9 月下旬开始又逐渐减少；11 月下旬至次年 2 月中旬为最少。剖检结果表明，每只患犬体内寄生的成虫数，少则 3～7 条，多则 25～70 条，最多可达 100 多条。

3. 致病机理 成虫寄生于右心室和肺动脉内，不仅可直接形成机械性栓塞，影响心肺功能，导致血液循环障碍，而且可造成肺动脉内膜损伤，内皮细胞脱落，白细胞和血小板附着，血管内膜呈绒毛状或息肉状增生，致使管腔变窄，血流阻力增高，静脉淤血或回流受阻，从而导致腹水、胸水、心包积液和肺水肿等。由于肺部血液循环障碍，渗出性增加而导致呼吸困难、咳嗽，甚至咯血。由于虫体寄生吸取营养而导致贫血和血浆蛋白降低，心脏因长期负担过重而引起扩张，进而又引起肝、肾功能和其他组织器官功能障碍，临床可见血红蛋白尿、胆红素尿等。患犬终因心脏衰竭而死亡。

[诊断依据]

1. 临诊症状观察 早期病犬不表现临诊症状，随着病情的发展出现运动后突发性咳嗽、体重减轻、不耐运动。寄生虫虫体波及肺动脉内膜增生时，出现呼吸困难、腹水、四肢浮肿、胸水、心包积液、肺水肿。并发急性腔静脉综合征时，突然出现血红蛋白尿、贫血、黄疸及尿毒症等症状。

2. 听诊

(1) 心脏听诊 右心膨大和腔静脉症候群发生时，由于虫体干扰血流和三尖瓣闭锁不全导致听诊时，可听到心缩期杂音或三尖瓣逆流音；约 90% 伴发腔静脉症候群的心丝虫病犬心脏听诊时可听见明显的三尖瓣逆流音；由于肺动脉高血压和肺大动脉环扩张致瓣膜闭锁不全的影响，造成肺动脉血液的逆流，因此在听诊时可以听见心舒期杂音；因肺动脉高血压的影响致第二心音出现分裂性心杂音。

（2）肺脏听诊 病犬吸气时，偶尔可听见轻微至明显的分裂性杂音，病犬会因为右侧淤血性心衰竭而引发全身性的临床症状、颈静脉搏动/扩张、肝肿大和腹水、胸腔内有胸水蓄积，听诊时发现模糊性肺音和心音，严重时甚至消失、体重渐渐减轻、心脏听诊可发现奔马性心节律。

3. 血液学检查 心丝虫感染的病例在血液学检查方面往往可见血细胞减少，严重病例血细胞压积降低至10%，血浆白蛋白含量降低。当肝脏发生坏死或淤血时，肝功能指数就会上升，血液生化检查可见血清谷丙转氨酶升高（正常值为40U/L，约高达80U/L时则预后不良），血清尿素氮升高至14～21mmol/L。尿液分析则发现蛋白尿、血红蛋白尿和高胆红素尿。

4. 微丝蚴的观察

（1）鲜血涂片法 取末梢血2滴，置于载玻片上，制成厚滴片，直接在镜下观察活动的微丝蚴；或待血片干燥以蒸馏水溶解红细胞，趁湿片时镜检；也可在血片干燥后用甲醇固定，姬姆萨染色后镜检。

（2）离心集虫法 静脉采血1mL于试管中，加20mL/L甲醛9mL，或70mL/L醋酸5mL，亦或加10mL/L稀盐酸5mL，混合均匀，裂解红细胞。2500r/min离心20min，弃上清，取沉渣涂片镜检，或涂片后用1mL/L美蓝液混合，加盖玻片镜检。

（3）过滤法 采血1mL加25mL/L枸橼酸钠5mL，倒入300目筛网中过滤。用定性滤纸蘸干筛网背面的血液后直接镜检。过滤法观察虫体最为直接，抗凝血中的细胞可通过筛网滤掉，只有虫体能留在滤网网格中，低倍镜下很容易观察到。离心集虫裂解红细胞时，适合采用稀盐酸、醋酸，甲醛可使沉淀物浑浊，不易挑取，本法最好染色后镜检，虫体更为明显。

（4）胸腔X光摄影检查与评估 心丝虫感染的病犬一般多以背-腹照的保定方式进行胸腔X光摄影，如此可得较具诊断意义的胸腔X光片。依病程的不同在X光片上会出现不同的变化。

病程初期，在肺叶周围的肺小动脉有轻微不明显的扩张现象，这些扩张的小动脉在 X 光片上呈现线状不透明的影像。病程中期，可见肺叶间质密度增加，肺小动脉丛的各小动脉间的管径逐渐变化而失去原有的均一性。病程末期，肺动脉和右心有明显的扩张。此外，肺门四周的肺叶组织密度增加，使得肺脏正常的血管影像消失，而此种肺脏组织的变化为嗜酸球性肺炎的特征性病变。若在 X 光片上见到有污点样的肺脏实质化病变，则表示该病变区已形成局部肉芽肿和肺叶中主要的动脉发生栓塞。

（5）心电图　心电图在慢性伴有严重的肺动脉高血压的病例中，常可见到病犬的右心室明显的肥大。此外，临床上可发现病犬常并发心房颤动和突发性的或持续性的心室心搏过速。

（6）心脏超声波检查　可检出大部分病犬右心房和右心室扩张膨大。除此之外，在某些伴有肺动脉高血压或慢性心衰竭的病例，常可发现病犬的心室间隔发生逆生理性的动作。此外，临床上可根据腔静脉症候群的有无来诊断慢性心衰竭的可疑病例。

（7）免疫学诊断　酶联免疫吸附试验及间接荧光抗体试验已用于本病的流行病学调查。但用雌性成虫制成的抗原做血清学检查时，只能检测有雌性成虫感染的犬，当感染程度轻微时（如犬体内的心丝虫成虫少于 5 条时），检查结果也可能显示阴性，如果单纯由雄性成虫感染的犬则显示阴性。

（8）分子生物学诊断　用 PCR 检测具有较高的灵敏性和特异性。PCR 检测法可以鉴别血液样品中丝虫的遗传物质。检测结果不受丝虫年龄大小和早期感染的影响，可以 24h 应用，能对早期感染进行确认。PCR 检测法的取材量很少，只要有 2 个心丝虫细胞存在时即可检测出来。

（9）病理剖检变化　成虫寄生于肺动脉和右心房阻塞血流，使心脏不能推出正常血量供应机体所需，导致心脏肥大和扩张，心肌纤维渐渐失去其收缩力。此外，虫体不断机械性地刺激心内膜，使平滑的心内膜变得粗糙不平，易形成微小血栓进入血流，造成微血管栓塞，导致局部缺血、坏死。微丝蚴可阻塞小静脉，造成微循环障碍。

[防控措施]

1. 驱虫　驱杀成虫：应用硫胂酰胺钠，剂量为每千克体重2.2mg，静脉注射，每天2次，连用2天。静脉注射时应缓缓注入，药液不可漏出血管外，以免引起组织发炎及坏死。或用盐酸二氯苯胂，剂量为每千克体重2.5mg，静脉注射，每隔4～5天1次，该药驱虫作用较强，毒性小。驱微丝蚴：用左咪唑，用量为每千克体重10mg，口服，连用15天，治疗第6天后检验血液，当血液中检不出微丝蚴时，停止治疗。或用伊维菌素（商品名害获灭），用量为每千克体重0.05～0.1mg，1次皮内注射。或用倍硫磷，每千克体重皮下注射7%溶液0.2mL，必要时间隔2周重复1～2次。还应根据病情，进行对症治疗。

2. 防止和消灭中间宿主　防止和消灭蚤、蚊是预防本病的重要措施。也可采用药物预防，乙胺嗪（海群生）内服剂量为每千克体重6.6mg，在蚊虫季节开始，至蚊虫活动结束后2个月内用药，在蚊虫常年活动的地方要常年给药，对已感染了心丝虫，在血液中检出微丝蚴的犬禁用本品。

硫胂酰胺钠：犬一次静脉注射每千克体重0.22mL，每天2次，连用2天，间隔6个月重复用药1次。注射时严防药物漏出静脉，该药对患严重心丝虫病的犬有危害，可引起肝、肾中毒。如果某些犬不能耐受海群生，可用该药进行药物预防，1年用药2次，这样可在临诊症状出现前，把心脏内虫体驱除。伊维菌素：在蚊虫活动季节开始到结束后2个月内用药，每月口服1次，1次量为每千克体重0.006mg。

[经验小结]　根据本病的流行病学特点，蚊子是犬心丝虫病的中间宿主，犬的心丝虫病是通过蚊子叮咬传播感染的。因此，加强犬舍内的清洁卫生，定期消毒，防止蚊虫孳生，是预防本病的一个重要方面。如蚊子出现季节，在房舍周围要排除积水，铲

除杂草，改明沟为暗沟，在稻田和水池中养鱼消灭蚊子幼虫。对蚊子成虫，采用药物和烟熏等措施杀灭。在夜间蚊子活动活跃的时候，将犬关在有纱窗的房舍内。

每半年带犬到动物医院进行一次心丝虫成虫的抗原检验，并按照兽医的要求，在蚊子活动季节，使用连续给药法和间接给药法，对6月龄以下犬口服预防药物，以杀灭侵入犬体内尚未发育成熟或移行至心脏内的第三期幼虫。

(四)绦虫病

[临诊实例] 某农户饲养的15条犬不同程度发病，其中9条症状明显，表现为躁动不安、无故狂吠、体质消瘦、被毛逆立、结膜苍白、食欲不振、腹泻、食草、食粪等现象。经查在粪便内有黄豆粒大的白色节片，新鲜粪便中有的还会蠕动，在肛门周围也有。主诉这批犬主要饲喂肉食品加工厂的下脚料。

[病因浅析] 寄生于犬的常见绦虫种类有宽节双叶槽绦虫、曼氏迭宫绦虫、泡状带绦虫、豆状带绦虫、多头带绦虫、细粒棘球绦虫、犬复孔绦虫等。犬绦虫病的危害很大，对宿主主要有以下几方面的危害。

1. 夺取宿主营养 犬绦虫以宿主体内的消化或半消化的食物营养为食，虫体在宿主体内生长、发育及大量繁殖，所需营养物质绝大部分来自宿主，数量越多，所需营养也就越多，这些营养还包括宿主不易获得而又必需的物质。宿主的营养物质被大量夺去，从而导致机体消瘦、衰弱、贫血，甚至死亡。

2. 机械性损伤 当大量虫体寄生时，虫体以其小钩和吸盘损伤宿主的肠黏膜，常引起炎症，在虫体寄生聚集的部位，严重地妨碍了食糜的通过，并可引起消化道部分管腔扩大和卡他性肠炎。当虫体聚集成团时，就可能发生肠阻塞、套叠、扭转和破裂等症状。当其他哺乳动物和人作为中间宿主时，多寄生于内脏器官，引起严重疾病。如泡状带绦虫的幼虫六钩蚴在肝实质中移行时，因损伤肝组织而引起肝炎。多头带绦虫的幼虫六钩蚴在脑膜与脑组织中移行，可引起刺激与损伤脑细胞而发生脑膜炎与脑炎，当多头蚴增大，压迫脑组织时，就会引起脑的贫血和萎缩，发生眼底淤血现象以及脑脊髓液黏度增高，蛋白质增量，并出现嗜酸性粒细胞增多等现象。

3. 毒素作用　虫体在寄生生活期间排出的代谢产物、分泌的物质及虫体崩解后的物质对宿主是有害的，可引起宿主体局部或全身性的中毒后免疫病理反应，导致宿主组织及机能的损害。当毒素进入血液，破坏血液成分时，红细胞数减少，血红蛋白降低，因此，出现黏膜苍白等贫血现象。当引起神经中毒时，病犬呈现抽搐、回旋或卧地不起，头向后仰，经常作咀嚼样运动，口角周围有许多白沫等，常突然死亡。

4. 继发感染　虫体感染宿主体后，破坏了机体组织屏障，降低了抵抗力，也使得宿主易继发感染其他疾病。

[诊断依据]

1. 临诊诊断　此病常呈慢性经过。犬轻度感染时常不呈现症状。严重感染时，病犬呈现慢性肠卡他，持续性或间歇性顽固性腹泻或便秘、腹泻交替发生。病犬精神沉郁，食欲反常（贪食或异嗜），渐进性消瘦，营养不良，贫血，出现呕吐。有的呈现剧烈兴奋（假狂犬病），病犬扑人，有的发生痉挛或四肢麻痹。重症病例，体温升高，剧烈腹泻，粪便稀软或呈水样，甚至混有大量血液、黏液和脱落的肠黏膜，粪便腥臭。心音变弱，可视黏膜发绀，眼球凹陷，皮肤失去弹性，甚至出现休克，濒死犬体温下降，四肢末梢厥冷，昏迷、抽搐死亡。听诊，肠蠕动音亢进，若病程延长，肠管松弛，则肠蠕动音减弱。腹壁触诊紧张，有压痛。当虫体成团时可堵塞肠管，导致肠梗阻、肠套叠、肠扭转和肠破裂等急腹症。病犬常肛门瘙痒，若发现病犬肛门常夹着尚未落到地面的孕卵节片，以及粪便中夹杂短的绦虫节片，有的可吐出绦虫或其节片，均可帮助确诊。

2. 实验室诊断　实验室诊断常用饱和盐水进行漂浮，主要检查绦虫卵，以建立生前诊断。取大约10g犬粪便弄碎，放于1个容器内，加入适量饱和盐水搅匀后过滤，将滤液静置0.5h左右后，用直径0.5～1.0cm的金属圈蘸取表面液膜，抖落于载玻片上，加上盖玻片后放于显微镜下检查；或用盖玻片直接蘸取液面，放于载玻片上，在显微镜下检查。

3. 病理剖检诊断　对死亡犬只进行剖检，见肌肉颜色较淡，小肠黏膜上有多处出血斑点，肠内食糜呈稠粥状，有的带有脓血球，气味恶臭；在小肠腔内发现大量绦虫，个别的还发现有蛔虫，堵塞整个肠腔。

[防控措施]

1. 犬绦虫病的治疗　症状轻者可以直接驱虫，病情严重的犬，应"对因对症，标本兼治"，加强护理，消除病因，保护胃肠黏膜，止吐止泻，防止脱水，纠正酸中毒。

（1）对症治疗　病初应禁食2～3天，待病情好转不吐了，便可以投喂糊状软和营养的食物；补充能量，强心保肝：维生素C、肌苷、维生素B_6，或ATP和糖盐水静脉注射，若呕吐严重补钾是非常必要的，可在糖盐水中加入氯化钾一起静脉注射；消炎：用氨苄西林或头孢霉素，地塞米松和糖盐水静脉注射，也可以同时加入庆大霉素，有止泻的作用；止血：用止血敏、氨甲苯酸、维生素C和5%葡萄糖静脉注射，也可用止血效果好的立止血；防止脱水和电解质平衡失调，补充林格氏液是必须的；对于腹泻厉害的为防止酸中毒，用碳酸氢钠和糖盐水静脉注射，也有止泻的作用；对于血便严重，贫血的可输血浆和生理盐水静脉注射，以扩充血容量，防止出血性休克；对于精神很差的可用黄芪和5%葡萄糖静脉注射；呕吐厉害者可皮下注射爱茂尔。

（2）驱虫　乙酰胂胺槟榔碱合剂：每千克体重4mg，在主餐后3h混入奶中给药。用药后可能出现的副作用有呕吐、流涎、不安、运动失调及喘气，解药可用阿托品。对 3 月龄以下的犬、发热的动物、有卡他性肠炎的动物和心功能不好或循环障碍的动物要禁用。不能和有机磷类药物合用。硫双二氯酚：每千克体重 0.2g，一次口服，投药前最好禁食 1 昼夜。副作用有呕吐、疝痛、腹泻、厌食等。吡喹酮：每千克体重 5mg，一次口服。用药前后不用禁食，4 周龄以下的犬忌用。氯硝柳胺：每千克体重 0.1～0.15mg，禁食 1 夜后一次口服，动物对治疗量很容易耐过。可用于妊娠所有阶段和衰弱病犬。

2. 预防 控制和消灭传染源：驱虫是综合防治中的重要环节，应有计划地进行定期预防性驱虫。驱虫药物的选择原则上要求高效、低毒、广谱、价廉、使用方便。犬 1 年应进行 4 次预防性驱虫（每季度 1 次），幼犬在 1 月龄或打完预防针后便可以驱虫，驱虫应在犬交配前 3～4 周内进行。驱虫时要把犬固定在一定的范围内，以便收集排出带有虫卵的粪便，彻底销毁，防止散播病原。在驱虫药物的使用过程中，一定要注意正确合理用药，避免频繁地连续几年使用同一种药物，尽量争取推迟或消除抗药性的产生。

切断传播途径：利用犬绦虫病的流行病学特点切断其传播途径，避免犬绦虫的感染。搞好环境卫生是减少或预防寄生虫感染的重要环节，尽量避免犬和中间宿主接触；不以肉类联合加工厂的废弃物（其中往往有各种绦虫蚴病），特别是未经无害化处理的非正常肉及内脏食品喂犬；不能让犬吃生鱼和未煮透的鱼；不让犬出去漫游和狩猎；及时杀灭犬舍内和体上的蚤和虱，大力防鼠灭鼠，保持犬舍内外的清洁和干燥，对犬舍和周围环境要定期消毒。

增强犬的抗病力：加强饲养管理。饲料保持平衡全价，使其能获得足够的氨基酸、维生素和矿物质，最好喂狗粮。减少应激因素，使犬能获得舒服而有利于健康的环境。对孕犬和幼犬应给予精心的护理。

[经验小结]

1. 犬绦虫病通常是由多种绦虫混合感染。

2. 症状较轻者给予驱虫药便会好；病情严重者依据"对因对症、标本兼治"的治疗原则，采用"驱除虫体、强心补液、抑菌消炎"的综合方案进行治疗。但对于幼犬来说，往往成活率较低。

二、原虫病

（一）球虫病

犬球虫病是由艾美耳科等孢子球虫及二联等孢子球虫感染引起的一种小肠和大肠出血性炎症疾病。临床表现主要以血便、贫血、全身衰弱、脱水为特征。

[临诊实例] 2003年4月中旬，某场2只14日龄的德国牧羊犬发病，主要临诊症状为食欲不振，排血便，经用头孢氨苄和氟哌酸口服治疗，效果不明显。5月上旬，该场又先后有5只25日龄德国牧羊犬和2只8日龄的狼犬先后发病。其主要临床表现为：体温正常或略升高达39.5℃，先排稀粪，粪中有黏液，后排酱油色血便，可视黏膜苍白，迅速消瘦，精神沉郁，个别犬皮肤轻度黄染，幼犬走路摇晃。2只因脱水、贫血，衰竭而死亡。

[病因浅析] 该球虫寄生于犬的小肠黏膜上皮细胞内，它以无性繁殖许多代（裂体生殖），产生许多新裂体芽孢。经过若干裂体生殖后，进行有性繁殖，形成很多大孢子和小孢子，大、小孢子进入肠管内，并在肠管内结合，受精后的大孢子为卵囊，随粪便排出体外。卵囊在外界适宜的条件下，1天或几天后即可完成孢子发育（孢子化）。此时卵囊内含有2个孢子囊，每个孢子囊内有4个子孢子。孢子化的卵囊具有感染性，当犬吞食孢子化卵囊后即可感染。

本病广泛传播于犬群中，1～6月龄的幼犬对球虫病特别易感。在环境卫生不好和饲养密度大的犬场可严重流行。病犬和带虫的成年犬是本病的主要传染源。

[诊断依据] 根据临床症状及剖检，同时结合实验室诊断可确诊。

1. 临诊症状 幼犬对球虫病易感，初期发病多表现轻度发热、食欲减退、消化不良、腹泻、粪稀薄或略呈红色黏性便，精神沉郁，嗜睡。球虫通常寄生于小肠，少数寄生于盲肠。犬感染球虫后渐进性引起出血性肠炎，是大、小肠黏膜出血性炎症疾病。呈进行性消瘦、贫血，脱水，幼犬死亡率高。发病后期，临床表现主要以排褐色血便，呈胶冻样；贫血、衰弱、脱水、衰竭而死。患犬被毛逆立、粗乱、无光泽。全身消瘦，体重急剧下降。

2. 病理变化 小肠黏膜呈卡他性炎症；空肠、回肠黏膜肥厚肿胀出血；直肠黏膜出血集中在纵皱襞的嵴上，球虫病灶处发生糜烂和溃疡，肠内容物混有血凝块；小肠黏膜内层出现白色结节，结节内充满球虫卵囊；有的肝脏也出现坏死性结节。

3. 实验室病原检查 收集新鲜病犬粪便，用饱和盐水法检查卵囊。取粪便 2g 加饱和盐水 20mL，摇匀，筛滤，滤液注入试管中，补加饱和盐水与盖玻片接触，其间不留气泡，直立 0.5h 后，取下盖玻片，覆于载玻片上检查。常规法分离卵囊及孢子化卵囊：将浓集后的卵囊加 2.5% 的重铬酸钾溶液，在 28℃ 恒温箱中培养，待其孢子形成后再镜检。

[防控措施] 治疗犬球虫病应以抗球虫、消炎、止血为主，维持电解质平衡，补充 B 族维生素为辅。对症治疗实施以下治疗方案。抗球虫用磺胺类药物进行口服。消炎用 5% 糖盐水、氨苄青霉素、地塞米松，混合静脉滴注。止血用维生素 K_3、止血敏（酚磺乙胺）分别进行肌内注射。抗贫血使用维生素 B_{12} 肌内注射或口服右旋糖酐铁（也可同时使用）。维持电解质平衡采用"林格注射液"（复方氯化钠）进行静脉滴注。当病的后期患犬出

现食欲减退症状时可使用复合维生素 B，口服或肌内注射。

[经验小结] 带虫的成年犬和病犬都是本病传播的重要来源，所以在预防上应注意灭蝇、杀鼠以及将病犬隔离，尤其是不应忽视未见症状的带虫成年犬的治疗。保持犬舍清洁干燥，避免饲料和饮水受到粪便的污染。大部分的常规消毒剂对粪便中的球虫卵囊没有效果，因此发生本病后可用开水烫洗犬舍或将犬舍转移，以阻断球虫的二次感染。

磺胺类药物对犬球虫病的治疗效果较好，但长时间使用容易引起犬食欲下降，严重时胃肠出血。

（二）弓形虫病

弓形虫病又称弓形体病和弓浆虫病，是由孢子虫纲、肉孢子虫科、弓形虫属的龚地弓形虫引起人畜共患的寄生在细胞内的一种原虫病。该病呈世界性分布，人和许多动物都能感染，尤其在宿主免疫功能低下时，可引起严重后果，是一种重要的机会致病原虫。

[临诊实例] 2009 年 8 月，泰州某户饲养的 3 只宠物犬中有 2 只突然发病，主要表现为精神沉郁、消瘦、食欲不振，体温升高至 41～42℃，呈稽留热，体表淋巴结肿大，心跳快而弱，可视黏膜苍白，有脓性眼屎，眼结膜充血，鼻腔流出浆液性鼻液，呼吸困难，咳嗽。病犬初期便秘，后期发展为水样出血性下痢，里急后重。并伴有轻度神经症状，表现为后肢麻痹，运动失调。病初使用大量抗生素均无明显效果，后病情较重的 1 只死亡。

[病因浅析] 弓形虫整个发育史需要中间和终末两个宿主。包括 5 个阶段：速殖子期、包囊期、裂体增殖、配子生殖和孢子生殖。前两个阶段在中间宿主体内完成。裂体增殖和配子生殖在终末宿主体内完成，孢子生殖在体外进行。

犬吃了感染性卵囊或吞食了含有滋养体和包囊的中间宿主的肉、内脏、渗出物、排泄物和乳汁而感染，或经损伤的皮肤、黏膜而感染，或经胎盘而感染。其中的子孢子随血液和淋巴液进入除肠道组织外的细胞中，以双芽生殖方式繁殖，增殖大量的速殖子，此为急性感染期。随着机体免疫力的产生，速殖子变为缓殖子形成包囊，在脑、心、眼及骨骼肌中长期存活，为慢性感染期。此病多发生于幼犬，自然感染多呈隐性经过，但近年来暴发或呈急性型经过有增多的趋势。由于其临床表现与犬瘟热等症状相似，故往往作出误诊。

[诊断依据]

1. 根据临诊症状　健康的成犬即使感染了弓形虫也不发病，或者呈一过性而耐过。发病和死亡的多是幼犬。但当成犬营养不良、寒冷、捕获、监禁和妊娠等时，机体抵抗力下降，也可能发生本病。

弓形虫单独感染的急性病例，多为不满一岁的幼犬，幼犬精神沉郁，食欲减退，发热、消瘦、黏膜苍白、咳嗽、流鼻液、呼吸困难，甚至发生肺炎。患犬有时出现剧烈的呕吐，水样出血性下痢，里急后重，随后出现中枢神经系统障碍，麻痹、运动失调、脑炎等症状。成犬与幼犬相比，慢性经过的较多，精神沉郁、发热、消瘦、胃肠机能障碍，有的出现癫痫、痉挛、运动失调、后肢麻痹等。怀孕母犬流产或早产。犬的弓形虫性眼病，主要侵害网膜，有时也侵害脉络膜、睫状体、虹膜等。患犬出现网膜出血、网膜炎及白内障等。

病理变化：全身淋巴结肿大、出血，有的出现坏死灶为主要特征。胸水、腹水增加。肝脏肿大，表面有灰白色坏死灶。肾、脾肿大。肺肿大，间质水肿，表面有局灶性灰白色坏死灶。有的脑、脊髓组织内有灰白色坏死灶。胃肠黏膜肿胀，有溃疡灶。慢性的：胃肠有溃疡灶，心肌炎。其他脏器和组织细胞出现炎性反应的病变。因本病的某些症状与附红细胞体病、犬瘟热、犬传染性肝炎等病相似，应注意鉴别。

2. 病原学检查　无菌采取患犬前肢静脉血做血液涂片，自然干燥、甲醇固定、姬姆萨染色后镜检。发现有数量不等的一端稍尖、另一端钝圆、呈香蕉形或弓形的滋养体。胞浆呈淡蓝色，核呈紫红色，位于虫体中部偏向钝圆的一端，每个视野中有单个、双个或多个虫体存在。

3. 其他常用方法　主要有 ELISA 方法、间接荧光抗体试验等。

[防控措施]

1. 治疗　对急性感染病例，可用磺胺嘧啶，每千克体重 70mg，或甲氧苄氨嘧啶，每千克体重 14mg，每天 2 次口服，连用 3～4 天。由于磺胺嘧啶溶解度较低，较易在尿中析出结晶，内服时应配合等量碳酸氢钠，并增加饮水。此外，可应用磺胺-6-甲氧嘧啶（磺胺间甲氧嘧啶、制菌磺）或磺酰氨苯砜。

2. 预防　弓形虫病是一种典型的多宿主寄生虫病，猫是弓形虫的终末宿主，因此应禁止犬与猫接触，妥善处理猫的粪便，防止犬采食猫粪中的感染性卵囊。同时采取灭鼠措施，切断鼠、猫、犬等之间的传播。禁止给犬喂生肉、生乳、生蛋或含有弓形虫包囊的动物组织，以防健康犬感染弓形虫。人、犬感染弓形虫现象很普遍，但发病率不高，且流行也没有严格的季节性。以秋冬季和早春发病率较高。可能与动物机体的抵抗力较低有关。因此在此期间应加强犬的饲养管理，改善其机体的抵抗力。

[经验小结]

1. 本病在临诊上应与犬瘟热、犬传染性肝炎、犬细小病毒性肠炎等病相区别。

2. 弓形虫病是人畜共患的疾病，防止犬弓形虫病，可以防止患犬将此病传染给人和其他动物。

3. 弓形虫病大多数为阴性感染，产生部位特殊，临床表现复杂多样，无特异的症状和特征，且治疗该病尚无十分理想的药物。治疗药物对弓形虫的滋养体有一定的作用，但对组织内的包囊无效。目前本病的预防还是一个难题。

（三）犬巴贝斯虫病

犬巴贝斯虫为巴贝斯科，巴贝斯属的虫体。引起犬的巴贝斯虫病的病原体有3种，即犬巴贝斯虫、韦氏巴贝斯虫和吉氏巴贝斯虫。临诊表现为发热、贫血、黄疸、血红蛋白尿，病程短，死亡率高。目前该病在国内广泛分布，江苏、河南、河北等地区流行较为严重，春、夏、秋季均可发病。

[临诊实例] 2005年8月，一狼犬前来就诊，1.5岁，雄性犬，精神沉郁，食欲废绝，饮欲增强，尿黄色至暗褐色，体温高达40℃以上，可视黏膜呈粉红色，呼吸、脉搏频速，触诊脾区疼痛。

[病因浅析] 我国已报道的为吉氏巴贝斯虫。吉氏巴贝斯虫寄生于犬的红细胞内，引起血源性原虫病。传播本病的硬蜱主要有血红扇头蜱、镰形扇头蜱和长角血蜱，因此本病具有明显的季节性，多发生在5～9月份蜱盛行的季节。巴贝斯虫发育过程中需要蜱作为终末宿主。巴贝斯虫的发育过程需要经过以下三个阶段。蜱在吸动物血时，将巴贝斯虫的子孢子注入动物体内，子孢子进入红细胞内，以二分裂或出芽方式进行裂殖生殖，形成裂殖体和裂殖子，繁殖到一定程度后，红细胞破裂，虫体又侵入新的红细胞，如此反复几代后形成大小配子体。蜱再次吸血的时候，配子体进入蜱的肠管进行配子生殖，即在上皮细胞内形成配子，而后结合形成合子。合子可以运动，进入各种器官反复分裂形成更多的动合子。动合子侵入蜱的卵母细胞，在子代蜱发育成熟和采食时，进入子代蜱的唾液腺，进行孢子生殖，形成形态不同于动合子的子孢子。子代蜱吸血的同时向宿主体内注入大量唾液，从而将巴贝斯虫子孢子传给动物。

虫体在红细胞内繁殖，破坏红细胞，导致溶血性贫血，并引起黄疸。巴贝斯虫本身具有酶的作用，使动物血液中出现大量的扩血管活性物质，如激肽释放酶、血管活性肽等，引起低血压性休克综合征。激活动物的凝血系统，导致血管扩张、淤血，从而引起系统组织器官缺氧，损伤器官。

[诊断依据]

1. 临诊症状　常呈慢性经过。病初精神沉郁，不愿活动，运动时四肢无力，身躯摇晃。体温升高至 40～41℃，持续 3～5天后，有 5～10 天体温正常期，呈不规则间歇热型。食欲减少或废绝，营养不良，明显消瘦。出现渐进性贫血，结膜和黏膜苍白，触诊脾脏肿大，肾（单侧或双侧）肿大且疼痛。尿呈黄色至暗紫色，少数病犬有血尿。轻度黄疸。部分病犬呈现呕吐症状，鼻漏清液，眼有分泌物等。

剖检发病较严重的犬，常见犬的血液稀薄、色淡，凝固不全。黏膜和皮下组织黄染。脾脏肿大呈黄红色。肝脏肿大、质脆、黄染。心冠状沟和心内膜点状出血。膀胱内积有血尿。胃、肠黏膜潮红出血，胸、腹腔、肠系膜均呈黄染。

2. 病原学诊断　用消毒过的针头自病犬耳静脉采血，常规推制成血片，晾干。甲醇固定，姬氏染色法染色 30min，取出水洗，吸干，油镜镜检，在红细胞内发现染成淡蓝色的小梨籽形虫体，有圆形、环形和逗点形等，虫体的染色质团呈紫红色，清晰可见。一个红细胞内寄生虫体 1～3 个不等。红细胞染虫率随病情轻重不同而异，一般为 5%～15%，严重病例甚至达到 20% 以上。涂片见较多幼稚的有核红细胞；红细胞大小不均，呈多染性和异形性，网织红细胞增多，且有较多的红细胞碎片，结合流行病学调查、临床症状观察和病理剖检，可确诊为犬吉氏巴贝斯虫病。

[防控措施]

1. 对因治疗　本病可用特效药治疗，包括贝尼尔（三氮脒，血虫净）、阿卡普林（硫酸喹啉脲）、咪唑苯脲、黄色素等。硫酸喹啉脲：剂量为每千克体重 0.5mg，皮下注射或肌内注射，有时需隔天重复注射一次。对早期急性病例疗效显著。用药后，如出现兴奋、流涎、呕吐等副作用，可以将剂量减为每千克体重0.3mg，多次低剂量给药。三氮脒：剂量为每千克体重11mg，配成1%溶液皮下注射或肌内注射，间隔5天再用药一次。咪唑苯脲：剂量为每千克体重5mg，配成10%溶液，皮下注射或肌内注射，间隔24h重复一次。

2. 对症治疗　在使用特效药物的同时应采取对症治疗：针对严重贫血情况进行大量输血，同时肌内注射维生素 B_{12} 0.2mg，每天2次；或口服人造血浆10mL，每天3次。使用广谱抗生素防止继发或并发感染。补充大量体液、糖类及维生素，预防严重脱水及衰竭。若出现黄疸和并发肝损伤时，要使用保肝药物和能量合剂。

[经验小结]

1. 首先要做好灭蜱工作，在蜱出没的季节消灭犬体、犬舍以及运动场的蜱。

2. 引进犬的时候要在非流行季节引进，尽可能不从流行地区引进犬。

三、蜘蛛昆虫病

（一）疥螨病

犬疥螨病是由疥螨引起犬的一种慢性寄生性皮肤病，俗称癞皮病。

[临诊实例] 一养殖户共饲养8只肉用犬，均为5月龄的幼犬，最初发现1只幼犬常用脸和四肢摩擦地面和墙壁，随之面部和四肢末端出现脱毛现象，并且瘙痒加剧，前后共有5只犬出现类似或更严重的症状。

[病因浅析] 犬疥螨，成虫呈圆形、微黄白色、背部隆起、腹部扁平。疥螨的发育需经过卵、幼虫、若虫和成虫4个阶段。其全部发育过程都在犬身上完成，一般需1~3周。疥螨在犬皮

肤的表皮上挖凿隧道，雌虫在隧道内产卵，每个雌虫一生可产卵20～50个。卵孵化为幼虫，幼虫有3对足，体长0.11～0.14mm。孵化的幼虫爬到皮肤表面，在皮肤上凿小洞穴，并在穴内蜕化为若虫，若虫钻入皮肤挖凿浅的隧道，并在里面蜕皮成成虫。雌虫的寿命3～4周，雄虫在交配后死亡。

疥螨病多发于冬季、秋末和春初。因为这些季节光线照射不足，犬毛密而长，特别是犬舍环境卫生不好、潮湿的情况下，最适合螨虫的发育和繁殖，犬最易发病。

[诊断依据]

1. 临诊表现 犬疥螨幼犬较严重，多先起于头部、鼻梁、眼眶、耳部及胸部，然后发展到躯干和四肢。病初皮肤发红有疹状小结，表面有大量麸皮状皮屑，进而皮肤增厚、被毛脱落、表面覆盖痂皮、龟裂。病犬剧痒，不时用后肢搔抓、摩擦，当有皮肤抓破或痂皮破裂后出血，有感染时患部有脓性分泌物，并有臭味。由于患犬皮肤被螨虫长期慢性刺激，犬终日不停啃咬、搔抓、摩擦患部，使犬烦躁不安，影响休息和正常进食，临床可见病犬日见消瘦、营养不良，重者可导致死亡。

2. 实验室诊断 用消毒好的手术刀片在患处与健康皮肤交界处刮取皮屑，刮至快要出血为止，将病料置于载玻片上，加上一滴甘油或甘油生理盐水，覆以盖玻片镜检，可见到活的疥螨虫体。即可确诊为犬疥螨病。

[防控措施]

1. 治疗 首先将患部及周围剪毛，除去污垢和痂皮，用温肥皂水或2%的来苏儿溶液清洗患部再用药物治疗。伊维菌素按每千克体重0.2mg，皮下注射，间隔7～10天，连用2～3次；或用5%氯氢碘柳胺钠注射液按每千克体重0.1～0.15mL，皮下注射或肌内注射，每周1次，连用2～3次，均可收到良好的治疗效果。局部配合杀螨剂如：双甲脒稀释30～50倍、螨净0.015%～0.025%、10%的硫黄软膏、5%的溴氢菊酯用清水

1 000倍稀释，局部涂擦。

对症治疗：应同时配合抗生素、抗过敏药物进行全身治疗，以防止继发感染。同时要加强营养，补充蛋白质、微量元素和多种维生素。

2. 预防 经常保持犬舍清洁、干燥、通风，并搞好定期消毒工作，常给犬梳刷洗澡，以保持卫生。发病期间，忌喂辛辣食品，如鸭肉、牛羊肉等防止复发。同时要加强营养，补充蛋白质、微量元素和维生素。

[经验小结] 要坚持疗程，确保疗效：由于疥螨的生活周期为3周，所以3周后再重复治疗1次，连续治疗2～3个疥螨生活周期，以确保疗效。

临床上伊维菌素制剂治疗犬疥螨病易产生耐药性，因此要做好病历和用药记录，下次治疗用药前应先了解患犬的用药史，以达到满意效果。

(二)犬蠕形螨病

蠕形螨病亦称毛囊虫病或脂螨病，是由蠕形螨寄生于犬的皮脂腺、淋巴组织或毛囊内而引起的一种常见而又较顽固的皮肤病，且危害严重。典型的蠕形螨生长在动物毛囊内，但有时也可以在毗邻的皮脂腺与皮肤分泌物中找到。螨虫以毛囊碎屑、细胞以及少量皮脂为食。在淋巴细胞受到抑制或受到细菌继发感染的时候，则为螨虫扩散创造了条件。

[临诊实例] 患犬为短毛小型腊肠犬，雌性，4月龄，体重4.5kg。发病2周前，犬眼睑周围出现少量小结节，结节部皮肤潮红、脱毛，但患犬无明显痒感，随病情的发展，犬头面部、颈部皮肤相继出现类似变化。病犬全身散发臭味，被毛稀疏，眼睑周围、口角、额部、鼻部、颈下部、肘部、趾间脱毛尤其严重，其皮肤微红，大面积出现毛囊脓肿，尤以颈、腋、腹、股内侧最为严重。病犬精神状态基本正常。

[病因浅析] 正常幼犬身上有蠕形螨存在，但不发病。当皮肤破损时，即侵入获取营养，并大量繁殖，引起皮肤病。本病发生于5～6月龄幼犬。犬蠕形螨病的感染途径主要为直接接触传播，也可间接如通过地毯、犬窝垫料和胎盘等传播。当虫体遇到有炎症的皮肤，且有足够的营养时，便进行大量繁殖，导致疾病的发生。如机体免疫功能低下，饲养管理不当或环境卫生条件恶劣，营养不良，缺乏维生素、微量元素，也可促使该病的发生。

其机理可概括为：机械性刺激：主要为螯肢及其足爪对组织细胞的直接损害。化学性损害：其代谢物、分泌物、虫体死亡的分解产物具有化学性及抗原性刺激，可导致局部组织出现炎性反应，引起相应的临床症状，表现为睑缘炎、外耳道瘙痒、脂溢性脱毛、局部皮肤损害等。免疫病理：一旦虫体突过真皮层，会引起强烈的Ⅰ型过敏反应（如荨麻疹、嗜酸性粒细胞增多、水肿和哮喘等）。继发微生物感染：细菌或真菌乘机侵入或过度繁殖致病，临床上可引起毛囊炎、脂溢性脱毛、睑缘炎、口周炎、乳头炎、脂溢性皮炎等。自体损害：由于虫体的机械性刺激、化学性损害和微生物感染引起犬自抓自挠和免疫应答，造成更大的机体损害。

[诊断依据]

1. 临诊症状 蠕形螨症状可分为两型。鳞屑型：主要是在眼睑及其周围、额部、嘴唇、颈下部、肘部、趾间等处发生脱毛、秃斑，界线明显，并伴有皮肤轻度潮红和麸皮状皮屑，皮肤可有粗糙和龟裂，有的可见有小结节。皮肤可变成灰白色，患部不痒。有的可长时间保持原型。脓疱型：感染蠕形螨后，首先多在股内侧下腹部见有红色小丘疹。几天后变为小的脓肿，重者可见有腹下股内侧大面积红白相间的小突起，并散发特有的臭味。病犬可表现不安，并有痒感。大量蠕形螨寄生时，可导致全身皮肤感染，被毛脱落，脓疱破溃后形成溃疡，并可继发细菌感染，出现全身症状，重者可导致死亡。

2. 实验室诊断 主要有以下 3 种方法：①用手术刀片钝端，刮取病灶皮脂，置洁净载玻片上，丙三醇透明固定，光学显微镜低倍观察。②用双拇指指甲对挤病灶有毛无毛交界处皮肤，挤出毛囊内容物再用手术刀片钝端刮取皮脂，置载玻片上，丙三醇透明固定，光学显微镜低倍观察。③将透明胶纸剪成 2.5cm×2.0cm 大小，粘贴于刮毛后的病灶处，1min 后揭下贴于载玻片上，丙三醇透明固定，光学显微镜低倍观察。一般认为透明胶纸法因具有对动物伤害轻、应激小、操作简便、检出率高等特点，应作为犬蠕形螨病主要临床确诊方法。

[防控措施]

1. 治疗 治疗时先清洗患部，有脓疱的要刺破后用双氧水洗擦，皮下有化脓孔道的用 1% 的蛋白银液冲洗，再用下列杀螨药物：伊维菌素皮下注射，每千克体重 0.2mg，7 天 1 次，连用3～5 次。治疗过程中应注意：要早期治疗，若严重蔓延后则难治愈；易复发，故治疗时间要足；对脓疱型重症病例除应用杀螨剂外，还应同时选用高效抗菌药物。

2. 预防 注意犬舍卫生，保持垫料干燥，定期消毒。注意犬粮营养均衡，增强机体抵抗力。为防止垂直传播，患犬不宜用于繁殖。勿让健康犬与患犬接触，以防止直接接触传播。

[经验小结]

1. 本病的治疗应做到早发现、早诊断、早治疗，坚持疗程，确保疗效。

2. 本病在治疗的同时还要加强营养，补充蛋白质、微量元素和维生素。由于品种易感染性导致的动物蠕形螨病，之后皮肤免疫系统受损，易再次复发，可能会变得十分严重并难以治愈，故需平时做好预防工作。

3. 对于所有泛发性幼年蠕形螨病犬应尽快进行绝育手术。成年犬患泛发性蠕形螨病可能与内分泌异常有关。无论治疗何种类型的蠕形螨病的患犬都禁止使用糖皮质激素。

（三）耳痒螨病

犬耳痒螨病是由耳痒螨属犬耳痒螨引起的高度接触性传染病。耳痒螨寄生于犬外耳道，引起大量的耳脂分泌和淋巴液外溢。耳道内常见棕黑色的分泌物和表皮增殖症状。若有细菌继发感染，病变深入中耳、内耳及脑膜，可造成化脓性外耳炎和中耳炎，深部侵害时可引起脑炎，出现神经症状。

[临诊实例] 2008 年门诊治疗的 1 只雪纳瑞犬，体温 38.5℃，被毛蓬乱，脉搏、体温无异常。一侧耳肿胀如猕猴桃大小，局部发热，手触有水样波动。病犬表现不安，不时用爪搔肿胀的耳部，致使耳部皮肤损伤，发生水肿和炎症。用注射器从肿胀处抽出 25mL 带血的淡黄色浆性液体。

[病因浅析] 该病多为成年犬与幼年犬接触感染，且一年四季都有发生。犬耳痒螨寄生于犬外耳道皮肤表面，以刺吸式口器吸取渗出液为食。雌螨多在皮肤上产卵，约经 3 天孵化为幼螨，采食 24～36h 进入静止期后蜕皮成为第一若螨，采食 24h，经过静止期蜕皮成为雄螨或第二若螨。雄螨通常以其肛吸盘与第二若螨躯体后部的一对瘤状突起相接，抓住第二若螨，这一接触约需 2 天。第二若螨蜕皮变为雌螨，雌雄螨在宿主表皮上进行交配，雌螨受精后采食 1～2 天即开始产卵。在犬体内完成从卵至成虫（10～12 天）的整个生活史过程。

[诊断依据]

1. 临诊症状　耳痒螨寄生于犬外耳道内引起大量的耳脂分泌和淋巴液外溢从而导致犬耳痒螨。临床表现为耳部奇痒，皮肤损伤，耳血肿，耳道内出现棕黑色的分泌物，表皮增厚。病犬不停地摇头、抓耳、鸣叫，摩擦耳部，有时向病变较重的一侧做旋转运动。若不及时治疗，后期病变可蔓延至中、内耳及脑膜等处，引起脑炎及神经症状。

2. 实验室诊断　可取患犬耳部痂皮，检查有无虫体而确诊。

方法是从病犬的耳内侧，用手术刀刮取痂皮，直到稍微出血为止，将刮到的病料装入试管中，加入10％苛性钠（或苛性钾）溶液，煮沸，待毛、痂皮等固体物大部分溶解后，静置20min，由管底吸取沉渣，滴在载玻片上用低倍显微镜检查，以发现各发育阶段的虫体及虫卵而确诊。

[防控措施] 首先清除耳道内渗出物，向耳道内滴加石蜡油，软化溶解痂皮，再用棉签轻轻除去耳垢和痂皮，尽量减少刺激，否则易使病情加重甚至引发细菌感染。耳内滴注杀螨药，最好用专门的杀螨耳剂，同时配以抗生素滴耳液辅助治疗，可采用复方多黏菌素滴耳液滴耳。

全身用杀螨剂，可选用伊维菌素注射液进行治疗，按每千克体重皮下注射或肌内注射0.2mg，共注射2次，每次间隔10天。对细菌感染严重的患犬或猫，要结合抗生素进行治疗。

[经验小结]

1. 隔离患病犬或猫，并对同群犬或猫进行预防性杀螨。

2. 对犬经常接触的床铺、垫料、用具和周围环境进行清洗消毒。

3. 注意环境卫生，保持环境干燥。

（四）犬虱病

引起犬虱病的主要有犬毛虱和犬长颚虱两种。犬毛虱也是犬复孔绦虫的传播者。患犬剧痒，搔抓，被毛脱落，皮肤脱屑，有时皮肤上出现小结节、小出血点，甚至坏死灶，严重时可引起化脓性皮炎，脱毛，被毛上沾有白色虱卵。

[临诊实例] 江苏某犬场1只2月龄宾格犬因犬食毛虱感染严重，前来就诊。病犬目光呆滞、鼻镜沾满泥土、饮食欲废绝、消瘦、皮肤瘙痒、被毛蓬乱并覆有大量皮屑，毛根下可见糠样物。

[病因浅析] 犬毛虱属于毛虱属的犬毛虱。毛虱呈淡黄色，

且有褐色条纹，头端钝圆，其宽度大于胸部。雄虱长约1.074mm，雌虱1.92mm。犬长颚虱属的犬颚虱，体呈淡黄色，头部较胸部窄，呈圆锥形。雄虱长约1.5mm，雌虱长2.0mm。它们终生不离开宿主。犬毛虱雌虱交配后产卵于犬被毛基部，1～2周后孵化，幼虫蜕3次皮，经2周发育为成虱。成熟的雌虱可以活30天左右，它以组织碎片为食，离开犬身体后3天左右即死亡。雌长颚虱产卵于宿主被毛上，9～20天孵化为稚虫，稚虫再经3次蜕化发育为成虫。从卵发育为成虱需30～40天。

[诊断依据]

1. 临诊症状 当犬有大量虱寄生时，患犬剧痒，搔抓，被毛脱落，皮肤脱屑，有时皮肤上出现小结节、小出血点，甚至坏死灶，严重时可引起化脓性皮炎，脱毛，被毛上沾有白色虱卵。病程较长的，则出现食欲不振，精神委靡，体质衰弱。

2. 实验室检查 收集犬体毛根处活虫体，放于载玻片上，滴加一滴甘油，置体式显微镜下观察。虫体大小为（1.0～1.5）mm×（2.0～3.0）mm，体扁平，呈灰白色形如芝麻粒，无羽，头、胸、腹分界明显，头部钝圆，宽度大于胸部，两侧各有一根3～5节的触角，口器为咀嚼式。胸部分为3节，每节对应着一对足，足粗短，爪弯曲形成夹子状。腹部分成10多节，长满了绒毛。

[防控措施] 预防虱子感染可用相应的浴液定期洗澡。治疗时应隔离病犬，皮下注射伊维菌素每千克体重0.2mg，患部皮肤涂擦0.1%林丹或0.5%西维因。许多杀虫剂对虱子均有效，包括喷洒"福来恩"。

[经验小结]

1. 预防可以给犬带除虱颈圈，平时搞好犬舍和犬体的清洁卫生，定期消毒杀虫。

2. 发生湿疹或继发感染时，可用氨苄青霉素每千克体重5～10mg，肌内注射。剧烈瘙痒时可用地塞米松每千克体重0.5～

1.5mg，肌内注射，苯海拉明每千克体重 2.2mg，肌内注射。

（五）蚤病

侵害犬的跳蚤主要是犬栉首蚤和猫栉首蚤。它们引起犬的皮炎，也是犬绦虫的传播者。猫栉首蚤主要寄生于猫和犬，而犬栉首蚤只限于犬和野生犬科动物，有时可寄生于人。

[临诊实例] 前来就诊比格犬剧烈瘙痒，搔抓、啃咬，皮炎，贫血。在犬腰背部、尾根部、腹后部和四肢内侧，发现白色虫体。

[病因浅析] 栉首蚤的个体大小变化较大，雌蚤长，有时可超过 2.5mm，雄蚤则不足 1mm。跳蚤是小、棕色、侧面狭窄的昆虫，在体表活动时可被发现。其卵为白色，小球形。跳蚤在犬被毛上产卵，卵从被毛上掉下来，在适宜的环境条件下经过 2～4 天孵化，它有 3 种幼虫。一龄幼虫和二龄幼虫以植物性和动物性物质（包括成年跳蚤的排泄物）为食物。三龄幼虫只作茧，不吃食。茧为卵圆形，不易被人发现，它通常附在犬的垫料上，几天后化蛹。从卵发育为成年跳蚤，总过程大约需要 2 周时间。温度和湿度对跳蚤影响很大，在低温、高湿的情况下，跳蚤不吃食也能存活 1 年多，而在高温低湿条件下，跳蚤几天后就死亡。犬、猫是通过直接接触或进入由成年跳蚤的地方而发生感染。

[诊断依据] 最易发现跳蚤的部位是犬腹下部和腹股沟。本病的临床症状主要是瘙痒。跳蚤刺激皮肤，病犬表现为搔抓、摩擦和啃咬被毛，引起脱毛、断毛和擦伤，患部皮肤上有粟粒大小的结痂，重症的皮肤磨损处有液体渗出，甚至形成化脓创。有时可引起过敏反应，形成湿疹。长期跳蚤感染可造成贫血。跳蚤感染还可能出现跳蚤过敏性皮炎。发现犬有上述症状，就要仔细检查颈部及尾根部被毛，检查时，逆毛生长方向梳起被毛，观察毛根部及皮肤，如发现跳蚤或蚤粪即可确诊。也可用一张湿润的白纸，放在犬身下，然后用梳子梳毛，蚤的排泄物即不断地掉到白

纸上，由此即可确诊。

[**防控措施**] 防治：治疗跳蚤感染，可选用杀虫剂，但多数杀虫剂均有一定的毒性，使用时应注意。应用"福来恩"喷剂或者滴剂，既方便又有较好的效果，药效长达4个月。佩戴犬项圈（主要成分是增效除虫菊酯、拟除虫菊酯、氨基甲酸酯、有机磷酸酯或者阿尔多息中的一种），方法简单、牢靠，药效可持续3～4个月，但幼年犬不能使用。注射伊维菌素或阿维菌素是目前较好的杀蚤药，因该药毒性小，使用方便。用洗发剂洗犬被毛，可将跳蚤洗掉或将其杀死，但无持续效果，单独用洗发剂不能控制跳蚤的感染。用药粉（如百虫灵等）逆毛撒入，再顺毛理顺，药浴也有效，并可持续1周。

[**经验小结**]

1. 对犬定期驱虫。

2. 对环境清扫、消毒、保持通风、干燥。

第四章

内 科 病

一、消化系统疾病

(一)口腔炎

口腔炎是口腔黏膜的炎症，临床上以流涎、拒食和口腔黏膜潮红肿胀为特征。一般呈局限性，有时波及舌、齿龈、颊黏膜等处，成为弥漫性炎症。根据发病原因，有原发性和继发性之分。按其炎症性质可分为溃疡性、坏死性、霉菌性和水疱性口炎等，在犬猫临床上，以溃疡性口炎最为常见。

[临诊实例] 一只3个月龄雄性京巴幼犬，体重1.7kg，病犬流涎，沾满整个颈下部；精神尚好，有饮食欲，但不敢食，主诉平时饮食无规律，曾经喂食鸡骨头、鱼刺等。口腔检查黏膜红肿，有鱼刺残渣，口腔不闭合。

[病因浅析]

1. 物理性因素 如由尖锐的异物（钉、铁丝、骨头等）、牙垢或牙石等直接刺伤黏膜引起。

2. 化学性因素 由于接触有剧烈刺激性、腐蚀性或强酸、强碱、强氧化剂等化学药物，致使黏膜损伤。

3. 微生物因素 当犬处于营养不良条件下，其抵抗力降低，即使口腔黏膜腐生细菌，如梭形杆菌和螺旋体也可致使黏膜发炎。此外，白色念珠菌也能引起一种特殊类型的真菌溃疡性口炎。

4. 继发于其他疾病 如咽炎、舌炎、犬瘟热、钩端螺旋体病等，或某些全身性疾病，如营养代谢紊乱、维生素 B 族缺乏、贫血、慢性肾炎和尿毒症等。

[初诊依据] 由于炎性的种类和程度不同，其临床表现也有较大差异。一般见有齿龈、舌和颊黏膜潮红、充血和大量流涎。犬通常有食欲，但采食后不敢咀嚼即行吞咽。患病动物搔抓口腔，有的在吃食时，突然尖声嚎叫，痛苦不安；也有的由于剧烈疼痛引起抽搐；有的见到食物，想吃但不敢吃。口腔感觉过敏，抗拒检查，呼出的气体常有难闻臭味，饮欲增加，下颌淋巴结肿胀，有的伴发轻度体温升高。

溃疡性口炎，常并发或继发于全身性疾病，在舌、硬腭等处黏膜迅速形成广泛性、浅在性溃疡病灶。初期多分泌透明状唾液，随病势发展，分泌黏稠而呈褐色或带血色唾液，并有难闻臭味，口鼻周围和前肢附有上述分泌物。

坏死性口炎，除黏膜有大量坏死组织外，其溃疡面覆盖有污秽的灰黄色油状伪膜。

真菌性口炎，在口黏膜上呈白色或灰色并略高于周围组织的斑点，病灶的周围潮红，表面覆有白色坚韧的被膜。常发生于长期或大剂量使用广谱抗生素病史的犬。

水疱性口炎，多伴有全身性疾病，如犬瘟热、营养不良等，口黏膜出现小水疱，逐渐发展成灰黄色浅在性溃疡，其病灶界限清楚。

[定性诊断] 根据主述，临床检查，口腔黏膜炎性症状，多数不难诊断。对真菌性口炎和细菌感染性口炎的诊断，可通过病料分离培养来确诊。

[药敏试验] 为有效控制口炎的发病，最好做药敏试验，临床上对细菌性口炎敏感的药物有青霉素、氨苄青霉素、头孢菌素等；真菌性口炎首选两性霉素 B。

[防控措施]

1. 排除病因 必要时在全身麻醉后进行检查，如除去异物、修整或拔除病齿。继发性口炎应积极治疗原发病。细菌感染性口炎，应选择有效的抗生素进行治疗，如口服或肌内注射青霉素、氨苄青霉素、头孢菌素、喹诺酮类药物等，也可同时应用抗生素与抗真菌制剂，如四环素和两性霉素 B 治疗，四环素每千克体重 20mg，每天 3 或 4 次口服；两性霉素 B 每千克体重 0.5～1mg，静脉注射，隔天 1 次。

2. 对症治疗　局部病灶可用 0.1％高锰酸钾溶液或 2％～3％硼酸水溶液，冲洗口腔，每天 1 或 2 次。口腔分泌物过多时，也可选用 1％明矾水溶液冲洗。对口腔溃疡面涂擦 5％碘甘油。久治不愈的溃疡，可涂擦 5％～10％硝酸银溶液，进行腐蚀，促进愈合。严重患病动物不能进食时，应进行静脉输注葡萄糖、复方氨基酸等制剂维持疗法。为了增强黏膜抵抗力，可应用维生素 A 制剂。

3. 加强护理的同时，宜供给新鲜饮水，饲喂富有营养的牛奶、鱼汤、肉汤等流质或柔软食物，减少对口腔黏膜患部的刺激。

[经验小结] 临床上首先要确定口炎是原发性还是继发性因素导致的，继发性因素要积极治疗原发病因。

平时要给予犬营养均衡的饲料，并注意环境卫生，有助于控制和消除疾病。

（二）食道梗塞

食道梗塞是指食团或异物停留于食道致使食道闭塞。最易发生的部位是胸部食道入口与心基底部之间或心基底部与膈的食道裂孔之间。本病特征性症状是突发高度吞咽困难。

[临诊实例] 一只 2 岁雄性博美犬，主诉该犬采食鸡骨架后，流涎，拒饮水，烦躁不安，呕吐，吐出白沫状黏液。X 线检查，该犬食道胸腔段末端有一明显的异物阴影，确诊为食管阻塞。

[**病因浅析**] 混于饲料中的铁丝、针、鱼钩等异物，粗大的骨头或软骨块、肉块、鱼刺等饲料团块，以及由于玩耍而误咽手套、木球、玩具等物品均可造成食道阻塞。此外，由于饥饿采食过急，在采食中受到惊恐而突然扬头吞咽，食物进入食道后突然滞留等，这些都是本病发生的常见原因。

[**初诊依据**] 当食道完全阻塞时，患病动物呈现高度不安，头颈伸直，流涎，拒食，并出现哽噎或呕吐，吐出大量泡沫状黏液或带有血性分泌物，间有采食或饮水后伴发逆呕，动物表现极度痛苦。食道呈不完全阻塞时，仅能使液体食物通过入胃，而固体食物停滞食道内或逆呕出来。

[**定性诊断**] 食道阻塞与食道炎症状有相同之处，仅凭临床表现有时难以区分。食道炎原发病较少，其病因多为异物（特别是尖锐、细小异物）、机械、药物等刺激或由于食道阻塞所引起。确诊主要应用食道造影 X 线墨片或食道内窥镜直接观察食道壁，判断其性质和损害程度。严重食道炎可引起食道局部坏死、穿孔、周围组织化脓。发生在颈部食道可使局部脓肿，发生在胸部食道又能引起广泛性胸膜炎和脓胸。

单纯食道阻塞，根据病史和临床症状（多为进食时突发吞咽困难、流涎等），可以初步诊断。确诊可应用 X 光片检查、胃导管探诊，有条件的应用食道内窥镜，可直接观察阻塞部位。

除此之外，如由体积较大异物阻塞于颈部食道时，用手触诊即可以确诊。

[**防控措施**] 除去阻塞物体，进行对症治疗为原则。在异物阻塞于食道起始部或末端时易于治疗，如咽部或上部食道堵塞时，患病动物麻醉后，用钳子钳住异物小心取出；如发生在食道下部或末端阻塞，且非尖锐异物时，可试用胃导管推入胃内，无效时应用外科手术切开食道还是切开胃，主要取决于阻塞物体的大小和位置。

异物排除后，还要控制继发感染，选择有效抗生素，如青霉素、头孢菌素或喹诺酮类连续注射数天，并结合静脉注射葡萄糖、复方生理盐水等。在绝食5～6天期间，应给予营养液，其后给予流质食物，逐渐恢复正常饮食。

[经验小结] 临诊表现与阻塞部位、程度、异物性质以及发生时间长短等不同而有很大差异。若阻塞已发生较长时间，动物可表现无食欲，精神不振等症状，同初发时的症状有很大差别。严重的阻塞不能及时排除时，可导致局部重剧性炎症，甚至坏死，预后不良。

本病最易发生的部位是胸部食道入口与心基底部之间或心基底部与膈的食道裂孔之间。

手术前，通过X光片检查确定阻塞物的位置及性状，选择好手术通路。

（三）食道扩张

食道扩张是指食道管腔的直径增加，可发生于食道全部，或仅发生于食道的某一段。食道扩张有先天性和后天性之分。

[临诊实例] 一只2岁雄性北京犬，主诉该犬食后就吐，吐出刚吃的食物。X线造影检查，颈部食道扩张充满造影剂，确诊为食道扩张。

[病因浅析] 先天性食道扩张是遗传性疾病，某些品种的幼犬多发。丹麦的大丹犬发病率最高，其次为德国牧羊犬和爱尔兰赛特猎犬。多半发生在断奶前后。

后天性食道扩张可发生于任何年龄和品种的犬，大部分原发病因目前还不甚清楚。重症肌无力，甲状腺机能低下，肾上腺皮质机能低下等影响骨骼的疾病，会引起食道扩张。此外，神经丛受损，外伤、肿瘤和贲门痉挛等也可引起本病。

[初诊依据] 临床特征是吞咽困难，食物返流和进行性消瘦。在病的初始阶段，进食后即返流，以后随病情发展，食道扩张加

剧，食物返流延迟。先天性食道扩张的幼犬，在哺乳期吃奶完全正常，当主要吃固体食物时，才发生食物返流。由于食物滞留在扩张的食道内发酵，病犬多有口臭，并可引发食道炎或咽炎。若返流的食物呛入呼吸道，则可引起后果严重的气管炎和异物性肺炎。

[定性诊断] 根据经常性的食道返流的症状，可怀疑本病。若食道扩张发生在颈部食道，则在颈部触诊可摸到粗大、发硬的食道和内容物。应用 X 线检查，可确诊食道扩张。如用钡剂造影，可探明扩张的程度和病变范围。

[防控措施] 用半流汁食物喂病犬，少量多餐。对先天性食道扩张的幼小动物，应在饲喂时提高前躯，可使症状自然消失。提起来饲喂，应一直持续到幼犬吞咽功能正常。越早发现、早治疗，预后越好，若迟至 5～6 月龄后再诊断治疗，则预后不良。

对后天性食道扩张，应查出原发病因进行治疗。对某些严重病例，可试行食道切开术。饲喂时提高头部，使其站立吃食。

（四）胃内异物

犬胃内长期滞留骨骼、石块、鱼钩、毛球、破布、袜子、线团和玩具等异物，不能被胃液消化，又不易通过呕吐或肠道排出体外，容易使胃黏膜遭受损伤，影响胃的功能，严重时还能引起胃穿孔，继发腹膜炎。

[临诊实例] 一只 3 岁雄性京巴犬，主诉该犬已 3 天不食，精神较好，呈阵发性疼痛鸣叫，触诊胃部呈疼痛反应，X 光片检查胃内有一瓶盖状异物。

[病因浅析] 幼年或成年犬可吞食各种异物，如骨骼、橡皮球、石头、破布、线团、针、鱼钩等。犬患有某种疾病时，如狂犬病、胰腺疾病、寄生虫病、维生素缺乏症或矿物质不足等，常

伴有异嗜现象，甚至个别犬生来就有吞食石块的恶习。

[初诊依据] 胃内存有异物的动物，根据异物的不同，在临床症状上有较大差异，有的胃内虽有异物，但不表现临床症状，因而长期不易被发现。此种患病动物在采食固体食物时，有间断性呕吐史，呈进行性消瘦。胃内存有大而硬的异物时，能使动物呈现胃炎症状。尖锐或具有刺激性异物伤及胃黏膜时，可引起出血或胃穿孔，但此种情况较为少见。

[定性诊断] 胃内异物常可根据病史和临诊体检，做出初步诊断。小型犬腹壁较柔软，胃内有较大异物时，用手触诊可觉察到异物。应用 X 线照片可以帮助诊断，必要时投服造影剂，查明异物的大小和性质。

[防控措施] 犬可应用阿扑吗啡或隆朋（剂量为每千克体重1.0mg）进行催吐。催吐只适用于胃内存有少量光滑异物。当胃内异物粗大、锐利时，催吐可损伤食道，所以不宜用催吐药物。

小而尖锐异物，如钉、针、别针等存在胃内时，可投服浸泡牛奶的脱脂小棉球（装于胶囊内），或小的肉块等，常可使异物通过肠道排出体外。此外，投予大剂量甲基纤维素或琼脂化合物也有效。

上述方法不见奏效或大异物无法排出时，应进行外科手术，切开胃壁取出。术后注意护理和对症治疗。

[经验小结] 临诊表现与异物性质以及发生时间长短等不同而有很大差异。若发生较长时间，动物可表现无食欲，精神不振等症状，同初发时的症状有很大差别。异物严重的不能及时排出时，可导致胃炎加重，甚至胃坏死，预后不良。

如通过催吐方法清除胃内异物，需通过病史调查和临床检查确定胃内异物的性质、形状等，不可盲目催吐。

（五）胃扩张-胃扭转

胃扭转是胃幽门部从右转向左侧，并被挤压于肝脏、食道的末端和胃底之间，导致胃内容物不能后送的疾病。胃扭转之后很快发生胃扩张，因此，称之为胃扩张-胃扭转。本病多发于大型犬及胸部狭长品种的犬，雄犬比雌犬发病率高。急性胃扩张-胃扭转为一种急腹症，疾病发展迅速，预后应慎重。

[临诊实例] 一灵缇犬，呼吸急促，倒地不能站立，腹部膨胀，叩诊呈鼓音，X线检查胃部扩张，主诉该犬曾在田地里抓野兔，回来后精神不振，呼吸急促，遂就诊。

[病因浅析] 胃下垂，胃内食糜胀满，脾肿大，钙磷比例失衡，以及可使胃韧带伸长，扭转的因素，如饱食后打滚、跳跃、迅速上下楼梯时的旋转等，都可使犬发生胃扭转。

[初诊依据] 患犬突然表现腹痛，躺卧于地下，口吐白沫。由于胃扭转时，胃贲门和幽门都闭塞，而发生急性胃扩张。腹部叩诊呈鼓音或金属音。腹部触诊，可摸到球状囊袋，急剧冲击胃下部，可听到拍水音。病犬呼吸困难，脉搏频数。多于24～48h内死亡。

[定性诊断] 主要根据临床症状、X线或胃插管检查来确诊。注意要与单纯性胃扩张、肠扭转及脾扭转相鉴别，通常以插胃管来区分。单纯性胃扩张，胃管插到胃内，腹部胀满可以减轻；胃扭转时，胃管插不到胃内，因而不能减轻腹部胀满；肠扭转及脾扭转时，胃管插到胃内，但腹部胀满仍不能减轻，且即使胃内贮留的气体消失，患犬仍逐渐衰弱。

[防控措施] 对胃管插不到胃或插入胃管仍不能缓解症状的犬，应尽早进行开腹手术，整复和使胃排空。

手术时可行局部浸润麻醉或全身麻醉，切开腹壁（由剑状软骨到脐的后方），由口腔插入粗的胃管，将扭转部整复到正常位置。胃整复困难时，预先用连接吸引装置的穿刺针穿刺，排出胃内气体之后再整复。如果胃内容物洗不出来或胃内有大的肿物，应行胃切开术，此时用温灭菌生理盐水湿润的纱布包住胃，在大网膜附着中间的腹侧面切开，用钳子或支持缝合线拉开胃的切开创，除去全部内容物，切除异物和坏死部分，清洗处理后，行双重伦伯特氏缝合。胃切开后 5～7 天内，为保持水和电解质平衡，以林格氏液每千克体重 20～50mg、氨苄青霉素每千克体重 25～50mg，混合静脉滴注。根据粪便形状或 X 线检查等确认胃不蠕动时，皮下注射甲基硫酸新斯的明 0.5～1mg，每天 3 次。

对休克病犬要给予强心剂、呼吸兴奋剂，同时大量补给电解质。复合维生素 B、三磷酸腺苷二钠皮下注射。配合全身疗法有助于胃肠功能的恢复。

洗胃或胃切开 24h 后，可饲喂少量牛奶、肉汁等易于消化的食物，或给予营养膏，饲喂量要逐渐增加，同时可给予健胃、助消化药物。

[经验小结] 胃扩张-胃扭转是一种急腹症，发病急，应及时就医，防止休克的发生，并应用胃导管等其他方法及时减压。

加强饲养管理，严禁宠物在食后剧烈运动。

(六) 胃肠炎

胃肠炎是指胃肠黏膜的急性或慢性炎症。胃肠炎是犬常发的一种疾病，慢性胃肠炎多见于老龄动物或急性胃肠炎未能及时治疗发展而来。

[临诊实例] 一只 8 月龄雌性德国牧羊犬，免疫完全，临诊检查该犬精神沉郁，食欲废绝，呕吐，腹泻，主诉疑采食霉变食物。

[病因浅析] 主要原因是采食腐败变质或不易消化食物和异物（如骨骼、破布、毛发、鱼刺、纸张、塑料、玩具等），投服有刺激性药物（如阿司匹林、消炎痛等）引起。胃肠炎也可并发于犬瘟热、犬细小病毒病、犬传染性肝炎、钩端螺旋体病、急性胰腺炎、肾炎、慢性肾衰竭、肝病、脓毒症、肠道寄生虫病和应激反应等。饲喂鸡蛋、牛奶、鱼肉等可引起个别犬变态性胃肠炎。过食或长期滥用抗生素也可引起胃肠炎。

[初诊依据] 临诊上以精神沉郁、呕吐、腹痛和腹泻为主要症状。病犬体温升高，有渴感，但饮水后易发呕吐。呕吐物中可含有血液和黏膜碎片。拒食或偶有异嗜现象。腹痛，抗拒触诊前腹部，喜欢蹲坐或趴卧于凉地上。病犬粪便稀软，水样或胶冻样，并带有难闻的臭味，体重减轻，急剧消瘦，机体脱水，电解质紊乱和碱中毒等症状。

[定性诊断] 根据病史和临诊症状可获得初步诊断。一般经对症治疗多可奏效，也可作为治疗性诊断。有条件的兽医院可应用X线检查以便发现异物，或投予造影剂，对其疾病的范围、性质等观察诊断，还可与食道疾患等相区别。内窥镜检查胃黏膜的变化情况，可确诊。

[药敏试验] 查清病因需进行实验室诊断，如检验粪便中寄生虫卵或培养分离病原菌。

[防控措施] 除去刺激性因素，保护胃肠黏膜，抑制呕吐和防止机体脱水等。

对持续性、顽固性呕吐动物，应投予镇静、止吐并具有抗胆碱能药物，如氯丙嗪、阿托品等可减少胃逆蠕动和痉挛，还有止吐作用。也可以应用胃复安、爱茂尔等止吐药物口服。此外，注意防止机体脱水和碱中毒，应给予等渗糖盐水，每天剂量为每千克体重40~60mL，分2次静脉注射；给予口服补液盐溶液（任其自由饮用）。

止泻可用收敛剂，如白陶土、鞣酸蛋白、斯密达等。

当胃肠炎较重的，可给予抗生素，如卡那霉素、庆大霉素、阿莫西林、普康素等。必要时肌内注射地塞米松，剂量每只犬2~10mg，以增强机体抗炎、抗毒素等作用。

对严重胃出血或溃疡病例，应用维生素K_1和止血敏等止血药物，同时给予止酸药物甲脂咪胺，剂量为每千克体重4mL，每天2~3次肌内注射，以减少胃酸分泌。

[经验小结] 急性胃肠炎，首先绝食24h以上，为了防止一

次大量饮水后引起呕吐，可给予少量饮水或让其舐食冰块，以缓解口腔干燥。病情好转后，先给予少量多次流质。

急性胃肠炎，应尽可能不经口投药，以避免对胃黏膜刺激，诱发反射性呕吐。

（七）肠梗阻

肠梗阻为犬的一种急腹症，发病部位主要为小肠。常于小肠肠腔发生机械性阻塞或小肠正常生理位置发生不可逆变化，如套叠、嵌闭和扭转等。小肠梗阻不仅使肠腔机械性不通，而且伴随局部血液循环严重障碍。致使动物剧烈腹痛、呕吐或休克等变化。本病发生急剧，病程发展迅速，预后慎重，如治疗不及时，死亡率高。

［临诊实例］一只 9 岁杜宾犬，精神差，食欲废绝，主诉 3 天未排便，触诊病犬腹部疼痛，并有一坚硬的条状物，疑便秘引起的肠梗阻。

［病因浅析］小肠梗阻多由骨骼、果核、橡皮、弹性玩具、破布、线团、毛球、粪便、大量寄生圆虫或绦虫等，突然阻塞肠腔所致。也可由于肠管手术后结缔组织增生或粘连，或肠腔内新生物、肿瘤、肉芽肿等致使肠腔狭窄引起。

［初诊依据］小肠梗阻部位愈接近于胃，其临床症状愈急剧，病程发展愈迅速。最为显著的症状是剧烈腹痛，持续性呕吐，迅速消瘦，精神沉郁，食欲废绝。

腹痛初期，表现腹部僵硬，拒触诊腹部。对于小型犬多能触诊到阻塞物。梗阻发生于前部肠管时，呕吐可成为一种早期症状。初期呕吐物中含有未消化的食物和黏液。随后在呕吐物中含有胆汁和肠内容物。持续呕吐导致机体脱水、电解质紊乱和伴发碱中毒，晚期发生尿毒症，最终虚脱、休克而死亡。

慢性小肠梗阻主要表现患犬逐渐消瘦，体重下降，粪便稀薄呈墨色或带有血丝，并有腹泻久治不愈病史。

[定性诊断] 根据病史和临床症状，可初步诊断为肠梗阻。

腹部触诊，常能在梗阻肠段的前方触及充满气体和液体扩张肠管。腹壁紧张而影响检查时，可施行麻醉或注射氯丙嗪使其镇静、松弛以利诊断。

有条件的地方应用 X 光片检查进行辅助诊断，最好投予造影剂，增加对比度。在直立侧位腹部 X 线照片上，不论胃肠空虚，还是肠道液体水平面上积有气体病例，都可在梗阻部位前方见到扩张肠袢。

[防控措施] 当小肠梗阻确定后，应立即进行外科手术治疗，并相应补充体液和电解质，调整酸碱平衡，选用广谱抗生素控制感染等对症治疗措施。术后绝食 5～6 天，然后投予流质食物，直至恢复常规饮食。

[经验小结] 术后护理对该病的治疗非常重要。伴有呕吐的病犬丢失大量胃液、肠壁炎症水肿，大量液体进入肠腔，使得病犬大量脱水。在体液丢失的同时，体内离子也随之丢失，前段肠管阻塞时，H^+ 和 Cl^- 大量丢失，机体呈现代谢性碱中毒，可以通过缓慢大量补液进行调节。后段肠管阻塞时，肠液中的 K^+ 和 Na^+，胰液中的 HCO_3^- 大量丢失，引起代谢性酸中毒并发低钾血症和低钠血症，补液时要注意补充 HCO_3^-、Na^+ 和 K^+。

术后抗感染时，也应考虑厌氧菌感染，在使用广谱抗生素的同时，可以结合使用甲硝唑、替硝唑等抗厌氧菌药物。腹膜炎时，可通过引流管进行腹腔冲洗和引流。如出现自体中毒，可以使用皮质类固醇药物、维生素 C、葡萄糖等药物进行解毒；同时进行强心等对症治疗。

病犬术后应禁食 5～6 天，在此期间需要进行营养支持，可以静脉滴注氨基酸、脂肪乳溶液，也可以滴注葡萄糖、ATP、肌苷等能量物质。此外，还需要补充维生素 C、维生素 B 等。3 天后可饲喂营养膏和流质食物。

（八）肠套叠

肠套叠是一段肠管连同肠系膜套入与相连接的另一段肠管内，形成双层肠壁重叠现象。套叠部位短者，可能自然复位；套叠部位长者，导致剧烈腹痛，以及局部淤血、肿胀和坏死，迅速死亡。犬的肠套叠较多见，尤其幼犬发病率较高，多见于小肠下部套入结肠。

[临诊实例] 一只2月龄雌性德国牧羊犬，感染细小病毒5天时出现腹痛，触诊肠道有香肠样物，触诊时敏感疼痛，初诊肠套叠。

[病因浅析] 多因肠蠕动过度或逆蠕动而引起，如受惊、饮冰冷的水、肠炎、肠梗阻，以及寄生虫和异物的刺激等。此外，受惊、剧烈运动而使腹内压突然增高也会导致本病。患犬瘟热的狗特别易发肠套叠。

[初诊依据] 病初拒食、停止排便，有时排出带血的恶臭粪便。腹痛，精神沉郁，饮欲亢进，顽固性呕吐。小肠套叠会继发急性胃扩张，体温升高，脱水等症状。腹部触诊常能摸到一个坚实有弹性、弯曲而能移动的圆柱形物体，压之敏感疼痛。

急性病例表现为高位肠梗阻症状，几天内即可死亡。慢性病例可持续数周不等。

[定性诊断] 根据顽固性呕吐、无大便及腹部触诊，可疑似本病。X线检查可见粗大的圆柱状的软组织阴影。

[防控措施] 一经确诊后，立即用空气灌肠复位，或用温肥皂水灌肠整复。有时用止痛药和麻醉药，也可使初期肠套叠自然复位。对上述保守疗法无效和症状明显的犬，应尽快进行手术整复。若套叠部位已发生淤血坏死，须切除套叠肠段，作肠管吻合术。对后期病例，手术往往会促成死亡。

[经验小结] 术后禁食24h后，再喂以易消化的流食。对脱水的犬要充分补液，有休克症状时可注射氢化可的松。

（九）结肠炎

结肠炎是结肠的一种慢性炎症性疾病。病因尚不完全清楚，一般认为与自身免疫反应有关。病犬排粪量多，呈喷射状，粪便稀薄如水，结肠黏膜损伤或溃疡，粪便带血，里急后重，腹痛，消瘦贫血，脱水。

[临诊实例] 一只 9 岁杜宾犬，主诉腹泻有 20 余天，粪便稀薄如水，带血，曾在其他医院就诊均无好转，今临诊检查，体温升高，粪便稀薄如水，带血，食欲差，精神尚可。钡餐造影显示结肠部位有溃疡。疑结肠炎。

[病因浅析] 结肠炎的病因包括：应激、感染（沙门氏菌、梭状芽孢杆菌、大肠杆菌）、寄生虫（贾第虫、隐孢子虫、鞭虫）、创伤、过敏性结肠炎、特发性炎性肠病（淋巴浆细胞性、嗜酸性、肉芽肿性、组织细胞性），结肠炎可以在摄入污染的食物后、与感染狗接触后、长期暴露在潮湿环境中发生。结肠的炎症会导致结肠水分吸收减少和存贮粪便能力减弱，引起的典型症状是频繁少量腹泻，通常是黏液便或血便。

[初诊依据] 拉稀是主要症状，粪便量多、稀薄如水，往往呈喷射状排出，带有一股难闻的气味。多数犬表现出排便期间和排便后用力，并且通常排便接近结束有少量鲜红色血液。许多慢性结肠炎病例是黏液性或油性的。若结肠黏膜损伤严重，则粪便带血，里急后重，持续出血和腹泻，会导致贫血和脱水。体温正常或升高，腹痛和消瘦。

[定性诊断] 结肠炎的诊断通常根据宠物的临诊症状、病史，粪便显微镜检查、直肠检查、细胞学和血检。附加检查如结肠和肠道 X 线检查、结肠镜检查和结肠活组织检查、粪便培养、钡餐灌肠或腹部超声检查。这些检查对于排除一些情况是重要的，例如：结肠肿瘤或息肉、过敏性肠综合征、盲肠翻转和肠套叠。

[防控措施] 治疗是针对结肠炎的特殊原因，但通常包括禁

食 24～48h，喂低残渣或低过敏性食物，增加食物纤维含量，增加发酵纤维如欧车前或含甜菜渣的食物或低聚果糖。抗微生物药物如芬苯达唑、甲硝唑、氟喹诺酮可以根据实际情况使用。抗炎或免疫抑制药物如柳氮磺吡啶、泼尼松、硫唑嘌呤也可以用于炎症性或免疫介导性结肠炎。药物改变结肠的运动，包括易蒙停、地芬诺酯、溴丙胺太林等可以缓解症状。

[**经验小结**] 喂予易消化、营养丰富的食物，禁喂有刺激的食物。根据粪便培养和药敏试验的结果选择抗生素，一般口服可达到较好的疗效。对腹泻剧烈的病例，在补液的同时，用止泻药和阿托品抑制肠道蠕动。对贫血严重的病例，可考虑输血。

（十）肛门腺炎

肛门腺炎是由于肛门囊内的腺体分泌物聚积于囊内，刺激黏膜引起发炎和脓肿。

[**临诊实例**] 一只 8 岁雄性京巴犬，主诉犬经常在地上擦肛，肛门周围皮毛上带有血迹，临诊检查肛门腺排泄管口处破溃，流出黑色分泌物。确诊为肛门腺炎。

[**病因浅析**] 犬特有的两个肛门腺，位于内、外肛门括约肌之间，左右各一，其导管开口于肛门黏膜与皮肤交界部。将犬尾巴上举，腺体开口部突出于肛门。肛门囊腺的分泌物呈灰色或褐色油脂状，被细菌分解而产生大量的吲哚及粪臭素而呈恶臭。当腺体的排泄管道被堵塞或犬为脂溢性体质时，腺体分泌物发生贮积，即可发生本病。

[**初诊依据**] 病犬肛门腺体肿胀，由于局部发痒而常用尾巴擦肛，并试图舌舐和啃咬肛门，排粪困难，拒绝抚拍臀部，走近犬体有腥臭味。当排泄管长期阻塞时，腺体膨胀，向肛门周围隆起，触之有弹性，走路时两后肢向外不自然摆动。严重时，肛门腺化脓，肛门囊破溃，流出大量黄色稀薄分泌液，有些进一步发展成瘘管。

[定性诊断] 根据临床症状可初步诊断，通过直肠探诊可确诊。

[防控措施] 单纯肛门腺排泄管阻塞时，可进行局部治疗，用手指挤出囊内容物，再涂以消炎软膏。当症状较重有脓肿时，在局部处理后，配合全身抗生素治疗。若肛门腺已破溃或形成瘘管时，应手术切除，手术时注意不要损伤肛门括约肌和提举肌。手术4天内喂流食，减少排便。

[经验小结] 应加强平时的饲养管理，定期挤压肛门腺，可防治本病的发生。

（十一）胰腺炎

胰腺炎可分为急性和慢性两种。实际上患胰腺炎的犬较多，但表现临诊症状的则较少，多在死后剖检时才发现病变。急性胰腺炎以突发性腹部剧痛、休克、腹膜炎为特征。

[临诊实例] 一只6岁雌性京巴犬，肥胖，主诉呕吐，每天有10多次，呕吐物为白色黏稠状，精神沉郁，食欲废绝，体温正常，未见粪便。在一家门诊疑胃肠炎治疗5天未见根本好转。今临诊检查，病犬精神沉郁，血液生化血清淀粉酶和脂肪酶活性升高，血尿素氮增多，血液检验可见白细胞总数增多，中性粒细胞比例增加，疑胰腺炎。

[病因浅析] 目前病因尚不详。自然病例多为水肿型胰腺炎，实验发病的为急性出血性胰腺炎。病因可能与以下因素有关：

1. 肥胖　急性胰腺炎多发生于肥胖犬，实验发病的肥胖犬病情比瘦犬严重。食物中脂肪过多易发"营养缺乏症"，同时高脂肪食物还可以改变胰腺细胞内酶的含量。因此，高脂肪食物和营养状况成为诱发急性胰腺炎的重要因素。

2. 高脂血症　在急性胰腺炎患犬中，多伴有高脂血症。反之，急性胰腺炎又可诱发高脂血症，并能改变血浆蛋白酶。富含脂肪的食物可产生明显食饵性脂血症（乳糜微粒血症），继而发生胰腺炎。

3. 胆管疾病 由于胆管和胰腺间质的淋巴管相互沟通，胆管疾病可通过淋巴管扩散到胰腺而发病。

4. 传染性疾病 犬发生某些传染病时，胰腺炎成为必发疾病之一。

5. 十二指肠液逆流 某种原因使十二指肠液或胆汁逆流进入胰腺导管和胰腺间质时，可能是引起急性胰腺炎的原因之一。胆汁中含有溶血卵磷脂和未结合的胆盐，对胰腺有毒性。

6. 药物 许多药物可诱发本病，兽医常用药物包括噻嗪类利尿药、硫唑嘌呤、门冬氨酸酶和四环素等。胆碱酯酶抑制剂和胆碱能颉颃药也可诱发胰腺炎。

7. 其他因素 胰腺创伤、汽车事故、高空摔落及外科手术导致胰腺创伤，诱发胰腺炎。

［初诊依据］临诊特征为消化不良综合征。急性病例有严重的呕吐和明显腹痛，厌食，无精神，间有腹泻，粪中带血。严重者出现昏迷或休克。病犬消化不良，食欲异常亢进，生长停滞，明显消瘦。排粪量增加，粪便中含有大量脂肪和蛋白。慢性胰腺炎，特征是反复发作，持续性呕吐和腹痛。常见症状是不断地排出大量橙黄色或黏土色、酸臭味粪便，其粪中含有未消化的食物，由于吸收不良或并发糖尿病，动物表现贪食。

［定性诊断］基于对急性胰腺炎尚无确诊的特定体征或特定实验室检验指标，故对本病做出确切诊断较为困难，只能通过试验性治疗进行诊断。急性胰腺炎血液检验可见白细胞总数增多，中性粒细胞比例增大，血清淀粉酶和脂肪酶活性升高，血尿素氮增多。尿中含有蛋白及管型。严重胰腺炎可波及周围器官，形成腹水，腹水中含有淀粉酶。测定腹水中的淀粉酶，对胰腺炎具有诊断意义。动物废食出现高脂血症时，也可作为诊断参考依据。

诊断时应注意与急性肾衰竭或小肠梗阻相区别：动物有急性

腹痛，可排除肾衰竭。应用 X 线检查，胰腺炎左右腹上部密度增加，这可与肠梗阻区别开来。

慢性胰腺炎或胰腺发育不全时，由于缺乏胰蛋白酶、脂酶和淀粉酶，使粪便中含有不消化肌纤维、脂肪和淀粉。因此，可采用口服玉米油试验，以区别肠道内缺乏胰蛋白酶所致消化不良与肠道本身吸收机能障碍所致吸收不良。

［防控措施］

1. 急性胰腺炎　首先应禁食以防止食物刺激胰腺分泌。为抑制其分泌也可给予阿托品。禁食时需静脉注射葡萄糖、复合氨基酸，进行维持营养和调节酸碱平衡等对症治疗。必要时给予镇痛新、地塞米松。为控制感染，可选用青霉素、卡那霉素、氨苄青霉素、头孢菌素及喹诺酮类药物。

2. 慢性胰腺炎　胰腺病变难以恢复，主要靠药物维持其机能。常用食物疗法和补充缺乏的胰酶来减轻临诊症状。

（1）食物疗法　少食多餐，每天至少喂 3 次，给予低脂肪、易消化的食物。

（2）变换消化酶疗法　胰酶制剂或胰粉制剂混于食物中连日饲喂，根据食物种类、日量及外分泌机能的障碍程度决定其饲喂量。同时，可给予维生素 K、维生素 A、维生素 D、维生素 B、叶酸及钙剂。并发糖尿病时多预后不良。

（十二）腹膜炎

腹膜炎是由细菌感染或化学物质刺激所引起的腹膜炎症。根据临床表现分急性、慢性；根据腹膜内有无感染病灶，分原发性、继发性；根据炎症的范围或程度又分为局限性腹膜炎、弥漫性腹膜炎。犬多为继发性腹膜炎。

［临诊实例］一只 3 岁雌性京巴犬，腹围增大，精神差，X 线和 B 超检查，发现有腹水，穿刺有絮状物，初诊为腹膜炎。

[病因浅析]

1. 急性腹膜炎 主要继发于下列疾病。

（1）消化道穿孔 如消化道异物、肠套叠、肠破裂及肠梗阻等，消化道内容物漏入腹腔，使腹膜受到刺激和感染。

（2）膀胱穿孔 主要发生于插入导尿管失误或尿道堵塞使膀胱破裂，尿液刺激腹膜。

（3）生殖器穿孔 常见于子宫蓄脓及子宫扭转等。

（4）腹壁穿透创、腹部挫伤、腹部外科手术感染、脏器与腹膜粘连以及肿瘤破裂或腹膜内注入刺激性药物等。

2. 慢性腹膜炎 多发生于腹腔脏器炎症的扩散，或由急性腹膜炎，逐步转为慢性弥漫性腹膜炎。

[初诊依据]

1. 急性腹膜炎 主要表现剧烈的持续性腹痛、体温升高。犬呈弓背姿势，精神沉郁，食欲不振，反射性呕吐，呈胸式呼吸。触诊腹壁紧张。压痛明显处有温热感。腹腔积液时，下腹部向两侧对称性膨大，叩诊呈水平浊音，浊音区上方呈鼓音。病情进一步发展，则表现心动过速和其他心律失常、电解质平衡紊乱、凝血功能障碍和血压下降。

2. 慢性腹膜炎 常发生肠管粘连，阻碍肠蠕动，表现消化不良和腹痛。X线检查以腹部呈毛玻璃样、腹腔内阴影消失为特征。腹水中可见白细胞，特别是未成熟的白细胞。血液检查可见白细胞明显增多，其中多形核白细胞占优势。

[防控措施] 早期应用抗生素，控制感染。常用抗生素有青霉素、氨苄青霉素、头孢菌素、罗红霉素、喹诺酮类等药物。

对于休克病犬，要改善循环，纠正脱水。根据动物的体重，林格氏液 100～1 500mL、地塞米松 1～10mg、头孢菌素 100～2 000mg静脉滴注，1～2 次/天。腹腔渗出液过多时，要及时穿刺放液，同时注入 0.2% 的普鲁卡因青霉素 10mL。静脉注射葡萄糖酸钙溶液 20～40mL，可制止渗出。

（十三）腹水

腹水指腹腔内液体非生理性贮留的状态。贮留液分为炎性渗出液和非炎性漏出液。腹水不是一种疾病，只是一种继发症状。

[临诊实例]金毛犬，5岁，雌性，腹围增大，精神差，X线和B超检查确诊有腹水。

[病因浅析]

1. 渗出液的潴留原因　包括腹膜炎及癌性腹膜炎，腹膜通透性异常增强而再吸收功能降低，淋巴管阻塞造成渗出性腹水。

2. 漏出液的潴留原因

（1）低蛋白血症　因膜性肾小球肾炎及肾病选择性低蛋白血症引起血清胶体渗透压降低，使组织间液增多而产生腹水。长期食用低蛋白饮食，亦可引起低蛋白性腹水。

（2）肝实质障碍　因肝内血流障碍而引起门脉压增高，肝静脉流出障碍，肝淋巴液增加和漏出，肝脏合成蛋白的功能减弱，非活性醛固酮增加使水、钠潴留而发生腹水。

（3）心脏功能不全　因肾功能减弱，钠排泄障碍，水潴留及毛细血管压升高造成组织间液增多，表现水肿和腹水。

[初诊依据]腹围膨隆，腹水未充满时腹部呈梨形下垂；腹水充满时腹壁紧张呈桶状。腹部触诊有波动感，随体位变换表现不同的水平面。背侧脊柱和肋骨显露，渐进性消瘦，食欲减退和呕吐，不耐运动。因腹内压增高，横膈及腹肌运动受阻而压迫胸腔致使循环障碍、呼吸加速甚至呼吸困难，脉搏异常增加。

[定性诊断]根据特征性的临诊症状，结合腹腔穿刺及X线检查可以确诊。穿刺使用18号注射针，于脐和耻骨前缘之间腹部正中线偏左或偏右刺入，可抽出腹水。注意鉴别漏出液和渗出液，同时要与肥胖症、卵巢肿瘤、子宫蓄脓、膀胱麻痹及渗出性腹膜炎相区别。

[防控措施]在治疗原发病的基础上，结合对症疗法。速尿

每千克体重 2～5mg，口服，或抗醛固酮制剂每千克体重 4mg，分 2 次口服，合用效果更佳。为防治低钾血症，可静脉注射 10％氯化钾；腹水严重潴留造成剧烈呕吐、呼吸困难的犬穿刺排液量不能超过每千克体重 40mL，而且要缓慢进行；若是漏出液则可静脉或皮下再注射。犬应用葡萄糖醛酸制剂每千克体重 40mL，分 3 次口服，肾上腺皮质激素类药物也有明显效果。给予高蛋白、低钠的食物，限制饮水等，均可缓解症状。

二、呼吸系统疾病

（一）感冒

感冒是一种急性上呼吸道黏膜炎症的总称。临诊上以流涕、打喷嚏、羞明流泪、体温升高为主要特征。

[临诊实例]一只 6 月龄雄性京巴犬，主诉昨天晚上淋雨后今天出现流涕、打喷嚏现象。初步诊断为感冒。

[病因浅析]多因天气骤变，寒冷侵袭，淋雨或洗澡后未能及时吹干，导致上呼吸道黏膜防御机能下降，病毒感染或呼吸道常在细菌大量繁殖而引发本病。多发生于早春、晚秋和寒冷的冬季。

[初诊依据]根据受到寒冷侵袭后突然发病，咳嗽，流涕和发热等全身症状可做出初步诊断，但要与传染病引起的呼吸道症状鉴别。

[防控措施]本病以解热镇痛和控制继发感染为主，可选用氨基比林、氨苄青霉素、清开灵或双黄连进行治疗。对于幼犬可采用阿莫西林颗粒和板蓝根冲剂口服。

（二）鼻炎

鼻炎是指鼻黏膜的炎症。

[临诊实例]一只 3 月龄雄性博美犬，主诉该犬到草丛玩耍

后回家，刚发病的时候，鼻腔黏膜呈现潮红、肿胀，频繁打喷嚏，而且经常摇头或用前爪搔抓鼻子。初步诊断为鼻炎。

[病因浅析] 天气寒冷，鼻腔黏膜受到刺激，导致充血、渗出，以致残留在鼻腔内的细菌，随之发育繁殖，造成黏膜发炎。

吸入氨气和氯气，烟熏以及灰尘、花粉、昆虫等直接刺激到鼻腔黏膜，这样都会引起鼻腔黏膜发炎。会继续发病或蔓延到周围的器官。

[初诊依据] 依照鼻腔的症状，若发现鼻腔黏膜潮红、肿胀，流鼻涕，打喷嚏及搔抓鼻部等，可做出初步确诊。

1. 急性鼻炎 刚发病的时候，鼻腔黏膜呈现潮红、肿胀，频繁打喷嚏，而且经常摇摆头部或用前爪搔抓鼻子，同时一侧或两侧鼻孔流鼻涕，一开始呈透明状的浆液性，之后转变成浆液黏液性或黏液脓性的鼻涕，干燥后就在鼻孔的四周形成干痂。当病情加重的时候，鼻黏膜肿胀十分明显，导致鼻腔变得很窄，造成呼吸困难，能听到鼻塞的声音。伴病发结膜炎的时候，眼睛会出现流泪。伴病发咽喉炎的时候，出现吞咽困难，常伴有咳嗽，下颌淋巴结肿胀。

2. 慢性鼻炎 发病持续缓慢，流鼻涕有时多有时少，多见为黏液脓性。炎症如果不及时治疗，可能会造成骨质坏死以及组织崩解，所以鼻涕里有可能会混有血丝，同时伴有臭味。导致窒息或脑病的原因多为慢性鼻炎，此现象必须重视。

[防控措施] 治疗鼻炎，首先需要了解病因，然后把狗放到温暖的地方，而且要停止训练，需要适当休息。通常病症较轻的急性鼻炎，不吃药都能痊愈。对病症严重的鼻炎，选择以下药给狗冲洗鼻腔：1％盐水、2％～3％硼酸液、1％碳酸氢钠溶液、0.1％高锰酸钾液等，在冲洗鼻腔的时候，必须把狗的头向下低，冲洗完了之后，再向鼻孔内滴入消炎剂。促使血管收缩以及降低敏感性，可以使用 0.1％肾上腺素或水杨酸苯酯（萨罗）石蜡油（1：10）滴入鼻孔，滴鼻净滴鼻也可以。

（三）支气管炎

支气管炎是支气管黏膜表层和深层的急慢性炎症过程，临床以咳嗽、气喘和胸部听诊有啰音为主要特征。

[临诊实例] 一只4月龄金毛犬，发病已有1周，患犬出现咳嗽、气喘现象，在家喂药未见好转。胸部听诊有啰音，初步诊断为支气管炎。

[病因浅析] 支气管炎常发生于气候转变之时，如初春或秋冬之交，寒冷刺激导致支气管黏膜抵抗力降低，病原菌感染而致病；机械性或化学性刺激、某些传染病和寄生虫病等也可导致动物支气管炎的发生；此外，慢性心、肺疾病，全身性疾病（鼻疽、结核、白血病等）也可继发慢性支气管炎。各种家畜均可发生，以幼龄和老龄动物多见。临床上分为急性支气管炎与慢性支气管炎两种。

[初诊依据] 根据患犬症状：急性支气管炎初期剧烈干咳，随着渗出物增多变成湿咳，严重时痉挛性咳嗽。鼻流浆液性、黏液性或脓性鼻液，肺部听诊有干性或湿啰音，体温升高。慢性支气管炎以长期顽固性咳嗽为主。

[定性诊断] 根据剧烈咳嗽，肺部听诊有干、湿啰音，胸部叩诊无明显变化，X线检查肺部有较粗纹理的支气管阴影而无病灶性阴影等可以确诊。

[防控措施] 主要采取消炎、止咳、平喘为原则进行治疗。消炎选用氨苄青霉素，头孢曲松钠，克林霉素，阿奇霉素等。干咳时可选用磷酸可待因溶液口服，分泌物多时选用氯化铵溶液口服。急性病例可配合地塞米松肌内注射，但用药时间不宜过长，还可适当选用清开灵、双黄连进行治疗。喘气严重时选用氨茶碱或喘定进行治疗。也可选用丁胺卡那霉素、地塞米松、鱼腥草雾化吸入治疗，每天1次，连用3~4天。

（四）肺炎

肺炎是肺实质的急性或慢性炎症，临床上以高热稽留、呼吸困难、低氧血症、肺部广泛性浊音区为主要特征。

[临诊实例] 一只 1 岁德国牧羊犬，3 天前出现食欲减退，体温升高至 40℃ 以上稽留不退，呼吸困难，呈腹式呼吸，结膜潮红或发绀，鼻镜干燥，流鼻液，先为浆液性，后黏液性或脓性，有时或伴有剧烈疼痛性咳嗽。肺部听诊可见湿性啰音，叩诊病变部呈浊音或半浊音。初步诊断为肺炎。

[病因浅析] 引起肺炎的原因很多，主要有病毒（犬瘟热病毒、腺病毒等），细菌（肺炎球菌、链球菌等），真菌及寄生虫等侵入呼吸系统而引起。

[初诊依据] 根据咳嗽，呼吸困难，体温升高，脓性或铁锈色鼻液和肺部听诊及叩诊变化可做出初步诊断。

[定性诊断] X 线检查可见肺纹理增粗，炎症部位呈现出大小不等阴影。

[防控措施] 抗菌消炎，止咳平喘，抑制渗出。常用的抗菌消炎药有氨苄青霉素、头孢呋辛钠、头孢曲松钠、克林霉素、阿奇霉素、甲硝唑等，为缓解呼吸困难采用氨茶碱或喘定进行治疗。抑制渗出采用 10% 葡萄糖酸钙和维生素 C 静脉注射。为促进支气管与肺泡渗出物吸收，可酌情选用 10% 安钠咖和速尿进行治疗。

（五）肺水肿

肺水肿是由于液体从毛细血管渗透至肺间质或肺泡内所造成。

[临诊实例] 一只 2 岁德国牧羊犬，已病 7 天，如今出现严重的呼吸困难和肺听诊水泡样啰音，伴有咳嗽并有大量的泡沫样痰。诊断为肺水肿。

[病因浅析] 肺水肿是由于液体从毛细血管渗透至肺间质或肺泡内所造成。其主要因素有：①毛细血管压力的改变；②毛细血管的通透性改变。

肺水肿的最常见病因是毛细血管压增高，绝大多数因左心疾患所造成的肺静脉回流障碍而引起。左心衰竭而右心功能正常是引起肺水肿的主要原因。

毛细血管通透性的改变是引起肺水肿的另一个重要原因。大多是由于血管损伤所引起。产生这种改变的体内因素为低血氧、贫血、低蛋白血症等，可由肾小球肾炎和菌血症等所产生的毒素以及对某些药物的过敏性反应等引起；体外因素包括各种吸入性病变，如吸入各种毒气和酸性胃液等。

此外，由胸部淋巴管或淋巴结病变所造成的淋巴液引流障碍可以促进肺水肿的形成，但一般不是引起肺水肿的单独因素。

[初诊依据] 根据呼吸困难和肺听诊水泡样啰音，伴有咳嗽并有大量的泡沫样痰，可作出初步诊断。

[定性诊断] X线检查可作出定性诊断。

1. 肺泡性肺水肿的 X 线表现主要是腺泡状增密阴影、代表一组肺泡为渗出液体所充填 在大多数的病例中，这些阴影已相互融合而成为片状不规则模糊阴影，可以见于一侧或两侧肺野的任何部位，但以围绕两肺门的两肺野的内、中带较为常见。如果水肿范围较广，则往往显示为均匀密实的阴影，中间可以看见含气的支气管影。

2. 间质性肺水肿 X 线表现较为特殊 肺血管周围的渗出液可使血管纹理失去清晰的轮廓而变得模糊，并使肺门阴影变得亦不清楚。小叶间隔中的积液可使间隔增宽，形成小叶间隔线，即 Kerley B 线和 Kerley A 线。

Kerley B 线常见于二尖瓣狭窄病例，以在两侧下肺野肋膈脚区显示最为清楚，与胸膜垂直，在肋膈脚区呈横行走向，在膈面上呈纵行走向。B 线也可见于两肺中、上肺野的外带，亦呈横向走行。

Kerley A 线较 B 线少见，多出现于肺野中央区，显示为细而增密的线条状阴影，较 B 线为长，往往略呈弧形，或有屈曲现象，斜向肺门，与 B 线的横行和纵行方向不同。间质性肺水肿以在慢性左心功能衰竭的病例中最为常见。在这类病例中，于胸片上除见有上述的肺门阴影模糊、边界不清、肺纹理模糊、Kerley B 线和 A 线以及肺野的透亮度和清晰度减低外，还有可能会见到下列变化：①心影一般有增大现象，但在心肌梗死的病例中可不明显；②胸腔内可行少量积液存在，以至使肋膈脚区和肺基底部的 B 线不易察出；③可见有肺动脉高压征象，即两上肺野的静脉阴影的宽度显示正常或增粗，而下叶肺静脉的宽度往往变窄，称之为鹿角征或称为倒八字征。间质性肺水肿一般多随着慢性肺淤血的发展而产生，故两者之间不易划清明显的界限。

[防控措施] 治疗原则是除去病因，保持犬安静，减轻心脏负担，缓解肺循环障碍，抑制渗出，缓解呼吸困难。常用的抗菌消炎药有氨苄青霉素、头孢呋辛钠、头孢曲松钠、克林霉素、阿奇霉素、甲硝唑等，为缓解呼吸困难采用氨茶碱或喘定进行治疗。抑制渗出采用 10％葡萄糖酸钙和维生素 C 静脉注射。

（六）气胸

气胸是指空气进入一侧或双侧胸膜腔，引起全部或部分肺萎陷。气胸可分为开放性气胸、闭合性气胸、张力性气胸和中隔积气四种。

[临诊实例] 一只 1 岁哈士奇犬，胸部被箭射伤，肺泡破裂，形成气胸。

[病因浅析] 气胸是指空气进入一侧或双侧胸膜腔，引起全部或部分肺萎陷。气胸可分为开放性气胸、闭合性气胸、张力性气胸和中隔积气四种。开放性气胸是空气经胸壁穿透进入胸膜腔，如咬伤、撕裂伤、撞伤或枪伤等。闭合性气胸是空气经胸膜

撕裂而胸壁完整的肺损伤进入胸膜腔，如伴有肺、支气管撕裂、甚至闭合性肋骨骨折的钝性外伤后，横膈破裂后等。张力性气胸是肺创口呈活瓣状，吸气时空气经肺损伤进入胸膜腔，但在呼气时不能完全排出，导致胸膜腔内压力不断升高，肺静脉受压迫，很快出现窒息，如钝性胸外伤后。中隔积气是指在肺胸膜尚完整的肺撕裂时，空气经支气管周围的胸膜下组织进入纵隔。

[初诊依据]无并发症的闭合性气胸时，积气量不足胸膜腔的30%者，通常无临床症状，并可缓慢重吸收。较大积气量时，则取决于肺萎陷的程度而出现呼吸困难、腹式呼吸等，胸部扩大，且外伤部位疼痛。叩诊有太响的臌音，听诊心肺音不清楚。注意可能伴发有外伤、肋骨骨折和肺出血。

开放性气胸时，由于空气可以自由出入胸腔，胸腔负压消失，肺组织被压缩。被压缩的肺组织其通气量和气体交换量显著减少，胸腔负压消失的结果是影响血液回流，造成心排血量减少。因此，患病动物表现出严重的呼吸困难、烦躁不安、心跳加快、可视黏膜发绀和休克等症状。

[定性诊断]气胸可经放射线检查确诊。小动物肺野显示萎陷肺的轮廓、边缘清晰、密度增加，吸气时稍膨大，呼气时缩小。在此萎陷肺的轮廓之外，显示比肺密度更低的、无肺纹理的透明气胸区。一侧性大量气胸时，纵隔可向健侧移位，肋间隙增宽，横膈后移。

[防控措施]少量气胸无需特殊处理，让其休息，保持安静，1～2天可自愈。对外伤性气胸，应立即进行手术治疗。胸膜腔穿刺，抽气减压。严重呼吸困难，给予氧气，抗菌消炎，痰多者，给予祛痰止咳药。

（七）胸腔积液

胸腔积液是指液体潴留于胸膜腔内。

[临诊实例]一只3岁金毛犬，呼吸急促，呼吸困难，带来

就诊。X片显示胸腔积液。

[病因浅析] 胸腔积液可产生于心脏功能不全、肝肾疾病和血浆低蛋白血症时的漏出液，胸导管受压破裂的淋巴液，胸外伤、恶性肿瘤的血液，化脓性炎症的脓液等。视胸腔积液的量而异，患畜表现不同程度的呼吸急促至呼吸困难。

[初诊依据] 充血性心力衰竭、肾脏疾病或血浆蛋白过低可产生漏出液潴留于胸腔。胸部外伤、肺脏或胸膜的恶性肿瘤可以发生血性积液。胸膜炎时产生的是炎性渗出液积聚，若为化脓性炎症则为积脓。由于胸腔内积聚的液体影响肺的活动和胸廓运动，故患畜表现出明显的呼吸困难。

[定性诊断] 胸腔穿刺可确诊本病。X线检查仅可证实胸腔积液，但不能区别液体性质。

胸腔积液包括游离性、包囊性和叶间积液。胸腔积液多为双侧发生。极少量的游离性胸腔积液（小型犬：<50mL；中、大型犬：<100mL），在X线上不易发现。游离性胸腔积液量较多时，站立侧位水平投照显示胸腔下部均匀致密的阴影，其上缘呈凹面弧线。这是由于胸腔负压、肺组织弹性和液体重力及表面张力所致。大量游离性胸腔积液时，心脏、大血管和中下部的膈影均不可显示。侧卧位投照时，心脏阴影模糊、肺野密度广泛增加，在胸骨和心脏前下缘之间常见三角形高密度区。当液体被纤维结缔组织包围并因粘连而固定某一部位，形成包囊性胸腔积液时，X线表现为圆形、半圆形、梭形、三角形，密度均匀的密影。如发生于肺叶之间的叶间积液，X线显示梭形、卵圆形、密度均匀的密影。

[防控措施] 本病的治疗，如属继发性的，应从确诊和治疗原发病着手，及时进行穿刺排脓，根据穿刺排脓进行药敏实验，选择高敏抗生素进行肌内或胸腔注射。胸腔内注射蛋白溶解酶以加速脓汁溶解与吸收。采取适当的对症治疗，预后多不良。

三、心血管系统疾病

(一) 心力衰竭

心力衰竭是指心肌收缩力减弱或衰竭，使心脏排血量减少、血压下降、静脉回流受阻，从而呈现全身血液循环障碍的一系列临床综合征。心力衰竭又称心脏衰弱，简称心衰。

心衰是各种疾病过程中常出现的一种并发症或症状，但也可能是一个独立的疾病，如大量快速输血引起的心衰。

[临诊实例] 一只 6 岁大丹犬，眼结膜发绀，呼吸急促、困难，带来就诊。临诊检查，心率 170 次/min。

[病因浅析] 任何因素引起心肌收缩力减弱，心输出量不足，都可成为心力衰竭的原因。各种病毒、细菌、寄生虫引起的心肌炎；中毒、重症贫血，微量元素硒、铜等营养元素缺乏引起的心肌变性，使心肌受损，引起心肌收缩能力减弱；超量输液，快速过量静脉注射钙制剂，麻醉药引起反射性心跳骤停或心动过缓，使心脏排血量减少；重症肺炎、肺水肿使心肌负荷过重，循环阻力增高，心脏负荷增加。另外许多常见病如犬细小病毒病、胃炎、胃扩张、脑炎，手术、难产、中暑、烧伤、休克等直接或间接影响心脏机能，导致心力衰竭的发生。

[初诊依据]

1. 肺水肿体征 高度呼吸困难，张口呼吸、快而浅表，眼球突出，有时黏膜发绀。肺泡音粗厉，广泛性啰音，有的出现弥散性水泡音，两鼻孔流出泡沫样鼻液。

2. 心律失常体征 第一心音高朗，第二心音减弱或消失，心率增数 150 次/min 以上，有的 200 次/min 以上，节律不齐，脉搏微弱，细而不整，脉不感手，体表静脉怒张。

3. 血压体征 血压下降，中心压升高，体温降低，末梢厥冷，阵发性抽搐，痉挛，休克。从心电图中可见 QRS 复波时延长或因心室扩大而发生波峰分裂。

[防控措施] 患犬保持安静，防止过量运动加重病情。有条件进行鼻导管给氧处理。

1. 增加机体抗病能力 5％葡萄糖，维生素 C，地塞米松缓慢静脉注射。

2. 减轻心脏负荷 扩张血管剂的应用：酚妥拉明静脉注射；盐酸山莨菪碱，多巴胺静脉滴注。利尿剂的使用：速尿，肌内注射或静脉注射。解除支气管痉挛：氨茶碱肌内注射或静脉注射。

3. 增加心脏收缩力 西地兰或毒毛旋花子苷缓慢静脉推注。必要时 6～8h 再用药 1 次。

4. 改善心肌营养 5％葡萄糖，三磷酸腺苷（ATP），辅酶A，细胞色素 C，静脉滴注。

5. 消除诱发因子 积极治疗原发病因，从根本上抑制心力衰竭的发生。

（二）心肌炎

以心肌兴奋性增强和心肌收缩机能减弱为特征的心肌炎症为心肌炎，是犬的一种常见心脏病。

[临诊实例] 一只 3 周龄博美犬，未免疫，呕吐，听诊表现心搏动亢进，心音增强。当病犬稍做运动之后，心跳加快、可持续较长时间，经化验患有犬细小病毒病。

[病因浅析] 通常在病毒或其他病原体感染的急性期都可引起不同程度的心肌炎。某些传染病（如犬瘟热、犬细小病毒病、钩端螺旋体病、传染性肝炎、流感）、寄生虫病（如弓形虫病、犬恶心丝虫病）均可继发心肌炎的发生。中毒性疾病（如一氧化碳、重金属、酚类、有机磷、麻醉药物等中毒）可直接损害心肌，导致心肌炎或心肌变性。另外，脓毒血症、败血症、过敏、风湿症、贫血等均可引起心肌炎的发生。

[**初诊依据**] 根据临诊症状可作出初步诊断。急性非化脓性心肌炎以心肌兴奋为主要特征，表现心搏动亢进，心音增强。当病犬稍做运动之后，心跳加决、可持续较长时间，这种心机能试验，往往是确诊本病的依据之一。慢性心肌炎表现为虚弱、呼吸困难、心动过速、心跳无力、节律不齐，多伴有缩期杂音。心脏代偿能力下降，黏膜发绀，体表静脉怒张，颌下、四肢末端发生水肿。严重心肌炎的犬食欲废绝、精神沉郁、昏迷，最终因心力衰竭而突然死亡。

[**定性诊断**] 确诊需做心机能试验、心电图检查和 X 线检查。

心机能试验，是诊断心肌炎的一个指标。方法是：让犬在安静状态下，测定病犬的心跳次数，然后在犬运动 5min 后，再测心跳次数。如有心肌炎时，停止运动 2～3min 后，心跳次数仍继续加快，须较长时间后才能恢复原来的心跳次数。

心电图检查，T 波减低或倒置，S～T 间缩短。

X 线检查，心脏阴影扩大。

[**防控措施**] 减轻心脏负担，增强心肌营养，提高心肌收缩机能，治疗原发病。

消除心肌炎症，及时应用抗生素或磺胺类药物治疗。如每天用先锋霉素每千克体重 50mg，肌内注射；或混合 10％葡萄糖注射液静脉滴注，每天 2 次。磺胺嘧啶钠注射液，每千克体重 50mg，静脉注射，每天 2 次。

促进心肌代谢，三磷酸腺苷每千克体重 2～3mg，辅酶 A 每千克体重 10U，肌苷每千克体重 10mg，维生素 C 每千克体重 50mg，10％葡萄糖注射液每千克体重 30mL，混合静脉滴注。对于急性高热的犬可用地塞米松注射液 2～7mg，肌内注射或静脉注射，每天 1 次。

加强护理，让患犬保持安静，避免过度兴奋或运动，给予营养丰富、维生素含量高的食物。

（三）贫血

贫血是指单位容积的外周循环血液中红细胞数、血红蛋白含量及红细胞压积容量（比容）低于正常值以下。临床表现以黏膜苍白、心率和呼吸加快、全身无力等特征。

根据病因，贫血可分为再生性贫血和再生障碍性贫血。再生性贫血包括出血性贫血、溶血性贫血、营养性贫血。

[临诊实例] 一只1岁京巴犬，未免疫，未驱虫，粪便中见虫体，检查可视黏膜、皮肤苍白，心跳加快，全身肌肉无力。血常规检查提示贫血，嗜酸性粒细胞增多。

[病因浅析]

1. 出血性贫血 急性出血性贫血，由于外伤或手术引起内脏器官（如肝、脾、腔动脉及腔静脉等）及体外血管破裂造成大出血，使机体血溶量突然降低。慢性出血性贫血，主要由于慢性胃、肠炎症，肺、肾、膀胱、子宫出血性炎症，造成长期反复出血所致。另外，犬钩虫感染也可造成慢性出血性贫血。

2. 溶血性贫血 传染病因素引起，如钩端螺旋体、疱疹病毒、锥虫、溶血性链球菌感染等。中毒性疾病：重金属中毒，如铅、铜、砷、汞中毒等；化学药物中毒，如苯、酚、磺胺中毒等。警犬在执行任务时吸入TNT炸药也可导致溶血性贫血。抗原抗体反应：新生犬的溶血性贫血，因新生仔犬的血型和母犬的血型不同，吃入母乳后发生抗原抗体反应而导致仔犬溶血性贫血。异型血型输血也可导致溶血。其他因素，如高热性疾病、淋巴肉瘤、骨髓性白血病、血浆血红蛋白增多症、红细胞丙酮酸激酶缺乏等均可造成溶血性贫血。

3. 营养性贫血 指缺乏某些造血物质，影响红细胞和血红蛋白的生成而发生的贫血。主要由于蛋白质、铁、铜、钴、维生素类缺乏引起。蛋白质缺乏：由于动物摄入的蛋白不足或慢性消化功能障碍引起。微量元素缺乏：铁、铜、钴缺乏，临床上以缺铁性贫血常见。铁是血红蛋白合成必需的成分；铜缺乏也可导致血红蛋白合成减少。维生素缺乏：维生素 B_1、维生素 B_{12}、维生素 B_6、叶酸、烟酸等缺乏均会导致红细胞的生成和血红蛋白合成发生障碍，造成营养性贫血。以上因素大多因为犬的食物单一、慢性消化道疾病及肠道寄生虫性疾病引起肠道吸收功能紊乱，久而久之造成营养性贫血。

4. 再生障碍性贫血　骨髓造血机能发生障碍引起的贫血。某些重金属中毒，如：金、砷、铋等；某些有机化合物，如苯、酚、三氯乙烯等；某些过量的治疗性药物，如：磺胺类药物，均可引起再生障碍性贫血。放射性损伤，大量接受 X 射线及某些放射性元素，可破坏骨髓细胞、红细胞、骨样细胞及巨核细胞，使这些细胞遭受不可逆性损伤，导致造血功能丧失。某些疾病，如：慢性肾脏疾病、白血病、造血器官肿瘤等，均可导致再生障碍性贫血。

[初诊依据] 根据临诊症状，可作出初步诊断。

1. 出血性贫血　可视黏膜、皮肤苍白，心跳加快，全身肌肉无力。症状与出血量的多少成正相关。出血量多可表现虚脱、不安、血压下降、四肢和耳鼻部发凉、步态不稳、肌肉震颤，后期可见有嗜睡、昏迷、休克状态。出血量少及慢性出血的犬，初期症状不明显。但病犬可见逐渐消瘦，可视黏膜由淡红色逐步发展到白色，精神不振、全身无力、嗜睡、不爱活动、脉搏快而弱，呼吸浅表。经常可见下颌、四肢末梢水肿。重者可导致休克、心力衰竭死亡。

2. 溶血性贫血　可视黏膜黄染、皮肤口角发黄、精神沉郁、运动无力、体重减轻，后期可视黏膜白黄、昏睡、血红蛋白尿、体重下降。

3. 营养性贫血　发展较慢，主要表现进行性消瘦、营养不良。体质衰弱无力、腹部蜷缩、被毛粗糙、可视黏膜苍白、后期运动高度无力、摇晃、倒地起立困难、直至卧地不起、全身衰竭。

4. 再生障碍性贫血 临床症状的发展比较缓慢，除有以上三种贫血症状外，主要表现在血象变化，红细胞及白、红蛋白含量低，血液中网状红细胞消失。

[定性诊断] 根据血检、血涂片、红细胞数、血比容检查进行确诊。

[防控措施]

1. 出血性贫血 止血、恢复血溶量。外伤性出血，可结扎止血、压迫止血、止血带止血。对于四肢末端出血，主人可用止血带止血后立即送往兽医院治疗。注射止血药：止血敏每千克体重 25mg；维生素 K_3 每千克体重 0.4mg；维生素 K_1 每千克体重 1mg；凝血质每千克体重 1.5mg。补充血溶量，可静脉滴注右旋糖酐、葡萄糖、复方盐水、氨基酸制剂。有条件的兽医院可进行输血疗法。

2. 溶血性贫血 除去病因，扩充血容量，对症治疗。补液、输血疗法。中毒性疾病，给予解毒药；寄生虫感染，给予杀虫药治疗。同时结合激素疗法，如可的松、泼尼松、地塞米松。

3. 营养性贫血 加强饲养，补充造血物质，给予蛋白丰富、含有维生素多的食物。硫酸亚铁每千克体重 50mg，口服每天2～3次。氯化钴 0.3‰溶液，口服每天 3～5mL。维生素 B_1 每千克体重 5～10mg，维生素 B_{12} 每千克体重 5～10mL，混合肌内注射，每天 1 次。叶酸每千克体重 1～3mg，口服，每天 1 次。另外，可补充葡萄糖和多种氨基酸制剂，有助于机体功能恢复。

4. 再生障碍性贫血 提高造血功能，补充血量。输血疗法。经配血试验后进行输血，输血速度要缓慢，一般为每小时每千克体重 10～15mL。可根据患病犬的比容给予输血量。同化激素疗法。如：睾丸酮（可刺激红细胞生成）每千克体重 1～2mg，肌内注射，每周 1～3 次；康力龙每千克体重 0.4～0.6mg，口服 2～3天 1 次。

（四）血小板减少症

血小板是由巨核细胞产生的铁饼状细胞，血小板的数量在 $2\times10^{11}\sim9\times10^{11}$ /L 时才能保持正常的血小板功能，否则即出现出血时间延长等血小板凝集障碍。正常动物具有相当有效的止血机能，除了血管壁的正常收缩外，血小板可以在血管破损处凝集并发生黏滞变形，释放血管收缩物质及凝血因子，配合组织及血液中的其他因子，激活血液凝集过程，形成凝血块制止出血。

[临诊实例] 某宠物医院在门诊中收治了 1 例鼻异常出血的病例，经过临床诊断和实验室检验，最终确诊为血小板减少症。病史：1 周前左侧鼻孔突然开始出血，严重时呈涌出状，毛巾压迫止血无效。曾到其他医院就诊，止血敏、安络血、维生素 K 等止血药均已用过，效果不明显，出血仍止不住。此后几天出血由以前的涌出变为不间断的渗血。曾使用凝血酶，效果不佳。转至我院时，鼻孔仍有血水不间断渗出，黏膜苍白，齿龈没有血色，按压充血缓慢，有轻度贫血，怀疑为失血过多所致。

[病因浅析] 本病发生与免疫性或遗传性有关。

[初诊依据] 根据临诊症状，可作出初步诊断。

[定性诊断] 根据血检，血小板减少进行确诊。检查结果显示红细胞（RBC）、白细胞（WBC）、红细胞容积（HCT）均减少。同时发现该犬的血小板只有 0.44×10^{11} /L，明显低于正常值 $2\times10^{11}\sim9\times10^{11}$ /L。凝血时间延长。

[防控措施] 临诊上首选药物为肾上腺皮质激素类，特别是强的松（醋酸泼尼松）。输全血或血小板，结合对症治疗。

四、泌尿系统疾病

（一）肾功能衰竭

肾功能衰竭是指肾组织发生的急性肾功能不全或肾衰竭或肾

单位绝对数减少所致的临床综合征。可分为急性肾功能衰竭和慢性肾功能衰竭。

急性肾功能衰竭

急性肾功能衰竭是指各种致病因素造成的肾实质急性损害，是一种危重的急性综合征。临床上以发病急，少尿或无尿，氮质血症、水和电解质代谢紊乱、血钾含量增高等为特征。以往曾将本组疾病称为急性肾功能不全、急性肾小管坏死等，经近年来深入研究，对本组疾病的发病机理有进一步认识，上述名称都不能确切地反映疾病的本质，目前已少用。

[临诊实例]

1. 有的病犬顽固性呕吐或腹泻后，虽经大量补液，但仍出现少尿甚至无尿，触诊膀胱瘪陷，常出现癫痫样惊厥发作，肌肉颤抖，最后昏迷死亡。这些多是肾组织缺血，缺氧，最后坏死，功能衰竭的表现。

2. 有的病例在某些感染性疾病（钩端螺旋体病，细小病毒病等）过程中突然表现尿量渐少，最后无尿，即使按每千克体重60～80mL 的量补液，甚至再配合使用速尿等利尿剂，也不见排尿，仔细触诊膀胱也感觉不到有尿液潴留。此时病犬多半精神高度沉郁，伴较剧烈的呕吐，心动徐缓律乱，先惊厥后昏迷，1～2天内死亡。也有少数病例经过数日后尿液出现且渐多，如治疗护理不当，亦很快死亡。

3. 有的病例突然出现无尿但腹部却高度膨胀，触诊膀胱胀满，前缘可抵达肋弓处，病犬频繁呕吐，全身情况急剧恶化，导尿或膀胱穿刺放尿后，症状亦不见改善，再经常规剂量补液和利尿，仍不见膀胱内有尿液积聚，尿道探查多呈完全阻塞状（结石或积砂）。肾衰发生后的表现同上述病例。

[病因浅析] 多由外伤或手术造成的大出血、急性左心衰竭、严重脱水（呕吐、腹泻失去大量水分）等因素引起的肾脏严重缺血和由于某些化学毒物（如氯仿、磺胺类药物等）、生物毒素

（如蛇毒、生鱼胆）等因素引起的肾脏中毒所致。

急性肾功能衰竭致病原因较多，按其致病机理可归纳为急性肾缺血和急性肾中毒两类。按其致病部位又可分为肾前性、肾性和肾后性三类。

1. 肾前性病因　由于大出血、严重腹泻和呕吐、大面积烧伤、腹水、休克等引起血容量骤减，有效循环量不足；心力衰竭、心输出量减少；肾血管阻塞，肾脏急性缺血等原因，均可引起急性肾衰竭。

2. 肾性病因　由肾脏本身急性病变引起，多见于严重感染、中毒、急性心肌梗死或急性心衰竭、休克等，偶见于严重的腹部创伤性双侧肾脏破裂。由于大部分肾小管基底膜损伤，溶解以至坏死，所产生的管型与细胞碎片阻塞肾小管，尿液被重新吸收而使血氮增多，引起肾衰。

3. 肾后性病因　多见于双侧性输尿管或尿道阻塞。由于尿液排出障碍（损伤、结石等），而肾脏仍在不断地泌尿，结果尿液积聚。这样不仅造成肾小管、肾小球内压过高，肾小管破裂或坏死，而且也使肾小球滤过受阻，血中代谢产物聚积，血氮增多，引起急性肾功能衰竭。

［初诊依据］根据临诊表现，急性肾功能衰竭可分为少尿期、多尿期和恢复期三个时期。

1. 少（无）尿期　病的初期，病犬在原发病症状的基础上，排尿量明显减少，甚至无尿。由于代谢产物蓄积，出现高钾血症、代谢性酸中毒、氮血症，且容易并发感染（因白细胞功能异常）。补液过多时，可引起水潴留。病犬精神沉郁，体温有时偏低，但伴有感染时可升高。由于高钾血症对心脏的抑制，使心跳缓慢，但伴有血容量减少时，由于心脏的代偿作用，心率可能接近正常。此期持续1～3周。

2. 多尿期　病犬耐过少尿期后，肾血流量改善，肾小球滤过机能逐渐恢复，肾小管阻塞逐渐消除，肾间质水肿消退，因而机体内潴留的水、电解质及代谢产物开始向外排泄，排尿量增多，但血中氮质代谢产物的浓度在多尿初期反而上升。由于水、钾、钠丧失，病犬可表现四肢无力、瘫痪，心律紊乱甚至休克，重者可因室性颤动等而猝死。病犬多死于该期，故又称为危险期。此期持续时间1～2周，病犬若能耐过此期，便进入恢复期。

3. 恢复期 病犬血清尿素氮、肌酸酐含量及排尿量逐渐恢复正常，各种症状逐渐减轻或消除。但由于组织中蛋白质被大量破坏，体力消耗严重，故在恢复期中仍表现四肢乏力、消瘦、肌肉萎缩等，因此应根据病情，继续加强调养和治疗。恢复期的长短，取决于肾实质病变恢复的程度。重症犬若肾小球功能迟迟不能恢复时，可转为慢性肾功能衰竭。

[**定性诊断**] 根据病史、临诊症状和实验室检查结果进行诊断。

1. 尿液检查 少尿期的尿量少，呈酸性，比重偏低。即在某些诱发病史的基础上，如严重外伤、烧伤、失水、失血、中毒、感染等，特别是休克时，每天尿量突然减少至每千克体重20mL以下（少尿）甚至每千克体重1.5～5mL以下（正常指标为每天尿量每千克体重20～167mL）；尿正常比重为1.015～1.050，若比重固定在1.010以下为可疑，1.007～1.009即可肯定诊断。同时尿钠浓度偏高，尿中可见红细胞、白细胞、各种管型及蛋白。此外，在多尿期的尿比重仍偏低，尿中可见白细胞。

2. 血液检查 白细胞总数及中性粒细胞比例增高。肌酸酐、尿素氮、磷酸盐增高，CO_2结合力降低。钾含量在少尿期增高而在多尿期降低。血清钙含量初期升高，随后由于钙在受损的肌肉内沉积而下降，恢复期又升高。血清钠浓度受到补充溶液或丢失体液中钠的含量、利尿剂等因素的影响。

3. 液体补充试验 可用于鉴别急性肾功能衰竭引起的少尿与脱水引起的少尿。给患病犬每千克体重静脉补液20～40mL后，再静脉注射呋塞米（速尿）10mg，若仍无尿或尿比重低者，则可认为急性肾功能衰竭。

4. 肾造影 急性肾衰时，造影剂排泄缓慢，根据肾显影情况可判断肾衰程度。如肾显影慢和逐渐加深，表明肾小球滤过率低；肾显影快而不易消退，表明造影剂在间质及肾小管内积聚；肾显影极淡，表明肾小球滤过几乎停止。

5. 超声波检查 可确定肾后性梗阻。

[**防控措施**] 以治疗原发病，防止脱水和休克，纠正高血钾和酸中毒，缓解氮血症为治疗原则。

1. 原发病的治疗 创伤、烧伤和感染时，投以抗生素，防止败血症和内毒素性休克，可静脉注射氨苄西林每千克体重5 000～10 000U，对肾脏毒性小，且较为安全。对失血和体液丢失引起循环血量的减少，可用生理盐水每千克体重10～20mL，静脉注射（大出血时应输血）、地塞米松每千克体重0.3～0.6mg或氢化可的松每千克体重2～3mg，肌内注射。中毒病应中断毒源，及早使用解毒药，缓解机体中毒反应，适度补液，如重金属中毒时可用二巯基丙醇每千克体重4.4～6.6mg，肌内注射，间隔4～6h 1次。尿路阻塞时，应尽快排尿，可考虑采用外科手术方法排除阻塞原因，排除滞留的尿后应适当补充液体。

2. 少（无）尿期的治疗 治疗原则为纠正高血钾、酸中毒、钠和水潴留等。无尿是濒死的预兆，必须尽快利尿，可用呋喃苯胺酸每千克体重4～6mg，口服，每8～12h 1次；或丁尿胺每千克体重0.02～0.03mg，口服。血浆CO_2结合力在12～15mmol/L以下时，按酸中毒治疗，可用5％碳酸氢钠每千克体重3～5mL静脉注射，但高血压及心力衰竭时禁用。另外，乳酸钠、柠檬酸钠及乙酸钠等也可用于治疗酸中毒。高钾血症时，可用生理盐水或乳酸林格氏液每千克体重10～20mL静脉注射。为减缓氮血症，可静脉注射渗透性利尿剂，如10％～25％甘露醇每千克体重0.5～2.0g，4～6h 1次，若使用1～2次后仍不见尿液增加，应停止使用，否则会造成细胞外液增多，血容量增加，甘露醇中毒；或给予 25％～50％葡萄糖溶液每千克体重 1～3mL 与胰岛素每千克体重 0.1～0.25U 混合静脉注射，并限制蛋白质的摄入和补充高能量、维生素食物。此外，用血液或腹膜透析有利于除去血液中的有害代谢产物。

3. 多尿期的治疗 多尿期开始时，常为尿毒症高峰，在此期的初期仍可按上述方法进行治疗。以后随排尿量的增加，电解质大量流失时，应注意电解质的补充，尤其是钾的补充，避免低血钾症的出现。血中尿素氮为 20mg/dL 时，可作为恢复期开始的指标，若低于上述指标时，则应逐步增加蛋白质的摄入，以利于康复。

4. 恢复期的治疗 血尿素氮为 20mg/dL，可作为恢复期开始的指标。应注意补充高蛋白、高碳水化合物和维生素丰富的饮食。

[经验小结]

1. 积极抢救原发病危的病犬，防止或减少发生休克或血容量不足，避免使用对肾脏血管有强烈收缩的药物。设法解除肾血管痉挛等是预防或减少本病发生、降低死亡率的有效措施。

2. 20％甘露醇、25％山梨醇或低分子右旋糖酐静脉注射，在利尿的同时，又可改善肾脏血液循环。

3. 有急性溶血或肌红蛋白尿时，可用低分子右旋糖酐以改善微血管循环和减少红细胞的破坏，同时使用碳酸氢钠使尿液呈碱性，减少血红蛋白或肌红蛋白的沉积。

慢性肾功能衰竭

慢性肾功能衰竭是由于功能性肾组织长期或严重丧失，承担肾功能的肾单位绝对数减少，不能维持机体环境的相对平衡所致。因肾脏排泄和调节功能失常，临诊上以出现各种代谢紊乱为主要特征。本病常呈进行性发展，而且是不可逆转的，多见于成年犬。

[临诊实例]一只 8 岁的拳师犬，雌性（已做过绝育），体重5kg。平时以犬粮和自制食物为主。病初主要表现为多饮多尿，

逐渐消瘦，被毛枯燥。持续 15 天左右，之后好转 1 周，然后出现腹泻、呕吐，食欲废绝 4 天。腹泻症状出现后在某动物医院按胃肠炎治疗，未见好转，转院治疗，尿液检查：蛋白＋＋＋，疑为肾衰。

[病因浅析] 慢性肾功能衰竭多由急性肾功能衰竭转化而来。亦见于多种肾病，如肾小球肾炎、肾盂肾炎、肾性糖尿病等的晚期，或因尿道结石所致。由于肾脏排泄和调节机能失常，蛋白分解产物积聚于血中导致氮血症。若无其他症状，称肾功能不全期。随血浆非蛋白氮积聚（高达 100mg/dL）并出现酸碱平衡紊乱，即为尿毒症期，继而发生全身性疾病。

[初步诊断] 该犬临床表现精神沉郁，食欲废绝，常伴发呕吐、排尿、排便均较少，皮肤弹性差。心音亢进，呼吸正常，全身体表静脉明显怒张。舌边缘有黄豆瓣大小的糜烂或溃疡面。触诊肾脏萎缩且表面不光滑。初步诊断为慢性肾功能衰竭。

[定性诊断]

1. 尿比重很低，尿蛋白（＋＋），并有白细胞、管型、肾上皮细胞，这说明肾浓缩能力下降，肾小球通透性增加，泌尿系统有炎症。

2. 血常规检查可见，红细胞总数、血红蛋白含量和红细胞压积均升高，平均红细胞容积在正常范围内，这说明该犬机体处于脱水状态；白细胞总数、叶状中性粒细胞比例均显著高于正常值，说明机体有炎症。

3. 血液生化检查，血液尿素氮、肌酐、磷均升高，血钾降低，说明肾脏排泄和调节机能失常。

由该犬以上病史、临床症状及化验结果，诊断为慢性肾衰。

[防控措施]

1. 食饵疗法　改用低蛋白，低钠饲粮（可用特制兽医处方粮），且要少吃多餐；

2. 补液　乳酸林格氏液，每千克体重 40～60mL 补给；口服葡萄糖酸钾，每天 2 次，每次 1～2g；

3. 镇吐 盐酸西咪替丁口服或注射，每千克体重 3～5mg，每天 2～3 次；胃复安口服或注射，每千克体重 0.2～0.4mg，每天 2～3 次；盐酸氯丙嗪口服或注射，每千克体重 0.5～2mg，每天 1～2 次。

4. 补充脂肪和维生素及铁剂 脂肪最好选低聚不饱和脂肪酸；大量补充维生素 C 和维生素 B；铁剂选用硫酸亚铁。

5. 降低血压 贝纳普利口服，每千克体重 0.5mg，每天 1～2 次；丹参注射液每千克体重 2～5mg，每天 2 次。

经过半个月治疗，精神和食欲渐趋稳定，尿液比重开始上升。

[经验小结]

1. 有感染者给予抗生素。

2. 出现抽搐、昏迷等神经症状者，可直接向腹腔内注射苯巴比妥溶液（常规量减半），但禁用镁盐；

3. 为促进患犬恢复代偿，可用腹膜透析疗法，促进血液中代谢产物的排出。

（二）肾小球肾炎

肾小球肾炎简称肾炎，是一种由感染后或中毒后变态反应引起的肾小球、肾小管或肾间质组织的炎症。临床上以肾区敏感、尿量减少、血尿和蛋白尿为特征。犬均可发生，多见于中年犬，且母犬更为常见。临床上分为急性肾小球肾炎、慢性肾小球肾炎。

[临诊实例]一只 3 岁白色雌性京巴犬，体重 8kg。经常尿血，尿液浑浊，最后还带了脓性分泌物，没精神不愿意动，也不吃东西，粪便正常。不让抱，一抱就疼得乱叫。经查，体温 39.5℃，眼结膜潮红，触诊腹壁紧张，叩诊腰部有疼痛感，两后肢迈步困难，弓背缩腰，排尿次数少。

[**病因浅析**] 本病病因尚未明了。一般认为与感染和中毒因素有关。感染因素多由于细菌（链球菌、双球菌、葡萄球菌、结核杆菌等）、病毒（犬瘟热病毒、传染性肝炎病毒、钩端螺旋体等）、寄生虫（弓形虫等）感染所致。中毒因素：如胃肠炎症、代谢性障碍疾病、皮肤疾病、大面积烧伤等所产生的毒素，以及代谢产物或组织分解产物等的内源性中毒时，可引起肾小球肾炎；摄食有毒物质，如汞、砷、磷等或霉败食物等外源性中毒时，亦可引起肾小球肾炎。

本病的发病机理尚不明确。但临诊和实验观察表明，本病并非微生物直接感染肾脏发生，而是由于感染后产生的变态反应所引起。肾小球肾炎变态反应性致敏有两种情况：①微生物产生的毒性物质或其他毒物经血液循环进入肾脏，与肾小球毛细血管基底膜的黏多糖结合形成结合抗原，并产生相应的抗体，当重新感染或持续存在于体内的微生物与抗体在肾小球毛细血管基底膜上发生反应，即可引起基底膜损伤和肾小球肾炎。②免疫复合物的沉着，即病原体（抗原）的刺激，产生相应的抗体，当抗原和抗体达到一定量时，二者在血液中结合成可溶性抗原-抗体复合物，这种复合物随血液循环流入肾脏时，在肾小球毛细血管内皮下沉积为颗粒状透明蛋白样物质，并吸附血液中的补体。抗原-抗体-补体复合物具有趋化作用，可吸引大量中性粒细胞集聚在基底膜上，并释放出溶酶体酶，对局部组织有损伤破坏作用，同时可引起肥大细胞释放组织胺，结果引起血管通透性增高和急性肾小球肾炎的一系列变化。

慢性肾小球肾炎发生的病因与急性肾小球肾炎相同，仅为刺激作用轻微和持续时间较长。此外，急性肾小球肾炎病程延长或后期时，往往转变为慢性肾小球肾炎。

[**初诊依据**] 主要根据临诊症状进行初步诊断。肾炎患犬的主要临床表现有：

1. 急性肾小球肾炎 患犬初期精神沉郁，体温升高，食欲减退，有时发生呕吐、腹泻。肾区敏感、触诊疼痛，肾脏肿大。不愿活动，步态强拘，站立时背腰拱起，后肢集拢于腹下。频频排尿，但每次尿量较少，有的甚至无尿，尿的比重增高，并有血尿现象。出现肾性高血压、主动脉口第二心音增强。随病程延长，由于血液循环障碍和全身静脉淤血，可见眼睑、胸腹下发生水肿。尿液检查发现尿中蛋白质含量增高，出现肾上皮细胞，并见有透明及颗粒管型、红细胞管型、上皮细胞管型、白细胞、病原菌等。血液生化检验呈现低蛋白血症。

严重病例由于大量含氮物质蓄积，使血中非蛋白氮含量增高，不同程度肾功能障碍，内生肌酐清除率或尿素清除率均显著降低，呈现尿毒症症状，出现呼吸困难，衰竭无力，肌肉痉挛，昏睡，体温低下，呼出气中有尿臭味。

2. 慢性肾小球肾炎 多由急性肾炎发展而来。初期表现全身衰弱无力，食欲不定，被毛无光泽，皮肤失去弹性，体温正常或偏低，可见黏膜苍白。继而出现食欲减退，消化机能障碍，间歇性呕吐和腹泻，逐渐消瘦。后期可见眼睑、胸腹下或四肢末端出现水肿，严重时发生肺水肿和体腔积水。早期多饮多尿，尿量为正常时2倍左右，比重降低；后期尿少，比重增高。尿液中有多量肾上皮细胞、管型及少量红细胞和白细胞。晚期尿蛋白反而减少。严重病例由于血中非蛋白氮大量蓄积，引起慢性氮质潴留性尿毒症。病程长短不一，轻者数月可痊愈，重者可延长1～2年不定。有的反复发作。

［定性诊断］

1. 实验室检验 实验室检验对本病的诊断有重要意义。

（1）尿常规检验 每天尿量急性期减少至每千克体重10～20mL，比重上升。慢性肾小球肾炎时出现代偿性多尿，尿量为正常时的2倍左右，比重降低。尿中蛋白质急性期或慢性肾小球肾炎急性发作时剧增（1～10g/L）。晚期，由于肾小球多数毁损，尿中蛋白质反而减少。尿沉渣中尚可见透明管型、少数白细胞和肾上皮细胞。

（2）血液生化检验 患病犬在持续性蛋白尿时，由于白蛋白的大量丢失，出现低蛋白血症。血清中 γ -球蛋白降低，α_2 -球蛋白升高。多尿期时表现为低钠血症。少尿的犬可见高钙血症和代谢性酸中毒。当肾小球滤过减少时，血清胆固醇增多，血清肌酐和尿素氮升高。

（3）血液常规检验 红细胞总数减少，白细胞总数正常或稍高。慢性肾小球肾炎时还可见到中性粒细胞、单核细胞稍高，淋巴细胞减少等变化。

（4）X线和超声波检查 膜性肾小球肾炎时可见肾脏肿大，但需反复检查方能确诊。

（5）肾功能检查 肾小球肾炎早期，肾功能受影响较小，膜性肾小球肾炎可因基底膜通透性增大，出现内生肌酐清除率偏高现象。晚期，各种肾功能，如酚红排泄、内生肌酐廓清、尿素廓清等均显示出不同程度减退。肾脏调节转入代偿、代偿丧失以致衰竭。

2. 鉴别诊断 应注意与肾淀粉样变、肾病综合征的鉴别诊断。肾淀粉样变虽也是进行性疾病，但病情较稳定，治愈和存活率高，必要时可通过肾脏活体取样分析进行区别诊断。肾病综合征主要表现为渐进性水肿，后期出现腹水。低蛋白血症导致的低血压，常使患病犬发生昏厥，全身营养不良性贫血。体温偏低，不愿活动。血浆蛋白总量减少，但非蛋白氮及尿素氮仅在后期增多。

［防控措施］应以加强护理，抗菌消炎，利尿消肿，抑制免疫反应，防止尿毒症的发生及对症治疗为治疗原则。

1. 加强饲养管理 首先，在发病初期使患犬处于1～2天的饥饿或半饥饿状态。将犬置于温暖、干燥、通风的房间中安静休养。在食物中酌情给予营养丰富、易消化的乳制品，适当限制肉和食盐的摄入量（急性肾小球肾炎少尿期及出现水肿的犬），而慢性肾小球肾炎多尿期易造成低钠血症，可适当补给食盐。

2. 消除感染 可选用抗生素，如氨苄青霉素、硫酸链霉素或氟苯尼考，肌内注射，每天 2～3 次。亦可肌内或静脉注射环丙沙星、恩诺沙星、洛美沙星等。最好不用磺胺类药物，亦不宜使用卡那霉素或庆大霉素（对肾脏毒性较大）。

3. 抑制免疫反应 可应用肾上腺皮质激素（既影响免疫过程的早期反应，又具有一定的抗炎作用）。地塞米松每千克体重 0.5～1mg，肌内注射，每天 1～2 次，或肌内注射 2.5% 醋酸可的松，每天 1 次。

抗肿瘤药物因能抑制抗体蛋白的形成，亦具有免疫抑制效应，如环磷酰胺，每天内服量每千克体重 6.6mg，连服 3 天后再按每天每千克体重 2.2mg 内服，或静脉注射，剂量为每千克体重 2mg。每 7～10 天 1 次，可抑制蛋白尿。

4. 利尿消肿 当有明显水肿时，可选用利尿药。速尿，每千克体重 2～4mg（静脉注射总量为 5～20mg，或双氢氯噻嗪每千克体重 2～4mg，内服，每天 2 次，或乙酰唑胺每千克体重 10mg，内服，每 6h 1 次）；甘露醇每千克体重 2～3g，50% 葡萄糖注射液 10～30mL，静脉注射。同时应注意补钾，用氯化钾 0.1～0.3g/次，缓慢静脉注射，每天 1 次。

5. 对症治疗 心衰时强心；出现尿毒症时，用 5% 碳酸氢钠注射液 5～30 mL 静脉注射。有严重血尿时，用止血药物。大量出现蛋白尿时，用苯丙酸诺龙每千克体重 2mg，肌内注射，每 10～15 天 1 次，或丙酸睾丸酮，10～50mg/只，肌内注射，每 2～3 天 1 次。并发尿路感染时，用呋喃妥因每千克体重 3～5mg，口服，每天 3 次。尿路消毒用乌洛托品，每千克体重 50～100mg，静脉注射。

多尿的病例，补给乳酸林格氏液，适当补钾；少尿的病例（急性肾炎、慢性肾炎后期），要限制输液，不宜补钾。当脱水、高钙血症、代谢性酸中毒时以 5% 葡萄糖与乳酸林格氏液按 2∶1

比例输液，同时补给维生素 B_1。

6. 缓解尿毒症 对于慢性肾小球肾炎引起的尿毒症，可口服透析液（氯化钠 12.02g、氯化钾 0.894g、氯化钙 0.441g、甘露醇 98.4g、碳酸氢钠 5.04 g，用温开水 3 000mL 稀释后即成）以缓解尿毒症的症状。

7. 中药治疗 可应用胃苓汤、实脾饮、济生肾气丸等。

［经验小结］

1. 治疗犬肾炎首先要诊断准确，尽量避免使用对肾脏有损伤的药物，输液补充液体以利于炎性产物的排出；

2. 采用中西医辨证结合调整免疫功能药物进行治疗，疗效较好。

（三）膀胱炎

膀胱炎是由于病原微生物感染、邻近器官炎症的蔓延和膀胱黏膜的机械性刺激或损伤等因素所引起膀胱黏膜和黏膜下层的炎症。临诊特征为尿频、尿痛，膀胱触痛，尿液中出现较多的膀胱上皮细胞、白细胞、红细胞等。常见于母犬和老龄犬。

［临诊实例］1只 3 岁雌性博美犬，配种 1 周后，阴门部位排血水。主人误认为流产而求诊。

［病因浅析］主要由于病原微生物感染、邻近器官炎症的蔓延和膀胱黏膜的机械性刺激或损伤等因素所引起。

1. 细菌感染 膀胱炎多由变形杆菌、化脓杆菌、葡萄球菌、绿脓杆菌、大肠杆菌等所引起，这些细菌通过血液、淋巴或尿道侵入膀胱。

2. 真菌性感染 常见的有芽生菌、念珠菌、隐球菌属、曲霉菌等，真菌生长繁殖和侵入膀胱而引起感染。

3. 邻近器官炎症蔓延 肾炎、输尿管炎、阴道炎、子宫内膜炎、前列腺炎蔓延至膀胱。

4. 机械性损伤及刺激 膀胱穿刺、导尿损伤膀胱黏膜；膀胱结石、肿瘤、有毒物质、强烈刺激性药物的刺激；各种原因引起的尿潴留（如尿道结石、肿瘤及排尿神经障碍等）均可引起本病。

[初诊依据]

1. 急性膀胱炎　特征是排尿频繁和排尿疼痛。由于膀胱黏膜敏感性增高，患犬频频排尿或作排尿姿势，但每次排出的尿量很少或呈点滴状流出，排尿时，表现疼痛不安，严重时由于膀胱颈黏膜肿胀或膀胱括约肌痉挛性收缩，引起尿闭，犬不时作排尿动作，但不见尿液排出。触诊膀胱时，表现疼痛不安，膀胱体积缩小。但在膀胱颈组织增厚或痉挛时或尿闭时，膀胱高度充盈。尿检时，见尿液浑浊恶臭，间或含有黏膜絮片、脓液絮片、血液或血凝块及坏死组织碎片；尿沉渣中有大量白细胞、脓细胞、少量红细胞、膀胱上皮细胞、磷酸铵镁结晶及散在的细菌。全身症状一般不明显，当炎症波及深层组织时体温升高，食欲降低，精神沉郁。严重的出血性膀胱炎，可出现贫血现象。

2. 慢性膀胱炎　与急性膀胱炎相似，但程度轻，病程长，往往无排尿困难表现，膀胱壁增厚。

本病例检查发现，患犬频频下蹲排尿，每次尿量较少，而每次排的尿，开始为清朗的，最后变成红色甚至为鲜血样，有时还可以见血凝块，排尿结束时患犬都有痛苦的面部表情（眨眼，唇部颤抖）；触诊膀胱敏感伴痛叫，膀胱壁厚，尿液很少。患犬体温 39.6℃，呼吸平稳。初步诊断为膀胱炎。

[定性诊断]

1. 尿液检查　尿液检查在诊断上最为重要。采取自然排尿或穿刺、导尿在光镜下检查。尿中混有多量白细胞并呈现浑浊时为脓尿，呈褐色时为血尿，具有氨臭味。尿中查到细菌时，表明膀胱已被感染。尿中查到真菌时，出现真菌尿，说明已被真菌感染。若同时脓尿、血尿、蛋白尿和细菌尿时，说明为尿路感染。

2. 血液学检验　一般无白细胞增加和中性粒细胞核左移现

象。有时会出现血红蛋白降低及低蛋白血症。

3. X 线和超声波检查　能诊断尿结石、肿瘤、尿道异常、膀胱憩室等合并症。慢性膀胱炎可见膀胱壁肥厚。

本病例尿液检查发现，尿蛋白阳性，比重升高（为 1.06），尿沉渣中可见大量白细胞、红细胞、膀胱上皮细胞。根据病史和临诊表现诊断为膀胱炎（急性）。

[**防控措施**] 以改善饲养管理、抑菌消炎、净化尿液及促进尿液排泄等为治疗原则。

1. 饮食疗法　给患病犬多饮清水，或在其饮食中添加适量的食盐，造成生理性利尿，有利于膀胱得到净化和冲洗。同时给予无刺激性、易消化、营养丰富的食物。

2. 抗菌消炎　病初应用广谱抗生素 1～2 周。最好能抽取尿液做细菌培养和药敏试验，选择最有效的抗菌药物。氨苄西林每千克体重 25mg 口服，每天 3 次，连用 1 周，也可以每千克体重 20mg 加入 5％糖盐水中静脉滴注；或磺胺甲氧苄啶每千克体重 15mg，口服，每天 2 次，连用 5 天。可选用的抗菌药物还有青霉素 G、青霉素 V、头孢氨苄、喹诺酮等。

3. 净化尿液　口服氯化铵，每千克体重 100mg，每天 1 次，能使尿液酸化，抑制细菌繁殖。

4. 加速尿液排出　食物或饮水中加放食盐，促使患犬多饮水多排尿。

5. 膀胱冲洗　用温热 0.1％雷佛奴耳溶液、0.1％高锰酸钾溶液、2％硼酸溶液或 2％呋喃西林溶液，通过膀胱插管进行冲洗，冲洗后向膀胱内注入庆大霉素。每天 1 次，直至尿检确定炎症已基本控制。

6. 止血　肌内注射安络血，每次 2mL，每天 2 次；口服云南白药胶囊，每次 1 粒，每天 3 次。

[**经验小结**]

1. 严重积尿也可导致膀胱炎。如果周围的环境及人员发生变化时，胆子小的犬不便排尿，因此造成积尿。膀胱过度充盈，排尿肌收缩乏力，尿液无力排出，膀胱麻痹，膀胱壁过度被压迫，也易引起膀胱炎。

2. 超声波检查要在膀胱充满尿液时进行。

3. 患病犬多数以商品犬粮为主食，有可能与日粮及地区性水质硬度有关。

4. 膀胱炎在有效诊断与治疗的情况下，一般会有好的转归。但是，如果长期失血，造成严重的机体贫血，则有一定的危险性。

5. 本病易复发，及时发现，及时治疗，预后越佳。

（四）尿道炎

尿道炎是尿道黏膜及其下层的炎症，是犬的常见多发病。临床上以尿频、尿痛，经常性血尿等为主要特征，多发生于公犬。

[临诊实例] 一只4岁吉娃娃犬外出2天回来后，见其包皮外口附着有较多的脓性分泌物，频有尿意，但每次排尿的尿柱较细，还伴疼痛。尿液开始浑浊，混有丝状血凝块，最后亦较清朗，阴茎拒绝触摸，强行触摸痛叫，膀胱中等膨大，龟头的尿道开口处红肿，包皮黏膜及阴茎外表未见异常。

[病因浅析] 主要由于尿道黏膜受到机械性、化学性致病因素的刺激，引起损伤后继发感染所致。由邻近器官的炎症蔓延所引起，如包皮炎、膀胱炎、阴道炎、子宫内膜炎等；外伤，如雄性犬相互咬伤或骨盆骨折，结石阻塞或膀胱交界处破裂，交配时过度舔舐或其他异物刺入尿道等。

[初步诊断] 病犬频频排尿，但排尿困难，排尿时犬痛苦不安，尿液呈线状、断续排出。公犬阴茎频频勃起，母犬阴唇不断开张，尿液浑浊，含有黏液、血液和脓汁。触诊或导尿检查时，病犬表现疼痛不安，并抗拒或躲避检查。一般全身症状不明显。

根据上述症状，本病例初步诊断为尿道炎。

[**定性诊断**] 尿液检查：尿蛋白阳性，比重升高；沉渣中有大量白细胞（脓球），红细胞，尿道上皮细胞。根据排尿特点及有尿道上皮细胞，再结合 X 线检查或尿道逆行造影，即可诊断为尿道炎。

[**防控措施**]

1. 抗菌消炎　肌内注射庆大霉素，每次 8 万 U，每天 2 次；口服头孢羟氨苄，每次 50～100mg，每天 2 次。

2. 尿道冲洗　0.1％洗必泰溶液或 0.1％雷佛奴耳溶液，也可用 1％明矾溶液逆向冲洗尿道，每天 1～2 次。

3. 尿道防腐　40％乌洛托品溶液 5～10mL 加入 5％葡萄糖溶液中静滴；口服呋喃坦啶每千克体重 10mg，每天 2 次。

4. 止血　肌内注射安络血，每次 2mL，每天 1～2 次。

5. 手术治疗　适用于炎症、坏死严重、尿道已完全阻塞或尿道已坏死破裂。具体可行膀胱插管、尿道造口术等。

6. 另外如为交配过度可给予雌激素或去势；若为创伤所致可修复伤口。

[**经验小结**]

1. 尿道堵塞是导致本病的重要因素。建议公犬至少满 9 个月做去势手术，给予充足的饮水。不要饲喂过多的干犬粮，在犬粮中加些盐，促使它喝水。

2. 若属交配时过度舔舐、创伤，应控制伤损，减少尿道负荷，暂时性膀胱插导尿管，待尿道炎消除，尿液能正常排出时除去导尿管。

（五）尿石症

尿石症是由尿中的无机盐类析出形成结石，引起尿路黏膜发炎、出血和尿路阻塞的疾病。临床上以排尿障碍，肾性腹痛和血尿为特征。根据尿结石形成和阻塞部位不同，可分为肾盂结石，输尿管结石、膀胱结石和尿道结石，不同部位的结石临诊表现完全不同，应注意鉴别。

该病多发生于老年犬。公犬以尿道结石多见，母犬以膀胱结石多见。

［**临诊实例**］一只6岁的博美母犬，饮食欲等均正常，只是偶排血尿，有时尿呈均一的淡红色，有时可见尿中有细丝状的血凝样物，尿道探查及膀胱触诊未见异常。X线拍片发现左侧的肾盂中有一结石，进而诊断为输尿管并膀胱结石。

一只8岁的京巴犬，雄性。排尿频数已数日，开始两天尿液还是清澄的，后来几天每次排尿结束时均可见鲜血或血凝块，阴茎和尿道探查正常无阻塞；膀胱触诊较敏感，并可触摸到数枚蚕豆大或黄豆大小的硬实物。X线拍片可见膀胱内有5枚黄豆大小以上的结石，肾盂、输尿管及尿道内未见结石。

一只9岁杂交京巴犬，雄性。主人反映：三天前患犬每次排尿的时间比平时长，来就诊时排尿已很困难，呈点滴状，有时还见有血尿，不断欲排尿。检查发现：患犬腹围膨大，频频跷腿排尿，每次仅有点滴尿排出；阴茎触诊，在阴茎的基部前方尿道内似有硬实物；尿道探查，尿道管只能探至10cm左右即无法再向后，并有沙硕样感觉；X线拍片发现，从阴茎最后方至坐骨弓处的尿道内有多个油菜子样大小的结石呈串珠样淤塞在尿道内，此外膀胱内尚可见数枚绿豆大小的结石和稍小的结石。据此诊断为尿道结石并膀胱结石。

［**病因浅析**］尿结石形成的原因尚未完全清楚。一般认为与食物单调或矿物质含量过高、饮水不足、矿物质代谢紊乱、尿液pH的改变、尿路感染和病变等因素有关。

1. 胶体和晶体平衡失调 在正常尿液中含有多种溶解状态的晶体盐类（磷酸盐、尿酸盐、草酸盐等）和一定量的胶体物质（黏蛋白、核酸、黏多糖、胱氨酸等），它们之间保持着相对的平衡状态。此平衡一旦失调，即晶体超过正常的饱和浓度时，或胶体物质不断地丧失分子间的稳定性结构时，则尿液中即会发生盐类析出和胶体沉着，进而凝结成为结石。

2. 体内代谢紊乱 如甲状旁腺功能亢进，甲状旁腺激素分泌过多等，使体内矿物质代谢紊乱，可出现尿钙过高现象，以及体内雌性激素水平过高等因素，都可促进尿结石的形成。

3. 尿路病变 尿路病变是结石形成的重要条件。①当尿路感染时，尿路炎症可引起组织坏死，加上炎性渗出物、细菌的积聚，可形成结石的核心，其外周由矿物质盐类和胶体物质环绕凝结而形成结石。此外，许多细菌如葡萄球菌、变形杆菌、沙门氏菌等可使尿素分解产生氨，使尿液变为碱性，易于引起磷酸钙、碳酸钙等沉淀，有利于尿路结石的形成。②当尿路梗阻时，可引起肾盂积水，使尿液滞留，易于发生感染和晶体沉淀，形成结石。③当尿路内有异物，如缝线、导管、血块、细菌、脱落上皮细胞等存在时，可成为结石的核心，尿中晶体盐类沉着于其表面而形成结石。

尿结石主要在肾脏（肾小管、肾盏、肾盂）中形成，以后移行至膀胱，并在膀胱中继续增大，故认为膀胱是犬尿结石最常见的场所。肾小管内的尿石多固定不动，但肾盂或膀胱内的结石则可移动，有的移行至输尿管和尿道时，可发生阻塞。结石的阻塞部位刺激尿路黏膜，引起局部黏膜损伤、发炎、出血，致使尿路平滑肌发生痉挛收缩，呈现肾性腹痛。由于尿路阻塞引起排尿困难或尿闭，膀胱积尿，导致膀胱麻痹甚至破裂。

[初诊依据] 当尿结石的体积细小而数量较少时，一般不显任何症状。当结石体积较大或阻塞尿路时，则出现明显的临床症状。

1. 肾结石 结石位于肾盂时，称为肾结石。多呈现肾盂肾炎的症状，并有血尿、脓尿及肾区敏感现象。当结石移动时，引起短时间的急性疼痛，此时犬拱背缩腹，拉弓伸腰，运步强拘、步态紧张，大声悲叫，同时患犬常作排尿姿势。触摸肾区发现肾肿大并有疼痛感。

2. 输尿管结石 临床不常见。出现急剧腹痛，呕吐，患病犬不愿走动，表现痛苦，步行拱背，腹部触诊疼痛。输尿管部分阻塞时可见尿频尿痛，血尿、蛋白尿；若两侧输尿管阻塞，无尿进入膀胱，呈现无尿或尿闭，腹部触诊发现膀胱空虚，往往导致肾盂肾炎。

3. 膀胱结石 临床最常见，结石位于膀胱腔时，有时并不出现任何症状，但多有频尿、血尿，膀胱敏感性增高，类似膀胱炎的症状。当结石位于膀胱颈部时，可出现明显的疼痛和排尿障碍，犬频频作排尿姿势，强力努责，但尿量很少或无尿，腹部触诊膀胱轮廓十分明显，压迫不见尿液排出。腹壁触诊可摸到膀胱内结石。

4. 尿道结石 犬的尿道结石多发生于阴茎骨的后端。当尿道不完全阻塞时，犬排尿疼痛且排尿时间延长，尿液呈断续或点滴状流出，多排出血尿。当尿道完全阻塞时，则出现尿闭或肾性腹痛现象。拱背缩腹，屡做排尿姿势而无尿液排出。尿道探诊时，可触及结石部位，尿道外部触诊有疼痛感。腹壁触诊膀胱时，感到膀胱膨满，体积增大，按压也不能使尿液排出。当长期尿闭时，可引起尿毒症或发生膀胱破裂。

［**定性诊断**］膀胱结石和尿道结石可探诊和触诊发现结石部位。X线检查及超声探查可确定结石的部位和数量。

［**防控措施**］

1. 总体原则 加强护理，及时排除结石，控制感染。

2. 肾结石

（1）改变日粮、大量饮水。

（2）口服排石饮液如中药排石汤；口服利尿剂如双氢克尿噻、醋酸甲、氨茶碱等。

（3）超声碎石，激光碎石等。

（4）肾结石，一般先采取上述方法排石，必要时可摘除患肾。

3. 输尿管结石

（1）基本方法同肾结石。

（2）镇痛解痉如口服布洛芬、卓比林等镇痛剂；口服或注射阿托品以缓冲输尿管痉挛进而扩张之，利于结石排入膀胱。

（3）如系一侧性结石，且保守疗法无效时，可行同侧肾摘除。

4. 膀胱结石

（1）水洗加压排挤，仅适于结石较小，尿道扩张后能够排出的膀胱结石。方法：先将患犬麻醉后，插入导尿管，注入适量无菌生理盐水，使膀胱达到中等以上充盈，然后使患犬直立，挤压膀胱，以使结石随尿液一起经尿道排出，可如此反复几次，直至膀胱内结石排完为止（可通过 X 线确定）。

（2）超声或激光碎石。

（3）手术取石：在确定结石较大无法从尿道排出，或已继发较重的膀胱炎时，宜及早手术，切开膀胱取出结石。如发现膀胱炎症较重，可先闭合膀胱切口，再给膀胱插管，以利直接对膀胱进行抗菌、收敛和防腐。

（4）抗菌消炎，结石刺激后，膀胱都有炎性反应，用一些敏感的抗菌药物如阿莫西林、氨苄西林等。

5. 尿道结石

（1）注水逆向冲挤，适用于尿道不全阻塞或结石为沙粒状。方法：在麻醉状态下，插入导尿管，捏紧尿道口，逆向注入无菌生理盐水，尿道可部分扩张，结石可随水流一起进入膀胱，在膀胱不太充盈的情况下，易成功，如膀胱过度充盈时，可先行穿刺，导尿后进行。采用此法成功后仍须采用如改变日粮，加量饮水排石利尿等方法，以使进入膀胱内的结石能随尿液排出而不致再次堵塞尿道。

（2）鉴于尿道结石多伴有膀胱结石，较彻底而有效的方法是手术切开膀胱，然后利用上述方法将尿道内结石逆向冲入膀胱，再连同膀胱内结石一并取出。

（3）手术疗法：对阻塞严重或结石较大，且形状不规整的，可行尿道切开术取出结石；对炎症严重，甚至已经坏死，可行尿道造口术。

（4）控制感染，局部（防腐尿道冲洗）和全身应用抗菌药物（如氨苄西林，呋喃坦啶等）。

综上所述，对各类结石治疗的同时，首先需弄清结石的成分（草酸盐、磷酸盐、胱氨酸盐、鸟粪石等），结石的成因等再采用相应预防措施，如饲用兽医处方粮，改变尿液的 pH 等。

[经验小结]

1. 应改善饲养，减少富含钙质的食物；大量饮水，以便形成大量稀释尿，借以冲淡尿液晶体浓度，减少析出并防止沉淀，起冲洗作用。

2. 对体积较大的膀胱结石和尿道结石，特别是伴发尿路阻塞时，要施行膀胱或尿道切开取石术。术后每天肌内注射透明质酸酶 10RFu（赖氏单位），连用 1 周。此后每周 1 次，连用 4 周，对结石症有治疗和防止复发的作用。

3. 对于肾结石和输尿管结石，为了促进尿结石排出，对犬可试用排石中药。同时应用利尿剂，促进细砂粒结石的排出。

4. 当尿液潴留时，应及时减压（导尿管导尿或膀胱穿刺导尿），以防膀胱破裂引起尿毒症。

5. 应用抗生素等控制继发感染。实施尿路消毒、止血等对症处理。

（六）膀胱破裂

膀胱破裂是指膀胱壁发生裂伤，尿液和血液流入腹腔所引起的一种膀胱疾患。以排尿障碍、腹膜炎、尿毒症和休克为特征。本病公犬多发。

[临诊实例] 一只 2 岁的斗牛犬某日傍晚随主人户外运动时

被摩托车撞倒，并被其后轮从腰部碾轧过去，当时该犬尚可站起来并随主人回家，除腰部皮下组织有小面积挫伤外，无其他明显异常，主人未能及时就诊，至次日上午患犬几乎未见小便，但腰围渐渐膨大，就诊时已近正午。

[病因浅析] 当腹部受到重剧的冲撞、打击、按压以及摔跤、坠落等，尤其当膀胱尿液充满时，使膀胱内压急剧升高、膀胱壁张力过度增大而破裂。骨盆骨折的断端、子弹、刀片或其他尖锐物的刺入，可引起膀胱壁贯通性损伤。使用质地较硬的导尿管导尿时，插入过深或操作过于粗暴，以及膀胱内留置插管过长等，都会引起膀胱壁的穿孔性损伤。此外，膀胱结石、溃疡和肿瘤等病变状态也易发生本病。

[初诊依据] 膀胱破裂后尿液立即进入腹腔，膨胀的膀胱抵抗感突然消失，多量尿液积聚腹腔内，可引起严重腹膜炎，病犬表现腹痛和不安，无尿或排出少量血尿。触诊腹壁紧张，且有压痛。随着病程的进展，可出现呕吐、腹痛、体温升高、脉搏和呼吸加快、精神沉郁、血压降低、昏睡等尿毒症和休克症状。

本病例检查发现：患犬走路摇摆，两眼无神，两侧腹下部对称性膨大，冲击腹壁可闻拍水音。根据病史和较特征性的临诊表现初步诊断为膀胱破裂。

[定性诊断] 进行导尿、膀胱穿刺和X线检查来确诊。本病例检查发现：腹腔穿刺有大量黄褐色液体，尿臊味较重；导尿时膀胱空虚，导尿管进入腹腔；通过X线膀胱造影检查发现造影剂外溢，解剖学部位未见膀胱影像，根据以上检查确诊为膀胱破裂。

[防控措施]

1. 手术治疗 剖腹放尿，冲畅尿道，修补膀胱，腹腔冲洗。

自耻骨前缘，沿腹中线向脐部切开腹壁，腹腔打开后先排放或吸引腹腔内积液，检查膀胱破口，消除膀胱内血凝块，处理受损脏器或插管冲洗尿路结石，再用温灭菌生理盐水冲洗，然后修复缝合膀胱壁破口。

膀胱壁破口修复缝合时，为避免膀胱与输尿管接合处阻塞，可用细号肠线进行两道浆膜肌层缝合（缝线不要露出黏膜面）。缝合腹壁之前再用温灭菌生理盐水或林格氏液充分冲洗腹腔和脏器，吸净腹腔内的冲洗液，撒入青霉素 80 万～160 万 U 和链霉素 100 万～200 万 U。最后分层缝合腹壁切口。

2. 输糖补液 10%葡萄糖每千克体重 40mL 加维生素 C 0.5～2g，维生素 B_1 100～200mg 一次，静脉滴注。

3. 利尿 皮下注射速尿每千克体重 2～5mg，每天 1～2 次，能正常排尿时停用；或口服双氢克尿噻每千克体重 2～5mg，每天 2～3 次。

4. 控制感染 选用氨苄西林等抗菌药物皮下注射或静脉注射。

[经验小结]

1. 手术治疗时要考虑到膀胱及输尿管的解剖位置，因发生破裂的创口较大，缝合时要注意避开膀胱颈两侧的输尿管，以免误结扎后产生尿闭导致急性肾衰和尿毒症的发生。

2. 术后应注意调节犬的体液平衡，防止酸中毒的发生。

3. 膀胱若因外伤或尿道阻塞等引起破裂，常行膀胱修补手术治疗，预后良好。若因耻骨骨折、膀胱肿瘤、前列腺肿瘤导致膀胱组织坏死破裂，以及膀胱麻痹、膀胱过度伸张使神经受损伤的病例，引起膀胱破裂，施行膀胱修补手术后，预后不良。膀胱破裂可保守治疗，但必须建立在以下基础之上：①无其他并发损伤需外科探查者；②无与膀胱破裂相关的重度感染、败血症；③裂口小于 1cm 的线状破裂；④轻度尿外渗或出血者。

五、营养代谢与电解质紊乱性疾病

（一）低血糖症

低血糖症是由多种原因引起的血糖浓度过低所致的症候群，

血糖值低于正常值或更低时，称为低血糖症。本病多见于幼犬和成年母犬。临床上大量饮用和输注不含葡萄糖的晶体溶液而造成暂时性血糖过低的则不属本症范畴。

[**临诊实例**]

病例1：一只10岁的雄性可卡犬，与母犬交配后突然发病，倒地惊厥抽搐，持续约1min后慢慢站立并恢复正常。此后，每天如此癫痫样发作1～2次，多在清晨或傍晚外出运动后发生，发作间期其饮食欲、精神状态等无明显异常。

病例2：一只白色雌性京巴犬，突然发病，呼吸加快，肢发抖、僵硬，全身强直性抽搐，身体发热，不敢走路。该犬为产后3天，产仔4只。

[**病因浅析**] 根据发病的持续时间将低血糖症分为暂时性和持久性两种。

1. 暂时性低血糖

（1）特发性新生犬低血糖 多发生在3月龄前的玩具犬及小型品种犬，以贵妇犬、约克夏犬和吉娃娃犬发病率最高。主要因受凉、饥饿或因仔多奶少奶质差、胃肠功能紊乱、肠内寄生虫（包括原虫）、肝糖原合成酶不足等引起。

（2）工作犬超负荷工作 多见于工作犬和猎犬（拉布拉多犬、塞特犬）。病犬有工作前一天未增加饲喂量的病史。

（3）母犬低血糖 母犬妊娠后期和哺乳期严重营养不良，胎儿数过多。初生仔大量哺乳而致病。临床多见于分娩前后1周左右的母犬。

（4）胰岛素使用过量。

2. 持久性低血糖

（1）Ⅰ型糖原累积病 因6-磷酸葡萄糖酶先天性不足，最终导致肝脏累积糖原而发生低血糖症。多发于断乳前后（6～12周龄）的玩具犬及小型犬，如波兰拉尼亚犬、马耳他犬、吉娃娃犬等。

(2) 继发于胰岛瘤（β-细胞瘤）　犬的胰腺癌，发病率高达60％，且多见于右侧胰叶。β-细胞瘤（亦称胰岛瘤），是由于胰岛β-细胞产生过多的胰岛素，使血糖转入细胞增加，从而造成低血糖。多发生于成年犬、老年犬（一般为6～13岁）。各品种犬均可发生，但拳师犬发病率高。

(3) 非胰腺性肿瘤引起的低血糖症　多由肝癌、肺癌、胃肠癌、肾上腺癌、迁移性腹膜瘤及其他癌症性疾病引起。

(4) 肝源性低血糖　肝脏疾病所致，因肝糖原的分解和合成异常而引起低血糖。

[初诊依据]　患低血糖症的成年犬，可见全身性或局部性神经症状。轻者表现后肢无力、运动耐力差、共济失调、步态强拘，呈虚弱状态，甚至行为异常（烦躁不安、奔跑、吠叫）、全身肌肉呈间歇性抽搐或强直性痉挛（严重低血糖出现癫痫样发作）。体温升高达41～42℃，呼吸迫促，心搏加速。尿酮阳性，血酮达300mg/L以上（母犬），血糖为1.68～2.24mol/L或更低；幼龄犬多呈现虚弱、严重沉郁，甚至昏迷，并伴有面部肌肉抽搐。血糖迅速降低所致的低血糖主要表现神经过敏、颤抖、搐搦、呕吐、心动过速等；而血糖缓慢降低主要引起神经系统的抑制、昏迷。

根据病史和临床症状，病例1、病例2初步诊断为低血糖症。

[定性诊断]

病例1：癫痫样发作后，立即作血液检查，检查发现血糖浓度仅为52.5mg/dL，比正常血糖值降低2倍；每天适时适量补充葡萄糖（每天运动前，用5％葡萄糖液按每千克体重1mL缓慢推注）后，再也没有癫痫样发作过，由于条件所限，未能检测血液中胰岛素的含量。

病例2：实验室检测血糖值在60mg/dL以下，血液中酮体每千克体重30mg以上。根据一过性癫痫样发作和血糖含量的特点，可确诊病例1、病例2均为低血糖症。

[**防控措施**] 本症多半与胰岛功能过盛有关（如胰岛瘤）。

1. 暂时性低血糖症 先缓慢静脉注射50%葡萄糖每千克体重1mL，后给予含葡萄糖的饮食；或20%葡萄糖每千克体重1.5mL，疗效显著。静脉注射困难时，亦可按每千克体重250mg口服。后给予含葡萄糖的饮食。

2. 持久性低血糖症

（1）注意限制其运动。

（2）饲喂含高蛋白，低单糖的食物，少食多餐，每天5～6次。

（3）抑制胰岛素分泌可选用二氮嗪（每天每千克体重10mg，分2～3次使用），奥曲肽（1～2μg皮下注射，每天2～3次）。

[**经验小结**]

1. 犬低血糖症与低血钙症的鉴别。低血糖症是指血糖含量过低，可见于幼犬和成年母犬，临床主要表现为神经症状；犬低血钙症是指血钙含量过低，导致病犬发生神经性抽搐。二者发病都以神经症状为主，但低血糖症常以一过性和间歇性发作为主，而低血钙症常为强直性、长期性抽搐，直至症状缓解，并常发生于泌乳期母犬。简单的区别方法为治疗性诊断，若补充葡萄糖后，症状缓解，即为低血糖症；若补充钙剂后，停止抽搐，则为低血钙症。

2. 犬在妊娠、泌乳期间，母犬的营养需要增加，必须给予易消化、营养丰富的食物，特别对小型一次生产多胎的母犬，更应加强营养，喂饲以碳水化合物为主的食物，同时补充钙和维生素D，以防低血糖症和低血钙的发生。

（二）低血钙症

由于维生素D和钙的缺乏或食物中钙、磷比例的失调所引起的病症。在幼犬主要表现为佝偻病，临床上以异嗜，生长缓慢，骨骼关节变形为特征；在成年犬主要表现为骨软病，临床上以骨骼变形为特征；在母犬主要表现为产后癫痫，临床上以痉挛、意识障碍为特征。

[临诊实例]

病例1：一只4月龄雌性德国牧羊犬，体重10kg，半月前曾发生细小病毒感染，经治疗后康复。虽能正常饮食，但大便一直不正常，时而排干粪，时而拉稀，经常食后不久即发生呕吐，有时还表现吞咽困难状（摇头，伸颈）。这些现象持续约三周后，患犬出现肋弓塌陷，胸，腰脊椎似驼峰样，行走时后躯左右摇摆。经大量补钙，症状不但无明显改善，反而更加严重，以致两前肢腕关节以下完全瘫地，两后肢肘关节向下全部着地行走，本来已竖立的两耳呈半耷状。

病例2：一只2岁雌性杂交松狮犬，6kg左右，体形偏肥，吃食特别挑剔，一直圈养，17天前刚产下5只幼犬（头胎）。病犬开始只出现轻微的呼吸紧张，20min左右突然精神异常兴奋，步态强拘，随后倒地呈无间歇性抽搐，四肢强直僵硬，不能站立，口吐白沫。经检查，患犬体温41.8℃，呼吸127次/min，心跳186次/min，眼球震颤，瞳孔散大，眼结膜潮红；口色赤红，舌头外伸且边缘被咬破出血；头颈后仰，尾巴翘起，呈明显的角弓反张的姿势。

[病因浅析]

1. 佝偻病

（1）食物中钙磷不足或比例不当　是导致该病的重要原因。犬食物中最合适的钙磷比为1.2～1.4∶1，并应占食物总成分的0.3%。生、熟肉中钙磷比为1∶20，所以用去骨骼鱼和肉饲喂犬时容易发生钙缺乏，导致钙磷比例不当致发本病。

（2）食物中维生素D不足　由于喂养不当，母乳不足或早期断乳；幼犬的饲料以淀粉食物为主体，缺乏矿物质、蛋白质和维生素 D。

（3）光照不足　幼龄犬长期家养，尤其是长毛品种，舍饲犬由于运动场狭小，运动不足，缺乏阳光照射（皮肤 7 - 脱氢胆固醇不能转化为维生素 D_3），尤其冬季出生的犬更易发病。

（4）需要量增加　生长迅速的犬（德国牧羊犬、藏獒）容易发生维生素 D 缺乏。

（5）维生素 A 过量　犬喜食肝脏（含大量维生素 A），过量的维生素 A 竞争性抑制维生素 D 在肠道的吸收，影响骨骼的生长和代谢而发生骨质疏松。

（6）先天性佝偻病　常由于怀孕母犬营养失调或缺乏阳光照射，运动不足。饲料中缺乏矿物质、维生素 D 和蛋白质，以致胎儿发育不良。

（7）其他因素　慢性腹泻可影响脂溶性维生素 D 的吸收；肝肾疾病不能使维生素 D 转化为活性维生素 D；饲料中金属离子（铁、镁、锰、铝等）过多影响钙磷的吸收。

2. 骨软病　日粮中钙、磷比例失调，特别是磷含量绝对或相对缺乏是造成本病的主要原因。犬食物中钙磷最合适的比例为 $1.2\sim1.4:1$。有的犬主人担心爱犬缺钙，长期大量喂食钙剂，而忽视了补磷，造成钙、磷比严重失调，容易引发本病。在钙、磷供应总量不足的条件下，对磷的缺乏更为敏感，易发生骨软症。维生素 D 缺乏时，可促进磷的缺乏。此外，锌、铜、锰等微量元素的缺乏也对骨软病的发生有促进作用。

3. 产后癫痫　缺钙是导致本病的主要原因。经临床血钙检验表明，正常母犬血钙含量为 $9\sim12mg/dL$；而病犬血钙含量多为 $8mg/dL$，严重的病例只有 $6\sim7mg/dL$ 或更少。由于分娩前后钙补充不足，母体本身缺钙或从肠道吸钙量减少，而分娩后大量泌乳和大量的钙进入乳汁中，致使血钙浓度显著下降，神经肌肉兴奋性增高，从而引起肌肉发生搐搦性或战栗性痉挛。

[初诊依据]

1. 佝偻病　四肢关节肿胀，肋骨和肋软骨结合部肿胀呈念珠状。四肢骨骼弯曲，表现为内弧呈 O 形或外弧呈 X 形的肢势。头骨、鼻骨肿胀。硬腭突出，口裂常闭合不全。肋骨扁平，胸廓狭窄，胸骨舟状突起而呈鸡胸状。脊柱弯曲变形。

此外，患犬精神沉郁，异嗜，喜卧，不愿站立和运动。运步时，步样强拘。发育停滞，消瘦，出牙障碍，齿面不整。有的出现腹泻和咳嗽。严重的可发生贫血。

2. 骨软病　病初发生消化功能紊乱，喜食泥土、破布、塑料等，有的甚至因异嗜而发生胃肠阻塞。随后出现运动障碍，运步强拘，腰腿僵硬，拱背、跛行，喜卧，不愿起立。继之则出现骨骼肿胀变形，四肢关节肿大，易发生骨折和肌腱附着部的撕脱。

3. 产后癫痫　此病开始时病犬表现不安、乱跑和恐惧。10～30min 后出现运步蹒跚、后躯僵硬、运步失调，然后突然倒地，四肢伸直，肌肉战栗性痉挛，此时病犬口张开并流出泡沫状唾液，呼吸急迫，脉搏细而快，眼球向上翻动，可见黏膜充血。少数病例体温升高达 40℃左右。

根据病史和临床症状，病例 1 初步诊断为佝偻病；病例 2 初步诊断为产后癫痫。

[定性诊断]　X 线拍片显示，胸、腰、脊椎、后肢髋关节及其他骨与关节均未见明显异常；血钙检测结果血清钙总量仅为 4.6mg/dL。根据检查结果可以确诊病例 1 是比较典型的因肠道吸收功能不全和维生素 D 代谢异常所致的低血钙性佝偻病。

病例 1：如果再伴有甲状旁腺功能低下，则也可称为骨软病。

如疑为骨软病，则通过饲料分析钙、磷比例失调或绝对量不足以及 X 线摄影骨质疏松，即可确诊。血钙多无明显变化，而血磷明显降低。

病例 2：经实验室检查，血钙 5.7mg/dL，严重偏低，确诊为产后癫痫。

[防控措施]

1. 加强管理，经常带犬户外活动，多晒太阳，加喂高钙性食物（鸡、鸭骨架等）。

2. 10%葡萄糖酸钙10mL，静脉注射，每天一次；口服钙胃能（宠物专用），每天2次，每次一汤匙。

3. 应用维生素D制剂

（1）维丁胶性钙1～5mL，腿部肌内注射，每天1次，连用3天。

（2）维生素D_3注射液，40万U/次，每周1次。

（3）口服鱼肝油，每天2次，每次5～10mL。

4. 对于佝偻病的胃肠功能障碍，可选择口服吗丁啉，每天一次，每次1片（10mg），连用5天。

5. 对于骨软病重症病例，可配合应用无机磷酸盐，如20%磷酸二氢钠注射液或3%次磷酸钙注射液等，静脉注射。

6. 对于产后癫痫病例，还应配合使用镇静与抗痉挛药物。镇静，3%～5%戊巴比妥钠溶液每千克体重3～5mg，或盐酸氯丙嗪每千克体重0.5～1.0mg，静脉注射；抗痉挛，25%硫酸镁溶液每千克体重0.1mg，静脉注射。

[经验小结]

1. 幼龄犬要多晒太阳，多运动，并积极防治胃肠病。

2. 骨软病关键是调整不合理的日粮结构，也要保证钙、磷的绝对供给量。

3. 产后癫痫常见于小型犬、兴奋型犬及产仔数多的犬，大型犬很少发生。多于分娩后5～30天，发生于7～22天的又占发病数的75%左右。

（三）异嗜癖

异嗜是一种病症，是动物吞食食物以外异物的病态，是犬经常发生的一种营养代谢病。因生理需要偶尔摄食少量异物者则不属本病的范畴。

[临诊实例] 一只 1.5 岁的藏獒，体重 35kg，以室内饲养为主。从断奶后一直以某一种品牌的犬粮为主食，正常免疫，驱虫，生长正常，但发育受滞已近成年体重仅 35kg，被毛无光，比较消瘦。常发现大便中夹有各种异物，有塑料袋，绳，碎布，甚至还有短的细铁丝。后因呕吐、腹泻就诊。

[病因浅析] 异嗜癖的发生原因是多种多样的，主要是营养失衡，缺乏某些矿物质、维生素等，特别是处于生长发育期的幼犬，在食物过于单一，不能全价饲养时，更易发生异嗜。患寄生虫病，如钩虫病、蛔虫病等也可发生异嗜。异嗜也见于胰脏疾病和狂犬病等疾病过程中。

[初诊依据] 主要根据临诊症状进行初步诊断。常见犬吞食木片、石子、砖头、碎布、青草、塑料、橡胶制品等。根据吞吃异物的性状和在消化道内滞留与否或滞留的部位，临床表现不尽相同。锐利的异物可能损伤口腔，可见流涎或口腔出血；有的可造成食道、胃、肠内异物，造成梗阻或者穿孔。因动物舔舐被毛而在胃内形成毛团并不少见。消化道内异物时，宠物往往有厌食或绝食、呕吐等症状。

[定性诊断] 经 X 线拍片发现胃和十二指肠内疑有异物阻塞进行手术治疗，切开十二指肠后取出 1 只纱布手套和一大团塑料布（已将肠管几乎完全阻塞）。术后很快康复。这是一例典型的因食物单一导致营养不全，最后发展为异嗜癖。

[防控措施]

1. 更换口粮，添加微量元素、电解质多维饮水。

2. 加强管理，杜绝一切异物入犬舍；或暂时换成笼养。

3. 维生素 A、D 注射液每次 3～5mL，肌内注射，隔 2 周一次。

4. 犬用发育宝口服，每天 2 次，每次一汤匙。

5. 通过催吐、缓泻或手术的方法排出消化道内的异物。

6. 定期驱虫。

[经验小结] 钠、铜、钴、锰、钙、铁、硫等矿物质不足，特别是钠盐的不足，某些维生素的缺乏，特别是 B 族维生素的缺乏，某些蛋白质和氨基酸的缺乏及某些寄生虫病等都可以导致犬只体内代谢机能紊乱而出现异嗜症状。

六、内分泌系统疾病

(一) 糖尿病

糖尿病是由于胰岛素相对或绝对缺乏，致使糖代谢发生紊乱的一种内分泌疾病，是犬最常见的内分泌疾病。以 8～9 岁为多见。母犬的发病率是公犬的 2～4 倍。

[临诊实例] 2007 年 10 月，某宠物医院收治一只 8 岁的白色雌性京巴犬，该犬角膜混浊，多尿并尿色呈橙黄色，多饮，渐进性消瘦，精神委靡，经他院治疗无效，转入该院。

[病因浅析] 凡能引起胰岛素分泌减少的疾病或病变，都可能发生糖尿病，归纳起来主要有以下原因：

原发性因素包括胰腺创伤、肿瘤、感染、自体抗体、炎症等引起的胰腺损伤；生长激素、甲状腺激素、糖皮质激素等诱发的 β 细胞衰竭；以及靶细胞敏感性下降。

继发性因素有：急性和复发性腺泡坏死性胰腺炎以及胰岛淀粉样变。镇静药、麻醉剂、噻嗪类及苯妥英钠等药物可影响胰岛素的释放。

[初诊依据] 主要根据临诊症状进行初步诊断。糖尿病患犬的主要临诊表现有：

1. 食欲亢进，大量饮水；

2. 精神不振，倦怠易疲劳，消瘦甚速；

3. 尿量大增，比重亦高，尿色淡黄，有甘臭，含糖分；

4. 血糖增高，犬平时为 75～120mg/dL，本病则增加至 150mg/dL，有时候甚至达 500mg/dL；

5. 伴发酮酸酸中毒时，食欲减退或废绝，精神沉郁，体温可能升高，中度乃至重度脱水，呕吐，腹泻，少尿或无尿。

6. 末期引发角膜溃疡，白内障，玻璃体混浊，网膜剥离，失明，皮肤溃疡，掉毛，心衰弱，甚至引起昏迷。

[定性诊断] 根据尿常规及血糖等检测项目可以进行定性诊断：

1. 尿中葡萄糖检测：可达 4%～10%，甚至更高。

2. 血糖：血糖增加，可达 8.4～28mmol/L。

3. 尿比重升高达 1.035～1.060。

4. 尿酮体：后期尿酮体检查阳性，并伴有酸中毒。

[防控措施] 本病的治疗原则是降低血糖，纠正水、电解及酸碱平衡紊乱。

1. 口服降糖药 常用的药物有乙酸苯磺酰环己脲、氯磺丙脲、甲苯磺丁脲、优降糖等。一般仅限于血糖不超过 200mg/dL，且不伴有酮血症的病犬。

2. 胰岛素疗法 早晨饲喂前 0.5h 皮下注射中效胰岛素，每千克体重 0.5μg，每天 1 次。对伴发酮酸酸中毒的病犬，可选用结晶胰岛素，采用小剂量连续静脉滴注或小剂量肌内注射，静脉注射剂量为每千克体重 0.1μg，肌内注射剂量为 3kg 以上 1μg，10kg 以上 2μg。

3. 液体疗法 可选用乳酸林格氏液、0.9%氯化钠液和 5%葡萄糖液。静脉注射液体的量一般不应超过每千克体重 90mL，可先注入每千克体重 20～30mL，然后缓慢注射。并适时补充钾盐。如发生酸中毒，可静脉注射碳酸氢钠等碱性物质控制。

[经验小结] 在本病治疗中护理很重要，常给予低碳水化合物的食物，如肉类、牛奶等；补充足量的 B 族维生素；饲喂定时定量，多次少量。此外，糖尿病时肝脏常伴发脂肪沉着，

在日粮中加入氯化胆碱，每天 0.5～2.5g，可预防脂肪在肝脏沉着。

（二）尿崩症

尿崩症是由于抗利尿激素（即精氨酸加压素，简称 AVP）缺乏、肾小管重吸收水的功能障碍，从而引起以多尿、烦渴、多饮与低比重尿为主要表现的一种疾病。本病是由于下丘脑——神经垂体部位的病变所致，但部分病例无明显病因，尿崩症可发生于任何年龄的犬。

[临诊实例] 某宠物诊所收治病犬一只，主诉该犬近日多尿、烦渴与多饮，尿色淡如清水。临床检查该犬体温、脉搏及呼吸正常，无其他临诊症状，尿比重为 1.03。

[病因浅析] 尿崩症的病因可分为继发性和原发性两大类，原发性又可分为遗传性和特发性。

1. 继发性尿崩症 约 50% 患犬是由下丘脑—神经垂体部位的肿瘤，如颅咽管瘤、松果体瘤、第三脑室肿瘤及白血病等所引起。

2. 特发性尿崩症 约占 30%，部分患犬尸解时发现下丘脑视上核与室旁核神经细胞明显减少或几乎消失，这种退行性病变的原因未明，近年有报告患犬存在下丘脑室旁核神经核团抗体。

3. 遗传性尿崩症 少数中枢性尿崩症有家族史，呈常染色体显性遗传。

[初诊依据] 主要依据临诊症状：有多尿、烦渴、多饮、低比重尿者，均应考虑尿崩症的可能性。但应与慢性肾脏疾病相区别：多种疾病包括慢性肾脏疾病，尤其是肾小管疾病，低钾血症，高钙血症等均可影响肾浓缩功能而引起多尿、口渴等症状，但有相应原发疾病的临床特征，且多尿的程度也较轻

[定性诊断] 尿崩症的诊断一般不难，但确诊需进一步作下列诊断性实验：

1. 禁水实验

（1）方法　本试验应在严密观察下进行。禁水前测体重、血压、尿量与尿比重或渗透压。禁水时间为 8～12h，禁水期间每 2h 排尿一次，测尿量、尿比重或渗透压，每小时测体重与血压，如病犬排尿较多、体重下降 3％～5％或血压明显下降，应立即停止试验，让病犬饮水。

（2）结果　禁水后尿量仍多，尿比重一般不超过 1.050。本法简易可行，对诊断尿崩症有一定帮助，但禁水后尿最大浓缩除 AVP 外，还取决于肾髓高渗状态，因此，仅根据禁水后能达到的最大尿比重或渗透压来诊断尿崩症，有时不可靠。

2. 高渗盐水试验　尿崩症患犬滴注高渗盐水后尿量不减少，尿比重不增加，但注射加压素后，尿量明显减少，尿比重明显升高。本试验对高血压与心脏病患犬有一定危险，现已少用。

3. 血浆 AVP 测定（放射免疫法）　本病患犬血浆 AVP 不能达正常水平，禁水后也不增加或增加不多。

[防控措施]

1. 激素替代疗法

（1）加压素水剂　作用仅能维持 3～6h，每天须多次注射，长期应用不便。主要用于脑损伤或手术室出现的尿崩症，皮下注射，每次 5～10U。

（2）鞣酸加压素注射液　即长效尿崩停（5U/mL），肌内注射，开始时每次 0.2～0.3mL，以后根据尿调整剂量，作用一般可维持 3～4 天，具体剂量因犬而异，用时应摇匀。慎防用量过大引起水中毒。

（3）去氨加压素　为人工合成的加压素类似药，鼻腔喷雾或滴入，每次 5～10μg，作用可维持 8～20h，每天用药 2 次。此药抗利尿作用强，副作用少，为目前治疗尿崩症比较理想的药物，该药也有针剂可供皮下注射，近年来还有口服制剂，使用更为方便。

2. 其他抗利尿药物

（1）氢氯噻嗪每次 15mg，每天 2～3 次，可使尿量减少约一半。其作用机制可能是由于尿中排钠增加，体内缺钠，肾近曲小管重吸收增加，到达远曲小管原尿减少，因而尿量减少，长期服用氢氯噻嗪可能引起缺钾、高尿酸血症等，应适当补充钾盐。

（2）卡马西平能刺激 AVP 分泌，使尿量减少，但作用不及氯磺丙脲。每次 0.2g，每天 2～3 次。

（3）氯磺丙脲可加强 AVP 作用，也可刺激其分泌，服药后可使尿量减少，尿渗透压增高，每天剂量不超过 0.2g，一次口服。本药可引起严重低血糖，也可引起水中毒，应注意。

3. 病因治疗 继发性尿崩症应尽量治疗其原发病。

预后：轻度脑损伤或感染引起的尿崩症可完全恢复，特发性尿崩症常属永久性。

[经验小结] 现代医学对本病主要采用激素替代疗法，但临诊上采取中西医相结合的方法治疗效果较好。

中医学虽无"尿崩症"之命名，但是古代医学典籍《外台秘要》引《古今尿验》中有类似此症的记载："渴而饮水多、小便数，有脂似麸皮甘者，皆是消渴病也。"可采用"巩堤丸"治疗。方剂为：熟地 10g、菟丝子（酒煮）10g、白术（炒）10g、北五味 5g、益智仁（酒炒）5g、故纸（酒炒）5g、附子（制）5g、茯苓 5g、家韭子（炒）5g。用法：上药研为末，空腹时用开水或温米酒送服，每天 2～3 次。

因为本药丸中以大量的温肾固涩药，治肾阳虚衰关门不利之症颇为合拍。因此，在采用原方的基础上加以山药、党参以补原方不足，加以益气健脾之功。脾气健旺，命门火足，肾气充盈，膀胱自藏，故堤围既固，洪水无以泛滥成灾。

（三）甲状腺功能亢进

甲状腺机能亢进是甲状腺素和三碘甲腺原氨酸分泌过多的一

种疾病。以多尿、烦渴、体重减轻、食欲亢进、体温升高等高基础代谢率症候群和肌肉震颤、心率加快等高儿茶酚胺敏感性综合征为临床症状。

[临诊实例] 某苏格兰牧羊犬，主诉：该犬近日食欲大增，喝水欲望强，但逐渐消瘦，曾怀疑是寄生虫感染，应用抗寄生虫药阿苯达唑治疗后无效，且病情加重，排尿量增加。临诊检查发现该犬体温 39.5℃，脉搏 130 次/min，精神沉郁，肌肉无力等。

[病因浅析] 尚不明确。一般认为，主要与甲状腺肿瘤有关，且多见于甲状腺腺癌。

[初诊依据] 主要根据临诊表现进行初诊，本病有三大症候群：

1. 高基础代谢症候群，包括多尿、饮欲亢进以至烦渴，食欲亢进，体重减轻，肌肉无力、消瘦、易疲劳、体温升高等症状。

2. 高儿茶酚胺敏感性综合征，包括肌肉震颤、心动过速、各导联心电图振幅增大及易惊恐等症状。

3. 甲状腺毒症，包括肠音增强，排粪次数增加、粪便松软。骨骼脱矿物化而发生骨质疏松。过多的甲状腺素可作用于心血管系统，使心率加快，心输出量增加，外周循环阻力降低，最终导致高输出性心力衰竭。

[定性诊断] 测定血清甲状腺素高于 $40\mu g/L$ 或三碘甲腺原氨酸高于 2 000ng/L 者可确诊。

[防控措施] 抗甲状腺药物疗法：以硫脲类为主，常用硫氧嘧啶和丙硫嘧啶。丙硫嘧啶，每千克体重 10mg，内服，每天 1 次。病情好转后，减少用药剂量。碘制剂可作为硫脲类的替代药物。犬可每天口服饱和碘化钾液 5 滴，连续 1~2 周。在有条件时，可进行放射碘疗法。

亦可采用甲状腺不全切除进行治疗。

[经验小结] 本病在临诊上进行定性诊断比较困难，如怀疑

本病可进行治疗性诊断：应用抗甲状腺药物治疗后，病情有所好转，亦可诊断。

(四) 甲状腺功能减退

犬甲状腺机能减退症是指甲状腺激素合成和分泌不足引起的全身代谢减慢的症候群，临床上以易疲劳、嗜睡、畏寒、皮肤增厚、脱毛和繁殖机能障碍为特征。本病多发于大型和中等体型的纯种犬，且雌性犬较雄性犬易发，幼龄犬少见。

[临诊实例] 一只 8 岁的雌性京巴犬，体重 6kg。该犬背部两侧各有一处明显脱毛部位，直径 3～4cm，具有对称性，皮肤不瘙痒，被毛干粗，大腿内侧的皮肤有色素沉着。主诉该犬平时饮食比较单一，以肉食为主，近期表现嗜睡、不爱运动、烦渴、多尿、贪食，曾在别处以真菌感染治疗一段时间无效。触诊腹部可感觉皮下脂肪很厚。

[病因浅析] 常见原因有自发性甲状腺萎缩和重症淋巴细胞性甲状腺炎。少见原因有严重缺碘、甲状腺先天性缺陷及促甲状腺素或促甲状腺素释放激素缺乏等。此外，放射性碘疗、致甲状腺肿的药物、手术切除甲状腺等医源性因素，也可引起本病。

[初诊依据] 主要临诊症状为：成年犬主要表现为脱毛，尤以尾部为明显。皮肤干燥、脱屑。皮毛无光泽、脆弱，被毛再生障碍，毛色变白。有的在脱毛的同时呈现油腻性皮脂溢出。精神迟钝，嗜睡。耐力下降，怕冷。流产，不育，性欲减退，发情紊乱。重症病例皮肤色素过度沉着，皮肤因黏液水肿而增厚，以眼上方、颈和肩的背侧最为明显。体躯肥胖，体重增加，四肢感觉异常，面神经或前庭神经麻痹，犬兴奋性及攻击性增加。体温低下，便秘，窦性心动过缓。幼犬在青春期前，主要表现为不对称性侏儒和智力低下。

[定性诊断] 通过放射免疫分析技术测定血清中 T（甲状腺激素）基础总浓度，低于正常值的可确诊。诊断原发性甲状腺

机能低下症用促甲状腺激素（TSH）刺激试验。甲状腺活体组织检查是诊断和区分原发性和继发性甲状腺机能低下的可靠方法。

[防控措施] 采用甲状腺素替补疗法。左旋甲状腺素钠每千克体重 0.02～0.04mg 内服，每天 1～2 次；或三碘甲状腺素原氨酸每千克体重 5μg 内服，每天 3 次。对伴有心力衰竭、心律不齐及糖尿病的病犬，应逐渐增加剂量。一般治疗 6 周内显效。

[经验小结] 实践证明，本病治疗时犬的饮食多样化或采用全价日粮饲喂，同时有条件的可定期测定血清中 T 基础总浓度，调整用药剂量，可缩短疗程，提高治疗效果。

（五）雌激素过剩症

犬雌激素过剩症是由于卵泡囊肿、卵巢肿瘤、投入过量雌激素所致的一种内分泌紊乱性疾病，多发生于 5 岁以上的老龄母犬，公犬也有发生。

[临诊实例] 泰州市某犬舍的 1 只吉娃娃犬（母犬）。主诉该犬近几天食欲减退，全身发痒，不停地啃咬、摩擦，并且该犬在 1 个月前发过情，但没有交配。经查该犬体温 38.8℃，腹部两侧呈对称性脱毛，乳腺上的被毛以乳头为中心向左右两侧分长，两侧乳腺明显隆起，乳头增大、变红，用手轻轻挤压，每个乳头都能挤出白色乳汁。

[病因浅析] 雌激素主要由母畜卵巢卵泡内膜和颗粒细胞分泌。睾丸、肾上腺皮质和胎盘中也能产生，但含量少。属类固醇激素。

1. 雌犬雌激素分泌过多可能是由于卵巢的病变，如卵巢囊肿、卵巢炎等卵巢病变引起机体内分泌紊乱。

2. 雄犬雌激素分泌过多也有发生，可能是由于老年公犬睾丸机能减退，睾酮的分泌减少，对脑中枢负反馈减弱，垂体促睾丸间质细胞素分泌增加，引起睾丸合成较多的雌激素所致。

[初诊依据]

1. 流行特点 多发生于 5 岁以上的未绝育的母犬，公犬偶有发生，无传染性，无季节性，无地域性，无品种特异性。

2. 主要症状 患犬一般呈对称性脱毛，皮肤色素沉着。有的病犬阴门肿胀，流血样分泌物，表现为持续发情症状。有的犬上述一种症状较明显，有的犬两种症状均有。

3. 类症鉴别

（1）疥螨病 由疥螨或蠕形螨引起。疥螨主要发生于头部（鼻梁、眼眶、耳廓及其根部），有时也发生于前胸、腹下、腋窝、大腿内侧和尾侧，甚至蔓延至全身。皮肤表面潮红，有疹状小结，皮下组织增厚，患部皮肤由于经常搔抓、摩擦、啃咬而脱毛。蠕形螨主要在眼周围形成不大的脱毛斑，有的可以扩展到全身。皮肤患部增厚呈鳞屑状，有的可能会发展成小脓包或化脓性皮炎。

（2）虱病 由虱寄生引起的瘙痒和皮肤刺激，从而导致搔抓、摩擦和啃咬，患部被毛粗糙无光泽，易折断和脱落。特别是毛虱的寄生可引起犬大量脱毛，在犬经常活动的场所可以发现大量脱落的被毛。

（3）钩虫病 患犬消瘦，结膜苍白，被毛粗乱无光泽易折断脱落，背部常出现大小不等的脱毛斑，露出皮肤，皮肤上出现丘疹或痂皮。病犬食欲不振，呕吐，异嗜，下痢和便秘交替出现，粪便带血或呈黑色，有腐臭气味。

（4）秃毛癣 主要是由犬的小孢子菌和发癣菌属引起的真菌病。该病的病程较长，在皮肤上出现圆形或不规则的秃斑，覆以灰白色鳞屑，以头、颈和四肢较为常见，严重时可以连成一片，波及体表大部分。有时伴有皮炎、丘疹或脓包。

（5）犬黑色棘皮症 病因目前尚不明确，多数认为与犬体内的激素分泌紊乱有关，以老弱病犬多发，皮肤症状与雌激素分泌紊乱相似，以对称性脱毛、色素沉着、皮肤增厚为主要症状，同时皮肤有油脂样渗出，但无瘙痒症状。

[定性诊断] 为了确诊，可测定血清雌激素含量，通常采用放射性同位素法、化学发光法及酶联免疫法等进行检测。

[防控措施]

1. 保守治疗 给病犬肌内注射地塞米松，每天 10mg，连用 3 天，再肌内注射丙酸睾丸酮每千克体重 0.5mg，每周 1 次，治疗 3 周后，停药观察，若再发现瘙痒按先前用药治疗。

2. 手术疗法 手术摘除卵巢和子宫。

[经验小结]

1. 保守疗法的犬在用药期间效果良好，但停药后半月就又复发。反复使用激素类药物，时间长副作用很大，很可能引起其他代谢病，因此，这种疗法不能起到彻底根治的目的。

2. 本病手术切除的卵巢和子宫均较正常大一倍，卵泡囊肿，卵泡壁厚，卵巢外被裹有一层厚厚的脂肪层，从而引起的雌激素分泌紊乱导致出现相应的临诊症状。犬雌激素过剩症最彻底的治疗方法还是手术摘除卵巢和子宫。

3. 本病很容易与其他皮肤病相混淆，须注意鉴别诊断。

七、中毒病

（一）有机磷杀虫药中毒

犬有机磷中毒就是犬对有机磷类农药的中毒，有机磷类农药是应用最广泛，用量最多的一类高效杀虫剂，能杀灭多种害虫，在犬体内外寄生虫病防治及环境灭虫方面也较常应用。往往因保管不善、使用不当及环境污染等引起中毒。病情危急，如抢救不及时，多以死亡为转归。

[临诊实例] 泰州某农村土犬一只，该犬误食用敌敌畏杀死的蛆而发病，临床表现有：食欲不振或废绝，呕吐，大量流涎，抽搐，瞳孔缩小等。

[病因浅析] 主要通过以下途径引起中毒：

1. 驱杀体表寄生虫时，如杀灭蠕形螨、痒螨、犬蜱时，用量过大、浓度过高、用药面积过大及用药时间太长等引起中毒。

2. 驱除体内寄生虫如线虫类寄生虫有时也选用敌百虫口服，可因用量过大而造成中毒。

3. 误食、误饮被有机磷类污染的食物，吸入污染的空气等中毒。

[初诊依据]

1. 了解病史 询问病犬有无接触或误食有机磷的情况。

2. 临诊症状 犬有机磷中毒因严重程度不同其表现不同：

（1）轻度中毒 精神委靡，食欲不振，流涎，恶心呕吐，腹泻，轻度不安等。

（2）中度中毒 异常兴奋，食欲不振或废绝，呕吐，流涎严重，弓背收腹，疼痛不安，瞳孔缩小，视力减退，呼吸迫促，心跳加快，体温升高，肠音亢进，腹泻严重，尿频或淋漓。

（3）严重中毒 精神高度狂躁，全身剧烈抽搐，大量流涎流泪，腹痛腹泻，心跳加快，心律紊乱，大小便失禁，瞳孔缩小，全身发热，倒地昏迷不醒，癫痫样发作，最后呼吸肌麻痹致呼吸停止。

3. 剖检变化 胃内容物有大蒜味。消化道淤血、肿胀、出血，上皮脱落或坏死，肝脾肿大，肾肿大，肺充血、出血、水肿。

[定性诊断] 测定血液胆碱酯酶活力：取一小片滤纸，先后浸入1‰氯化胆碱液和溴麝香草酚蓝液后，加上一滴被检血液，将其夹在两玻片之间，置37℃温箱中20min后取出观察。呈红色者正常，紫红色为轻度抑制，深紫色表示中度抑制，蓝黑色为重度抑制。

[防控措施]

1. 严重中毒犬，应用特效解毒药

（1）立即应用乙酰胆碱对抗剂硫酸阿托品 要做到早期、足量、快捷、反复用药，直到病情缓解，改用维持量，一般治疗剂量为每千克体重0.1mg，静脉注射，并以相同剂量作皮下注射，每0.5~1h注射一次。待瞳孔能散大至正常，流涎停止，呼吸平稳清醒后，逐渐减少用药量和用药次数，到病情完全稳定为止。

（2）应用胆碱酯酶复活剂　最常用的为氯磷和解磷定，按每千克体重15~30mg加入5％葡萄糖盐水500mL，缓慢静脉注射。必要时2~3h重复一次，剂量减半。如同时应用阿托品，则疗效更好，但阿托品用量应相对减少。

2. 经口服中毒者，立即洗胃　如因敌百虫中毒，忌用碱性溶液，宜用清水洗胃。其他有机磷中毒均可用2％碳酸氢钠反复洗胃，洗胃完毕投入碳酸氢钠粉和木炭粉各100g左右。洗胃时，还应注意忌用热水，一般不用高锰酸钾液。

3. 去除皮肤表面毒物　可用冷肥皂水或3％碳酸氢钠水仔细清洗，再用温水洗干净。但如敌百虫中毒时，禁用碱性水溶液，只可用清水冲洗。

4. 对症治疗

（1）及早输糖补液，以增加肝脏解毒功能和肾脏排毒功能。

（2）呼吸极度困难时，可输氧和注射呼吸兴奋剂，如25％尼可刹米或樟脑。对严重缺氧和呼吸机能不全时，需进行气管插管和人工呼吸。

（3）狂躁不安或惊厥的动物，可用镇静、解痉药。如氯丙嗪、苯巴比妥钠等。

（4）纠正水和电解质代谢紊乱和酸碱平衡失调。

［经验小结］对轻度中毒者，可单独使用阿托品或解磷定，并酌减用药剂量和用药次数。中度至严重中毒者，以阿托品和解磷定合用为佳，第二次用量减半。胆碱酯酶复活剂的应用，忌与碱性药物配伍，且在慢性有机磷中毒及敌敌畏中毒时效果差，应着重用阿托品解毒。有机磷中毒，忌用油类泻剂。

(二) 有机氟中毒

犬有机氟中毒是指误食氟乙酰胺、氟乙酸钠等有机氟而引起中毒。临床上以发生呼吸困难、口吐白沫、兴奋不安为特征。

[临诊实例] 泰州市某个体养犬户所饲养的本地土犬突然发病，迅速死亡。当地兽医曾用阿托品治疗过无效。

[病因浅析] 不合理地使用和保存氟化合物。犬饮用了被有机氟化合物污染的水和吃了被氟乙酰胺毒死的鼠。高氟地区多发。

[初诊依据]

1. 调查病史 有无误食的经历。

2. 临诊症状 突然发生，表现不安，无目的地狂叫、乱窜、乱撞、乱跳，有的走路摇晃，似醉酒样。轻微者间隙几分钟，吃几口食后又开始发作，且每次发作均较前一次更为严重。病情迅速发展则狂叫不停，并出现全身痉挛，表现特别痛苦，倒地后四肢不停地划游，呈角弓反张姿势。舌伸出口腔外，多数被自己咬破而从口鼻腔流出带血色的泡沫，最后终因衰竭而死，从发作到死亡仅需几分钟到几小时。发病后的犬多数呼吸迫促，心跳疾速，肢端冰凉，体温未见升高。

[定性诊断] 取病死犬胃内容物进行硫靛蓝试验，结果为阳性者即可诊断为有机氟中毒。

[防控措施]

1. 彻底清除毒源，以防止毒物继续吸收而加重病情，通过催吐、洗胃、缓泻以减少毒物的吸收；

2. 肌内注射解氟灵（每千克体重 0.1～0.3g），1h 后加注 1次，以后按照每天 2 次进行，直到症状消失为止；

3. 较为严重的犬可适量肌内注射硫酸镁 0.5～1g，同时静脉注射 50％葡萄糖适量，以强心利尿，促进毒物排出。

[经验小结] 本病的对症治疗相当重要，可以降低死亡率。

如解除肌肉痉挛，有机氟中毒常出现血钙降低，故用葡萄糖酸钙或柠檬酸钙静脉注射；镇静用巴比妥、水合氯醛口服或氯丙嗪肌内注射；兴奋呼吸可用山梗菜碱（洛贝林）、尼可刹米、可拉明解除呼吸抑制；静脉注射 10% 葡萄糖和维生素 C、维生素 B 族等增强机体解毒能力。

（三）灭鼠灵中毒

犬灭鼠灵中毒主要是因犬误食灭鼠灵毒饵或被灭鼠灵污染的饲料和饮水，以及因吞食被灭鼠灵毒死的老鼠或其他动物尸体而发生的中毒性疾病。灭鼠灵又名华法令，属于慢性灭鼠药，毒性中等，能使犬的器官出现广泛的致死性出血。

[临诊实例] 某个体养犬场多只犬发病，死亡的 10 只犬无前期症状，均为突然倒地，稍挣扎后猝死。其他发病犬均表现可视黏膜苍白，眼鼻出血，有的出现血便。病犬呼吸困难，心跳减慢，节律不齐，共济失调，站立不稳，步态踉跄，不断发抖，体温下降。在诊断过程中，主人怀疑老鼠药中毒并及时出示灭鼠药的包装和说明书。

[病因浅析] 导致本病的原因主要是犬误食灭鼠灵毒饵或被灭鼠灵污染的饲料和饮水，以及因吞食被灭鼠灵毒死的老鼠或其他动物尸体。

[初诊依据]

1. 病史调查　询问主人家中有无使用灭鼠灵杀鼠，病犬有无接触灭鼠灵或误食死鼠等。

2. 临诊症状　急性中毒者，无前躯症状很快死亡。尤其是脑血管、心包、纵隔和胸腔发生大量出血时，死亡更快。亚急性中毒者，黏膜苍白，呼吸困难，鼻出血及肠道便血为常见症状。此外，亦可见巩膜和眼内出血。严重失血时，动物非常虚弱，并有共济失调、心律不齐、关节肿胀等症状。如果出血发生在脑脊髓硬膜下，则表现轻瘫，共济失调，痉挛或急生性死亡，病程轻长者，可出现黄疸。

3. 剖检变化 死犬腹腔大量积血，胸膜、纵隔、心外膜、皮下组织、脑膜下和脊髓出血，十二指肠、小肠、大肠弥漫性出血，心肌松软，肝坏死等。

[定性诊断] 根据接触灭鼠灵病史和广泛性出血症可初步诊断，定性诊断须测定血凝时间和活体血浆中灭鼠灵的浓度。

[防控措施] 急救要点是：保持安静，排出毒物，止血、输血，抗休克与对症治疗。

1. 对于急性中毒病例，应保持安静，避免受伤。立即进行1%硫酸铜催吐，生理盐水洗胃，4%硫酸钠导泻，以排出毒物。

2. 及时应用止血药，肌内注射或静脉注射维生素 K_3，犬 10～30mg，辅以足量的维生素 C。对严重病例，可给予输血每千克体重 20～30mL，以增加血容量，改善病情。

3. 用 5% 糖盐水或 10% 葡萄糖静脉注射以扩充血容量。此外，根据病情，配合相应对症治疗。

4. 预防应保管好灭鼠灵，防止被犬误食。

[经验小结] 灭鼠灵是一种抗凝血性毒药，一般每千克体重 20～50mg 便可使犬中毒，引起全身广泛性出血，甚至死亡，尤以幼犬和瘦弱犬敏感。本病治疗一定要及时，否则治疗意义不大，因此，妥善保管鼠药，防止家畜误食，是防止鼠药中毒的根本办法，若发现中毒，及早抢救，以减少损失。

(四) 敌鼠中毒

犬敌鼠中毒主要由于误食敌鼠钠或被敌鼠杀死的老鼠而引起的以全身器官广泛性出血的中毒性疾病。

[临诊实例] 某养犬基地发现 6 只犬发病，其中 1 只吉娃娃犬于 2007 年 4 月 20 日晚 23 点发病，表现为食欲减退，粪便稀且有恶臭，腹部膨胀，精神沉郁，经治疗无效而死亡；另外

还有 3 只西施犬、2 只德国牧羊犬于 2007 年 4 月 21 日早发病，表现为鼻镜干燥，黏膜苍白，眼内出血，共济失调，狂躁不安等。

[病因浅析] 主要是由于犬误食敌鼠毒饵或被敌鼠污染的饲料和饮水，以及因吞食被敌鼠毒死的老鼠或其他动物尸体而引起。

[初诊依据] 根据病史及临床症状进行初步诊断。

本病以内、外出血为特征。外出血表现可视黏膜出血，注射针孔出血和阴道流血；内出血主要见于眼底出血，心包血肿，纵隔血肿及胸腔积血。

[定性诊断] 取病犬的呕吐物和血液作检样，用三氯化铁反应试验和盐酸羟胺反应试验作敌鼠钠盐中毒的定性检验。

其方法如下：取呕吐物置于烧杯中，加入 95％乙醇适量，在 60℃水浴中浸泡 2h，过滤。取其滤液在水浴上浓缩至近干，残渣加无水乙醇溶解，滤去不溶物，将滤液浓缩至少量，供定性检验用；或取适量血液于分液漏斗中，加入稀盐酸酸化，使其充分溶解，再用氯仿振摇提取，分离出氯仿液，在水浴上浓缩至近干，供定性检验用；①氯化铁反应试验：取浓缩液少量，加入 95％乙醇 2mL 溶解，再加 9％三氯化铁溶液 1～2 滴，有红色悬浮物生成，加氯仿 0.5mL、蒸馏水 0.5mL，充分振摇，氯仿层呈红色为阳性。②盐酸羟胺反应试验：取浓缩液 5 滴加入另一烧杯中，加 95％乙醇 1mL 稀释，然后逐滴加入 5％盐酸羟胺溶液。烧杯中若出现白色浑浊为阳性。

[防控措施] 口服中毒时，除催吐、洗胃和导泻外，立即应用维生素 K_1 5～20mg 肌内注射或加入葡萄糖液内静脉缓慢注射，每天 2～3 次，持续 3～5 天。重症者首次剂量可以加大，以后应用适量维生素 K_1 作静脉滴注，并加用足量维生素 C，酌用肾上腺皮质激素。如有失血过多现象，迅速输入新鲜血液。或静滴凝血酶原复合物（内含Ⅱ、Ⅶ、Ⅸ、Ⅹ四种凝血因子），首剂

每千克体重 20U，以后每天以每千克体重 5～10U 维持，直至出血停止。其他为对症处理。

[经验小结] 敌鼠钠是迟缓性毒鼠药物。它在畜禽体内（包括人）主要是破坏血液中凝血酶原，导致机体毛细血管广泛性的内外出血为特征。诊疗敌鼠钠中毒可从了解询问病史，检查口腔，舌黏膜，腹下，股内侧皮肤有否出血点，就可作出初出诊断。维生素 K$_1$ 是治疗敌鼠钠中毒的特效药物。使用这一药物解毒时，应坚持连续注射维生素 K$_1$ 6～7 天，且每天不少于 2 次，每次量要足，才能治愈。凡毒鼠药物均为有毒物品，饲养者应妥善保管，死毒鼠应及时收集深埋，以免引起家畜中毒。

（五）磷化锌中毒

磷化锌为无机磷制剂，是农村广泛使用的灭鼠药，对人、畜都有较大的毒害作用。犬常因误食灭鼠毒饵、被磷化锌污染的食料以及毒死（伤）的老鼠而中毒。

[临诊实例] 一只蝴蝶犬前来就医。主诉：下午 4 时，发现该犬有呕吐症状，同时，近邻投放磷化锌毒鼠药灭鼠，在其家附近发现有毒死的老鼠被吃了。经检查：患犬呕吐物中有暗色血液，并有特异的蒜臭味。食欲废绝，呼吸迫促，腹痛，肌肉颤抖，呼吸困难，共济失调等。

[病因浅析] 由于犬误食磷化锌或被磷化锌污染的饲料和饮水，以及因吞食被磷化锌毒死的老鼠或其他动物尸体而引起。

[初诊依据]

1. 调查病史　询问接触磷化锌情况。

2. 临床症状　一般在食入死鼠或有毒食物后 15min 到 4h 出现临诊症状，大剂量中毒者可在短期内死亡。中毒犬早期表现厌食和昏睡。随后出现剧烈呕吐、腹痛和腹泻，呕吐物有大蒜气味，粪便中带血。严重者迅速发生脱水和虚脱，全身衰竭。

[定性诊断] 取呕吐物或胃的内容物检验，检出磷化锌即可

确诊。

[防控措施] 无特效解毒药。早期可灌服 0.2％～0.5％的硫酸铜溶液 10～30mL，以诱发呕吐，排出胃内毒物。与此同时，静脉注射高渗葡萄糖溶液和维生素 C，以保肝、解毒。也可同时用 0.05％高锰酸钾溶液洗胃，并灌服盐类泻剂。

[经验小结] 据袁正宇报道：取仙人掌 1～2 片，捣碎取汁，加水适量灌服，每天 1～2 次，间隔 4～5h，具有良好疗效。

（六）变质食物中毒

犬食入腐败变质食品等所引起的中毒。

[临诊实例] 某饭店的一只德国牧羊犬偷食该饭店的泔水后突然发病，前来就医。该犬频繁呕吐、腹泻，便中带血，体温下降，脉搏细弱而频率加快，嗜睡等。

[病因浅析] 在温暖季节，所有食物，尤其是肉类、奶及其制品、蛋和鱼等富含营养和水分食品极易腐败变质。在夏季即使放在冰箱里的食物，时间长了也会变质。变质食物不再适合人类食用，常用来饲喂犬，便会引起中毒。

变质食物引起中毒的毒素，包括肠毒素、内毒素和真菌毒素等。

[初诊依据] 主要根据病史及临床症状初诊。

犬采食变质食物后，一般 20min 至 2h 内就发生呕吐。轻者呕吐完变质食物后便康复；严重中毒者，出现腹泻、便中带血、腹壁紧张、触压疼痛。随后肠蠕动变弱，肠内充气，肚腹膨胀，有利于革兰氏阴性菌生长繁殖，释放内毒素，使病情进一步恶化，甚至发生内毒素性休克。

内毒素中毒，体温常在采食后 2～24h 内升高，同时发生呕吐、腹泻、排出水样便；腹部胀大、腹壁紧张、触压疼痛、心跳增快、脉搏变细弱、精神委顿，最后休克。

[定性诊断] 必须对食物进行实验室检验，分离培养各种致

病菌。

[防控措施] 变质食物中毒尚无特效药物治疗，一般治疗如下：

1. 一般解毒措施　发病初期，呕吐有利于排出食入的变质食物，等呕吐完后，才可应用止吐药物。如盐酸苯海拉明每千克体重 0.5～2mg 肌内注射或每千克体重 2～5mg 口服，每天 2 或 3 次。应用止吐药物同时，还应使用吸附剂，如药用炭每千克体重 10～20mg 或白陶土每千克体重 10～20mg，每天 3 次口服。

2. 止泻　腹泻初期，不要止泻，在肠内容物基本排空后才用止泻药物。如硫酸阿托品每千克体重 0.3～1mg，皮下或肌内注射、氢溴酸东莨菪碱每次 0.1～0.3mg，皮下注射。

3. 抗菌消炎　为了防止肠道内细菌继续生长繁殖，产生毒素，应用广谱抗生素（如庆大霉素、四环素等）。

4. 维持水、电解质和酸碱平衡　静脉输液补充水分和电解质，调节酸碱平衡。

5. 应用皮质类固醇　防止休克，如静脉或肌内注射地塞米松或应用强的松龙。

6. 注意饮食　不用腐败变质食物饲喂犬，不要让犬采食过量鱼及肉食品。

[经验小结] 由于本病发病迅速而猛烈，若不及时治疗，可导致动物的死亡。所以在治疗时应遵循"急则治其标"的原则，采取对症治疗及支持疗法，待机体病情缓解后再综合治疗。

（七）蛇毒中毒

蛇毒中毒是犬被毒蛇咬伤引起。我国毒蛇多分布在长江以南及东南沿海诸省，而长江以北由于气候较冷，毒蛇相对较少。

[临诊实例] 2005 年 6 月，某犬主带其腊肠犬来就医。主诉：昨天下午带其爱犬去郊外游玩，夜晚发病，呼吸急迫，抽搐，呕吐等。经检查发现，后肢有 2 个刺穿的伤口，伤口局部红

肿，皮下大面积出血，心率失常，现已昏迷。

[病因浅析] 犬为了狩猎、配种、觅食、玩耍或活动，常到野外、草地、森林等处，被毒蛇咬伤后而起中毒。蛇的生活有一定规律，在长江以南地区活动期为 4～11 月份，7～9 月份最活跃，不同毒蛇每天活动规律不同，以白天活动为主的有眼镜蛇和眼镜王蛇；白天晚上都有活动的有蝮蛇、五步蛇、竹叶青，它们在闷热天气活动更盛，五步蛇还喜欢在雷雨前后出来活动。最活跃的月份和爱活动的时间，也是犬最易被咬伤的月份和时间。

[初诊依据]

1. 检查患犬体表局部有无 2 个特征性的毒牙穿刺孔。

2. 临诊症状

（1）神经毒中毒　咬伤局部一般无明显反应，只有眼镜蛇咬伤后，局部组织坏死和溃烂，不易愈合；临床表现为流涎或呕吐，声音嘶哑，牙关紧闭，吞咽困难，呼吸急迫，四肢无力，共济失调，全身震颤或痉挛等，严重中毒肢体瘫痪，惊厥后昏迷，心力衰竭，呼吸中枢麻痹而死亡。

（2）血液毒中毒　咬伤局部红肿、发硬、灼热和剧痛，并不断扩延（向心性扩散），局部淋巴结肿大有压痛。皮下出血，有时有水疱或组织溃烂坏死；全身表现烦躁不安、呕吐及腹泻，黏膜和皮肤呈现广泛性出血，排尿减少或无尿，甚至血尿或蛋白尿。有溶血性黄疸和贫血，呼吸急迫，心律失常；有的犬发生休克，严重者几小时内死亡。

3. 神经血液混合毒中毒临床症状为两种蛇毒的综合，常死于呼吸肌麻痹的窒息或心力衰竭性休克。

[定性诊断] 根据病史、咬伤局部、全身症状和肌酸激酶活性增加进行综合诊断。

[防控措施] 治疗原则：防止蛇毒扩散，排毒和解毒，配合对症治疗。

1. 防止蛇毒扩散　让被咬伤犬安静。咬伤四肢时，立即在伤口上方 2～3cm 处缠束一止血带，防止带蛇毒的血液和淋巴回流，必要时间隔 20min 松带 1～2min。

2. 冲洗伤口和扩创　可用清水、肥皂水、过氧化氢溶液或 0.1％高锰酸钾溶液冲洗伤口，洗去蛇毒和污物。冲洗伤口后，用小刀或三棱针挑破伤口或扩创（将伤口周围组织切除），然后挤压排毒，再用 3％过氧化氢溶液或 0.1％高锰酸钾溶液冲洗伤口。在扩创的同时，可用 0.5％普鲁卡因伤口局部封闭。

3. 解毒　早期可注射多价抗蛇毒血清，同时内服和外用南通蛇药片（季德生蛇药片）、上海蛇药或群用蛇药片等，每天 4 次。

4. 对症疗法　可应用大剂量糖皮质激素（如强的松、地塞米松等），以增强抗蛇毒和抗休克作用；同时要应用咖啡因或樟脑等强心药物。必要时再静脉注射复方氯化钠、葡萄糖或葡萄糖酸钙等。

［经验小结］本病的治疗很简单，但治愈率却很低，主要是治疗时间没把握好，耽误最佳治疗时机而失败。所以本病治疗一定要及时，最好注射多价抗蛇毒血清。

（八）洋葱、大葱中毒

洋葱和大葱都属百合科，葱属。犬采食后易引起中毒，主要表现为排红色或红棕色尿液。动物洋葱中毒世界各国均有报道，我国 1998 年首次报道了犬大葱中毒。

［临诊实例］张师傅饲养一条博美犬，雌性，15 个月，体重 2.9kg，接种过犬五联疫苗。2008 年 6 月 7 日、8 日和 9 日连续 3 天，张师傅将吃剩下的炒洋葱及其汤汁泡饭饲喂犬。8 日下午，该犬有轻度呕吐，9 日下午，该犬精神开始沉郁，喜睡、采食量减少，第一次排出淡红色尿液，食欲废绝、呕吐和腹泻。

［病因浅析］犬采食了含有洋葱或大葱的食物后可引起中毒。洋葱和大葱中含有具有辛香味挥发油——N-丙基二硫化物或硫

化丙烯（此类物质不易被蒸煮、烘干等加热破坏，越老的洋葱或大葱其含量越多），能降低红细胞内葡萄糖-6磷酸脱氢酶（G-6-PD）的活性（G-6-PD能保护红细胞内血红蛋白免受氧化变性破坏），从而使红细胞更易氧化变性溶解。细胞溶解后，从尿中排出血红蛋白，使尿液变红，严重溶血时，尿液呈红棕色。

［初诊依据］主要根据病犬有无食洋葱或大葱史及临床症状进行初步诊断。

犬采食洋葱或大葱中毒1～2天后，最特征性表现为排红色或红棕色尿液。中毒轻者，症状不明显，有时精神欠佳，食欲差，排淡红色尿液。中毒较严重犬，表现精神沉郁，食欲减退或废绝，走路蹒跚，不愿活动．喜卧，眼结膜或口腔黏膜发黄，心搏增快，喘气，虚弱，排深红色或红棕色尿液，体温正常或降低，严重中毒可导致死亡。

［定性诊断］

1. 血液检验　血液随中毒程度轻重，逐渐变的稀薄。红细胞数、血细胞比容及血红蛋白减少，白细胞数增多。红细胞内或边缘上有海恩茨氏小体。

2. 生化检验　血清总蛋白、总胆红素、直接及间接胆红素、尿素氮和天门冬氨酸氨基转移酶活性均呈不同程度增加。

3. 尿液检验　尿液颜色呈红色或红棕色，比重增加，尿潜血、蛋白和尿血红蛋白检验阳性，尿沉渣中红细胞少见或没有。

［防控措施］立即停止饲喂洋葱或大葱性食物；应用抗氧化剂维生素E；支持疗法进行输液，补充营养；给以适量利尿剂，促进体内血红蛋白排出；溶血引起贫血严重的犬可进行输血治疗，每千克体重10～20mL。

［经验小结］本病病因单纯，症状特殊，在诊断上较为容易；治疗时，应用抗氧化剂的效果较好，应予以推广。

八、神经系统疾病

(一) 脑膜脑炎

脑膜脑炎是软脑膜及脑实质的一种炎性疾病。临床以伴发高热、脑膜刺激症状、一般脑症状及局部脑症状为特征。

[临诊实例] 犬主带一德国牧羊犬到某兽医院就医。主诉，该犬头部曾被击打过，现突然发病。临床发现，病犬不安，体温达41℃，时而惊恐，意识不清，当被触摸时发出嚎叫甚至咬人。

[病因浅析] 本病的病因主要有：

1. 原发性脑膜脑炎 多数认为由感染和中毒所致，其中病毒感染是主要的，如犬瘟热病毒、犬细小病毒等；其次是细菌感染，如葡萄球菌、链球菌等；再次是中毒因素如铅中毒、毒素或药物中毒。

2. 继发性脑膜脑炎 继发于邻近部位感染如颅骨外伤、中耳炎或眼球炎，寄生虫如脑脊髓丝虫病、脑包虫病。

[初诊依据]

1. 病史调查 分析有无可能引起脑膜脑炎的相关病因。

2. 主要症状

(1) 脑膜刺激症状 轻微刺激或触摸，可引起强烈的疼痛反应，或引起肌内强直性痉挛，头向后仰。这种情况多见于以脑膜炎为主的脑膜脑炎。

(2) 一般脑症状 通常是指运动与感觉机能、精神状态、内脏器官的活动以及采食、饮水等发生变化，病犬先兴奋后抑制或交替出现。病初，呈现高度兴奋，体温升高，感觉敏感，反射机能亢进，易于惊恐，呼吸急促，脉搏增加。行为异常，狂躁不安，甚至攻击人畜。后期转入抑制呈嗜睡、昏睡状态，反射机能减退及消失，呼吸缓慢而深长，常卧地不起，意识丧失。

(3) 局部脑症状 属于神经机能亢进的有眼球震颤、瞳孔大小不等、鼻唇部肌内痉挛，牙关紧闭及舌纤维性震颤等。属于神经机能减退的有唇歪斜、耳下垂、舌脱出、吞咽障碍及视力丧失。

[定性诊断] 进行脑脊液检查，脑膜脑炎时脑脊液中中性粒细胞数及蛋白含量增加，必要时可进行脑组织切片检查。

[防控措施] 根据病犬患病的不同类型分别对症加以治疗。

1. 对于兴奋不安的病犬应镇静、解痉，可肌内注射 25% 氯丙嗪 2mL，也可静脉放血 20～50mL。但是在抑制状态或体温不高时不宜放血。强烈兴奋时可用 25% 硫酸镁 10mL/次或安溴注射液 15mL/次。然后用 5% 葡萄糖 250mL，10% 葡萄糖 50mL，维生素 2g，利巴韦林 2mL 合理搭配静脉注射。

2. 对于精神沉郁、心脏衰弱的患犬应强心补液，可用 5% 葡萄糖 200mL，40% 乌洛托品 5mL，20% 安钠咖 2mL，10% 维生素 C 4mL，混合静脉注射。

3. 降低颅内压，减轻脑水肿，用 25% 甘露醇 150mL 或 10% 氯化钠 100mL 做静脉注射。缓解颅内压减轻水肿。

4. 抗菌、消炎，10% 磺胺嘧啶钠 10mL 或 40% 乌洛托品 10mL，10% 葡萄糖 200mL 混合后静脉注射。也可以使用病毒唑和青霉素、链霉素。

[经验小结] 中草药对脑膜脑炎的治疗效果较好，如生石膏 4g，黄连花粉、菊花、知母、黄芩、大黄、生地、黄柏、栀子、滑石各 1g，白芍、泽泻、茯苓、郁金、甘草各 1g，研成细末，开水冲调（成犬另加鸡蛋清 1 个）灌服或水煎服，适当调整对症加减药味及用量。

（二）中暑

中暑是指动物在炎热季节，头部受到日光直射，引起脑膜充血和脑实质急性病变，导致中枢神经系统机能严重障碍的现象。

[临诊实例] 一北京犬 3 岁左右，偏胖，随主人在户外散步

时，突然倒地，口吐白沫，呼吸困难，四肢抽搐，主人速带其就诊。临诊检查：犬卧地不起，体温 41.4℃，脉搏 144 次/min，心律不齐，呼吸急促，眼结膜潮红，瞳孔正常。

［病因浅析］酷暑盛夏，犬由于车船输送，而未采取防暑措施；庭院或笼栏饲养的犬，缺少遮阳，烈日直射其头部是引起日射病的主要原因。

［初诊依据］

1. 调查病史　本病的发生具有明显的季节性（炎热的夏季）和突发性。

2. 主要临诊表现　初期，精神沉郁，四肢无力，步态不稳，共济失调，突然倒地，四肢作游泳样划动。随病情发展，出现心血管运动中枢、呼吸中枢、体温调节中枢机能紊乱，心力衰竭，静脉怒张，脉微欲绝；呼吸急促，有的体温升高，皮肤干燥。兴奋发作，狂躁不安，常常发生剧烈的痉挛或抽搐，迅速死亡。

［定性诊断］血液常规及生化检查，红细胞压积（PCV）显著升高，红细胞计数（RBC）升高，血液 pH 偏酸，血液尿素氮（BUN）常升高。

［防控措施］本病治疗原则是，加强护理，防暑降温，维持心肺机能，纠正水盐代谢和酸碱平衡紊乱。

加强护理，立即将病犬放置荫凉通风地方。促进体温放散，首先用冷水浇头或冷敷，头部放置冰袋，冰盐水灌肠。药物降温可用氯丙嗪每千克体重 0.8mg，肌内注射或混于生理盐水中静脉注射。

防止肺水肿，在行降温疗法之前或之后，静脉注射地塞米松每千克体重 1～2mg。对心功能不全的，可用强心剂，如安钠咖，洋地黄制剂。

对脱水严重或循环衰竭的病犬，可静脉注射生理盐水和 5% 葡萄糖液。若出现自体中毒现象可用 5% 碳酸氢钠 10～50mL，静脉注射。

在中兽医治疗方面，常用穴位针灸法，主要穴位有山根穴、耳尖穴、颈脉穴、尾尖穴及人中穴，前两个穴位可用三棱针或小宽针点刺 0.2～0.5cm，出血；颈脉穴用小宽针或三棱针顺血管刺入 0.5～0.8cm，出血；尾尖穴用三棱针或小宽针从末端刺入 0.5～0.8cm；人中穴用毫针或圆利针直刺 0.5cm。

[经验小结] 根据患犬突然发病，体温急剧升高，病情发展急剧，出现神经症状，并结合病史调查和气候情况，可初步作出确诊，应立即对病犬开展抢救措施，不要等实验室化验结果出来再救治，而延误抢救时间。最后结合临床症状、病史调查、气候因素及实验室化验结果等作出确诊，并与其他疾病，如脑膜脑炎、脑震荡、急性水肿、药物中毒相鉴别，在救治的过程中，以中西医结合救治效果较理想，病犬治疗越早治愈率越高，而对出现一般脑症状病例治愈率较低。

(三) 脊髓炎

脊髓炎为脊髓实质的炎症。临床上以感觉、运动机能和组织营养障碍为特征。脊髓炎和脊髓膜炎虽然是不同的疾病，但两者往往同时发生。本病多发生于犬。

[临诊实例] 2003 年，某犬两天前和人嬉戏时，被人踢了一脚，接着犬跟跄倒地，意识丧失，呼吸变慢变浅，脉搏细数。醒来后两后肢走路不稳，现两后肢麻痹，感觉减弱，但两前肢感觉正常。

[病因浅析] 常见病因有：

1. 感染因素 犬瘟热、狂犬病、伪狂犬病、破伤风、弓形虫病、全身性霉菌病等疾病过程中，病原沿血液或淋巴循环到达脊髓膜或脊髓实质引起炎症。

2. 中毒因素 细菌毒素或其他毒物随着血液循环到达脊髓，引起炎症。

3. 机械损伤 椎骨骨折、脊髓震荡、脊髓挫伤及出血等。

4. 继发因素 受寒、感冒、中暑、过劳、佝偻病、骨软症等是本病的诱因。

[初诊依据] 急性脊髓炎病初，表现发热，精神沉郁，不愿活动、容易疲劳，四肢疼痛等症状。随着病情发展，出现脊髓机能障碍，表现出一系列症状。

1. 运动障碍 脊背僵硬，肌肉抽搐和痉挛，步态强拘，容易跌倒。后躯麻痹，走路摇摆或瘫痪。横断性脊髓炎，初期不全麻痹，数天后陷入全麻痹。颈部脊髓炎引起前后肢麻痹。

2. 感觉和反射障碍 主要表现为感觉过敏或消失。感觉过敏时，轻微刺激引起强烈反应，触压背部，病犬会反抗或尖叫。感觉减弱时，轻刺激无反应，较重的刺激，有轻微反应。

3. 相应器官机能障碍 如尿闭、大小便失禁、尾部麻痹、阳痿等。

不同性质的脊髓炎，有各自的特点，主要表现为：局限性脊髓炎一般只呈现患病脊髓节段所支配区域的皮肤感觉减退和局部肌肉营养不良性萎缩，对感觉刺激的反应消失。横贯性脊髓炎由于传导途径被阻断，发生感觉、运动和反射机能障碍。初期不全麻痹，数天后限入完全麻痹。横贯性脊髓炎若发生在颈部，前后肢出现麻痹；若发生在胸部，后肢麻痹；若发生在腰部，坐骨神经、膀胱和直肠括约肌麻痹，形成截瘫，不能站立，拖着两后腿行走；若发生在荐部，尾部麻痹和大小便失禁。弥漫性脊髓炎由于炎症沿着脊髓长轴蔓延，运动和感觉障碍由躯体的后方向前方波及或由前方向后方波及。如果炎症蔓延至延髓，可发生吞咽困难、心律不齐、呼吸障碍，甚至突然窒息死亡。散在性脊髓炎在脊髓各部发生若干散在病灶，临床上表现各种各样的运动和感觉障碍。

[定性诊断] 脑脊髓液检查，有细菌感染的脊髓液混浊，白细胞和蛋白质明显增加；病毒感染时淋巴细胞增加。

在临床上易与脑膜脑炎、臀部风湿病、肾炎、脊髓压迫、血红蛋白性疾病、寄生虫等原因引起的麻痹混淆，需要慎重鉴别。

[防控措施]

1. 治疗原则 消除病因、消散炎症、恢复脊髓功能。

2. 治疗措施 由犬瘟热等并发的脊髓炎难以治愈。由细菌感染所致的脊髓炎可用易于进入脊髓液的抗生素治疗。同时注意护理，使犬保持安静。炎症稳定后，给予复合维生素 B 和三磷酸腺苷二钠。为防止肌肉萎缩，对麻痹的犬施以按摩、电针疗法，必要时可皮下注射硝酸士的宁。为促进神经细胞的分化和再生，促进神经损伤后的功能恢复，可肌内注射神经生长因子。此外，对原发病要采取相应的治疗措施。

[经验小结] 临床上应用磺胺嘧啶钠配合维生素 B_1 及加兰他敏效果较好。主要由于磺胺嘧啶易透过血脑屏障，在脑脊液中达到较高浓度，对细菌性脊髓炎有效，但须碱化尿液，减轻对肾脏损害；而维生素 B_1 营养神经，维持神经兴奋性；加兰他敏的作用主要防止肌肉萎缩。

(四) 癫痫

犬癫痫是犬病中一种以突然发作为特征的大脑功能紊乱的一类疾病，临床上会经常遇到。目前认为发作是来源于脑部病灶的阵发性异常高频放电，并向病灶周围组织扩散导致脑组织的广泛兴奋从而出现特有的惊厥症状。

[临诊实例] 某犬突然倒地，角弓反张，先肌肉强直性痉挛，继之出现阵发性痉挛，四肢呈游泳样运动，临床发现该犬瞳孔散大，流涎，大小便失禁，牙关紧闭，呼吸暂停，口吐白沫，体温 39.6℃。

[病因浅析] 此病分原发性癫痫和继发性癫痫两种。

1. 原发性癫痫 是先天性的或遗传性的，可能是由于脑组织代谢障碍，大脑皮层及皮层下中枢受到过度的刺激，以致兴奋与抑制紊乱而引起。

2. 继发性癫痫 主要见于多种脑部疾病和引起脑组织代谢障碍的一些全身性疾病。感染性疾病如犬瘟热、弓形虫病、狂犬病、破伤风、寄生虫病等。非感染性疾病如各种脑病、低氧血症、代谢病（低血糖、低血钙、尿毒症）、热射病、日射病、中毒等。

[初诊依据] 根据病史及临诊特点进行初步诊断。犬癫痫病的临床特点，可分为以下5种主要类型：

1. 全身性发作（或称为间歇性强直） 病犬意识彻底丧失，瘫倒在地，肢体强直，全身肌肉出现节律性抽搐，扭颈严重呈"观星"样，四肢僵直伸展，出现钟摆样颤动，呈现典型的角弓反张。呼吸困难甚至暂时停止，瞳孔散大，面部皮肌颤动。有的大小便失禁，牙关紧闭，无意识咀嚼、磨牙或流涎。发作持续10min左右甚至更长。经过一段时间，抽搐逐渐减弱，意识开始恢复。完全恢复后，精神略显沉郁，其他如常。发作频率在3～6次/天。病情较轻的犬可能不会出现肢体强直现象，仍然有意识存在。这类型的病犬以原发性癫痫居多。

2. 局部发作 主要表现为意识不丧失或不完全丧失，某些部位出现肌肉活动异常，如面部扭曲，扭颈，颈部、腿部皮肤震颤并导致无意识后退，不停眨眼，腿部肌肉活动受到限制等。局部发作持续时间长短不一，往往周期性发作，有的一天数次，有的间隔数天、数月等。

3. 杰克逊发作 病犬身体一侧大面积或半身性共济失调，步态紊乱，自发性剧烈震颤并伴发特异性退行性病变，则称为杰克逊发作。此类型的病犬食欲和饮欲出现大幅度下降，通常在性成熟期之前因饥渴而死亡。

4. 精神行为异常 病犬意识模糊，出现反常的行为，如异嗜癖，频繁抓痒，无目的地嘶叫、咀嚼、狂奔甚至出现攻击行为；精神敏感，或者畏惧蜷缩。伴发感觉异常，包括视觉、嗅觉、听觉、味觉等。有的犬还伴发腹泻、腹部敏感、呕吐、流涎、羞明等。异常行为持续一段时间后有可能发展为全身性发作。

5. 持续性发作　某些病犬出现一段时间内癫痫病的高频率连续发作，或者是一连串发作的叠加，持续时间在半小时左右甚至更长。这种局促的频繁发作很难用药物控制，易造成病犬的猝死。

[定性诊断]

1. 症状诊断　根据晕厥的症状和间歇性痉挛的临床表现做出诊断。

2. 鉴别诊断　应注意与脑肿瘤、脑外伤、脑积水等疾病相区别。脑肿瘤通过 X 线、CT 和核磁共振可发现脑内的肿瘤。脑外伤有头部损伤的病史。脑积水通过 X 线检查较易确诊。但要做出明确的病因学诊断，仍需进行全面系统的临床检查。原发性癫痫患病动物的中枢神经系统和其他器官无明显病理学变化。

[防控措施]　癫痫发作时应将病犬置于安静环境。任何噪音或异常刺激都可能使癫痫程度恶化或发作时间延长。轻症犬一般无需药物治疗，症状加剧则应对因施治。原则上本病应以预防为主，对每月一次以上癫痫发作犬应给予治疗。

药物选择：针对癫痫类型，合理用药是抗癫痫治疗的一条重要原则。不同药物对不同类型癫痫的疗效差别很大，用药不当不但无效，有的还加重病情。

1. 苯巴比妥　苯巴比妥是最为常用的抗犬癫痫特效药，应用范围比较广，全身性发作或局部性发作均可使用。苯巴比妥初次给药剂量为每千克体重 2.5mg，口服，每天 2 次。在 30 天内，连续增大剂量至每千克体重 5mg，以维持有效的血清治疗浓度。在苯巴比妥单独使用无效的情况下，可以考虑苯巴比妥与溴化物两种药物联合使用。

2. 溴化物　主要用于顽固性癫痫。溴化钠是同时患有肾病犬的首选药，溴化钾是患有肝功能障碍犬的首选药。将 200mg/

mL 溴化钾溶液溶于双倍蒸馏水中，每天每千克体重 20～40mg，口服。联合应用苯巴比妥与溴化物控制住癫痫发作后，比单一应用溴化物更有效。

3. 非氨酯 主要用于癫痫的部分发作。非氨酯是一种碳酸氢盐，可以提高癫痫发作的阈值，通过减低大脑激动性神经传导而阻止癫痫的发作。小于 10kg 的犬，初次 200mg，口服，每天 3 次或直到有效控制发作。大于 10kg 的犬，初次 400mg，口服，每天 3 次。每周增加 400mg，最大剂量达到 1 200mg，口服，每天 3 次或直到有效控制发作。

4. 其他药物 辅助药物主要包括镁、锰制剂、维生素 B_6 等，可以起到巩固和提高疗效的作用。

[经验小结]据文献报道，中西医结合疗法具有一定的效果。肌内注射安定注射液，5mg/次，每天 2～3 次，同时口服镇痫散，2g/次，每天 1 次，连用 5 天。镇痫散：当归、白芍、川芎各 2g，钩藤 2g，蜈蚣 1 条，全蝎 2g，僵蚕 2g，朱砂（另研）1g，以上（除朱砂先灌外）共为细末，开水冲调，候温灌服。

（五）面神经麻痹

面神经麻痹（面神经炎、贝尔氏麻痹、亨特综合征）是以面部表情肌群运动功能障碍为主要特征的一种疾病。一般症状是口眼歪斜，多一侧发病，不受年龄限制。

[临诊实例]犬主带一京巴犬前来就医，主诉该犬口角下垂并歪斜已有 2 天，吃食饮水易从口角流出。临诊检查没其他明显变化。

[病因浅析]分为周围性和中枢性两种。其中周围性面瘫发病率很高，而最常见者为面神经炎或贝尔麻痹。因为面瘫可引起十分怪异的面容，所以常被人们称为毁容病。

1. 中枢性

（1）炎症 由病毒或细菌引起的大脑炎或桥脑出血性病变所

引起面瘫。

（2）肿瘤　颅内肿瘤特别是桥小脑角病变如听神经瘤等的手术切除造成。

（3）外伤　颅底或颞骨骨折等。

2. 周围性

（1）感染　颞骨面神经管内的面神经因病毒或细菌感染或神经血循环障碍所引起的面瘫，即为最常见的贝尔氏面瘫。

（2）肿瘤　腮腺、中耳、乳突等恶性肿瘤累及面神经或因手术切除造成。

（3）耳前至耳垂区皮肤切割伤等。

[定性诊断] 本病的定性诊断主要依据病史及临诊表现。

主要临诊症状有：

1. 上部面肌随意运动障碍时额纹消失，不能蹙额，抬眉，眼不能闭拢，用力闭眼时，眼球转向上外方，日久之后出现下睑外翻，流泪，结膜及角膜干燥，发生结膜炎及角膜炎。

2. 面下部麻痹时，口角下垂并向对侧歪斜，露齿时更为明显。食物易存留于同侧齿颊间，饮水易沿口角外流。此外，视病变位置不同，可有味觉减退，泪腺及唾液腺分泌减少等。

3. 一侧中枢性面神经麻痹时，两侧上部面肌运动存在，即蹙额、闭眼等功能良好，而对侧下部面肌随意运动消失，呈痉挛性麻痹。可有舌运动麻痹，而味觉、泪液和唾液分泌功能正常。

周围性面部神经麻痹时，患侧面部上、下表情肌（不包括由动眼神经支配的提上睑肌）均瘫痪，属弛缓性麻痹。典型的周围运动性面神经麻痹，常为一侧性，并与病变所在部位同侧。若司泪腺、涎腺分泌的上涎核及司味觉的弧束核正常，面神经运动核性麻痹将不伴有泪腺分泌及味觉功能障碍。

[防控措施]

1. 治疗原则　消除病因，恢复神经传导机能和预防肌肉萎缩。

2. 治疗措施　面神经外伤性或特发性神经炎，多在 3～8 周内自然痊愈。急性炎症和水肿时，用肾上腺皮质激素制剂有一定的疗效。眼睑麻痹时，为预防角膜炎，可涂消炎软膏。为兴奋神经的传导机能，可沿神经径路按摩或皮下注射硝酸士的宁溶液。

［经验小结］面神经麻痹只是一种症状或体征，必须仔细寻找病因，如果能找出病因并及时进行处理，如重症肌无力、结节病、肿瘤或颞骨感染，可以改变原发病及面瘫的进程。面神经麻痹又可能是一些危及生命的神经科疾患的早期症状，如能早期诊断，可以挽救生命。

第五章

外 科 病

一、外科感染性疾病

（一）脓肿

在任何组织或器官内形成外有脓肿膜包裹，内有脓汁潴留的局限性脓腔，称为脓肿，它是致病菌感染后所引起的局限性炎症过程。如果在解剖腔内（胸膜腔、喉囊、关节腔、鼻窦）有脓汁潴留时则称之为蓄脓，如关节蓄脓、上颌窦蓄脓、子宫腔蓄脓等。

[临诊实例] 一只 6 月龄雄性德国牧羊犬，主诉一周前该犬患胃肠炎入院就诊，现已痊愈，但昨天梳理被毛时发现颈部有一鹌鹑蛋大小的肿胀物，且看到患犬不时用爪子挠痒颈部。通过一般检查发现，患犬精神状态、饮食欲均正常，在颈部有一鹌鹑蛋大小的肿胀物，该肿胀物界限明显，有波动、温热感，经询问曾在颈部进行药物皮下注射。初步诊断为颈部浅在脓肿。

[病因浅析] 大多数脓肿是由感染引起，最常继发于急性化脓性感染的后期。引起脓肿的致病菌主要是葡萄球菌，其次是化脓性链球菌、大肠杆菌、绿脓杆菌和腐败菌。犬的脓肿绝大部分是感染了金黄色葡萄球菌。

除感染因素外，静脉注射各种刺激性的化学药品，如水合氯醛、氯化钙、高渗盐水及砷制剂等，若将它们误注或漏注到静脉外也能发生脓肿。其次是注射时不遵守无菌操作规程而引起的注射部位脓肿。也有的是由于血液或淋巴将致病菌由原发病灶转移至某一新的组织或器官内所形成的转移性脓肿。

[初诊依据]

1. 分类 根据脓肿发生的部位可分为：浅在性脓肿和深在性脓肿。浅在性脓肿常发生于皮下结缔组织、筋膜下及表层肌肉组织内。深在性脓肿常发生于深层肌肉、肌间、骨膜下及内脏器官。

根据脓肿经过可分为：急性（热）脓肿和慢性（冷）脓肿。

急性脓肿经过迅速，一般3～5天即可形成，局部呈现急性炎症反应。慢性脓肿发展缓慢，缺乏或仅有轻微的炎症反应。

2. 症状

（1）浅在急性脓肿 初期局部肿胀，无明显的界限。触诊局温增高、坚实有疼痛反应。以后肿胀的界限逐渐清晰或局限性，最后形成坚实的分界线；在肿胀的中央部开始软化并出现波动，并可自溃排脓。但常因皮肤溃口过小，脓汁不易排尽。

（2）浅在慢性脓肿 一般发生缓慢，虽有明显的肿胀和波动感，但缺乏温热和疼痛反应或非常轻微。

（3）深在急性脓肿 由于部位深，加之被覆较厚的组织，局部增温不易触及。常出现皮肤及皮下结缔组织的炎性水肿，触诊时有疼痛反应并常有指压痕。在压痕和水肿明显处穿刺，抽出脓汁即可确诊。

当较大的深在性脓肿未能及时治疗，脓肿膜可发生坏死，最后在脓汁的压力下可穿破皮肤自行破溃，亦可向深部发展，压迫或侵入邻近的组织和器官，引起感染扩散，而呈现较明显的全身症状，严重时还可能引起败血症。

内脏器官的脓肿常常是转移性脓肿或败血症的结果，而严重地妨碍发病器官的功能。

3. 病理病变 在致病菌的作用下，患犬机体则出现一系列的应答性反应。化脓感染初期，首先在炎性病灶的局部呈现酸度增高、血管壁扩张、血管壁的渗透性增高等反应，而后伴有以中性粒细胞为主经血管壁大量渗出。由于病灶体液循环障碍及炎性细胞浸润，使局部组织代谢紊乱，导致细胞大量坏死和有毒产物及毒素的积聚，后者又加重细胞的坏死。中性粒细胞分泌蛋白分解酶以促进坏死组织细胞溶解，随后在炎症病灶的中央形成充满脓汁的腔洞。腔洞的周围有肉芽组织构成的脓肿膜，随着脓肿膜的形成，脓肿成熟。

脓肿内的脓汁由脓清、脓球和坏死分解的组织细胞组成。脓清一般不含纤维素，因此不易凝固。脓球的组成随病程的进展而有明显的不同，一般是由多种细胞组成，以分叶核白细胞为最多，其分叶核白细胞的核和原形质发生种种变性变化；其次是淋巴细胞、嗜酸性粒细胞、嗜碱性粒细胞、单核细胞及巨噬细胞；有的还含有少量红细胞。组织分解产物包括组织细胞的分解碎片、坏死组织碎块、骨碎粒、软骨碎片等。病灶的周围形成的脓肿膜是脓肿与健康组织的分界线，它具有限制脓肿扩散和减少病犬从脓肿病灶吸收有毒产物的作用。脓肿膜由两层细胞组成，内层为坏死的组织细胞，外层是具有吞噬能力的间叶细胞，当脓液排出后脓肿膜就成为肉芽组织，最后逐渐成为瘢痕组织而使脓肿治愈。

4. 类症鉴别 脓肿诊断需要与外伤性血肿、淋巴外渗和挫伤相区别。

（1）外伤性血肿 由于各种外力作用，导致血管破裂，肿胀迅速增大，肿胀呈明显的波动感或饱满有弹性。4～5 天后肿胀周围坚实，并有捻发音，中央部有波动，局部增温。穿刺时，可排出血液。血肿感染可形成脓肿。

（2）淋巴外渗 在临床上发生缓慢，一般于伤后 3～4 天出现肿胀，并逐渐增大，有明显的界限，呈明显的波动感，皮肤不紧张，炎症反应轻微。穿刺液为橙黄色稍透明的液体，或其内混有少量的血液。

（3）挫伤　多由皮下组织的小血管破裂引起。少量的出血常发生局限性的小出血斑（点状出血），出血量大时，常发生溢血。挫伤部皮肤初期呈黑红色，逐渐变成紫色、黄色后恢复正常。

[定性诊断]　浅在性脓肿诊断多无困难，深在脓肿可经穿刺诊断和超声波检查后确诊。后者不但可确诊脓肿是否存在，还可确定脓肿的部位和大小。当肿胀尚未成熟或脓腔内脓汁过于黏稠时常不能排出脓汁，但在后一种情况下针孔内常有干固、黏稠的脓汁或脓块附着。根据脓汁的性状并结合细菌学检查，可进一步确定脓肿的病原菌。

[防控措施]

1. 消炎、止痛及促进炎症产物消散吸收　当局部肿胀正处于急性炎性细胞浸润阶段时，可局部涂擦樟脑软膏，或用复方醋酸铅溶液、20％鱼石脂酒精、栀子酒精。当炎性渗出停止后，可用温热疗法、短波透热疗法、超短波疗法以促进炎症产物的消散吸收。局部治疗的同时，可根据病畜的情况配合应用抗生素、磺胺类药物并采用对症疗法。

2. 促进脓肿的成熟　当局部炎症产物已无消散吸收的可能时，局部可用鱼石脂软膏、鱼石脂樟脑软膏、超短波疗法、温热疗法等促进脓肿的成熟，待局部出现明显的波动时，应立即进行手术治疗。

3. 手术疗法　常用的手术疗法有：

（1）脓汁抽出法　适用于关节部脓肿膜形成良好的小脓肿。其方法是利用注射器将脓肿腔内的脓汁抽出，然后用生理盐水反复冲洗脓腔，抽净腔中的液体，最后灌注混有青霉素的溶液。

（2）脓肿切开法　脓肿成熟出现波动后立即切开。切口应选择波动最明显且容易排脓的部位。按手术常规对局部进行剪毛消毒后再根据情况作局部或全身麻醉。为了防止脓肿内压力过大脓汁向外喷射，切开前可先用粗针头将脓汁排出一部分。切开时一定要防止外科刀损伤对侧的脓肿膜。切口要有一定的长度并作纵向切口以保证在治疗过程中脓汁能顺利地排出。深在性脓肿切开时除进行确实麻醉外，最好进行分层切开，并对出血的血管进行仔细的结扎或钳压止血，以防引起脓肿的致病菌进入血循，而被带至其他组织或器官发生转移性脓肿。脓肿切开后，脓汁要尽力排尽，但切忌用力压挤脓肿壁（特别是脓汁多而切口过小时），或用棉纱等用力擦拭脓肿膜里面的肉芽组织，这样就有可能损伤脓肿腔内的肉芽性防卫面而使感染扩散。如果一个切口不能彻底排空脓汁时亦可根据情况作必要的辅助切口。对浅在性脓肿可用防腐液或生理盐水反复清洗脓腔。最后用脱脂纱布轻轻吸出残留在腔内的液体。切开后的脓肿创口可按化脓创进行外科处理。

（3）脓肿摘除法　常用于治疗脓肿膜完整的浅在性小脓肿。此时需注意勿刺破脓肿膜，预防新鲜手术创被脓汁污染。

[经验小结]

1. 脓肿须与血肿、挫伤鉴别诊断，认真进行临床检查，重点是问诊和触诊。

2. 脓肿是由致病菌感染引起的，在进行手术处理时一定注意无菌操作，防止再次发生感染，使感染范围扩大。

3. 局部治疗的同时，可根据情况配合全身抗感染，并采用对症疗法。

（二）脓皮病

脓皮病是化脓菌感染引起的皮肤化脓性疾病。犬的脓皮病是兽医临床的常见病之一。

[临诊实例] 一畜主带一只流浪可卡犬就诊，主诉刚捡回。临床检查：体温：39.7℃，呼吸：43 次/min，脉搏：113 次/min，精神尚可，被毛脱落，以头部、背部及臀部脱落严重，被毛脱落部位见有大量脓性分泌物，有的部位结痂皲裂，有的皮肤破损，有异味，患犬不断挠痒。

[病因浅析] 脓皮病分为原发性和继发性两种。临床上根据

发病情况也可分为浅层脓皮病和深层脓皮病，或者局部性和全身性脓皮病。

1. 细菌感染　在犬脓皮病中凝固酶阳性的中间型葡萄球菌是主要的致病菌，金黄色葡萄球菌、表皮葡萄球菌、链球菌、化脓性棒状杆菌、大肠杆菌、绿脓杆菌和奇异变形杆菌等也是常引起动物脓皮病的致病菌。多发于北京犬、大麦町、德国牧羊犬、大丹犬、腊肠犬等。

2. 其他因素　过敏（皮肤的穿透性增大）、外寄生虫感染、代谢性和内分泌性疾病（影响皮肤的生理屏障）是浅层脓皮病的主要病因，有些脓皮病是特发性的。

此外，皮肤不洁、毛囊口被污物堵塞、局部皮肤过度摩擦、皮脂腺分泌机能障碍及影响皮肤微生态环境的因素（皮肤表面的酸碱度、湿度、温度等改变）可能是脓皮病发生的诱因。

[初诊依据]

1. 流行特点　犬的脓皮病比较常见，一般以 9 月龄内的幼犬脓皮病和成年犬继发性脓皮病为主。

2. 症状　幼犬的脓皮病病变主要出现在前后肢内侧的无毛处，常被误认为是螨虫感染。

成年犬的脓皮病根据病损的深浅，可分为表层脓皮病、浅层脓皮病和深层脓皮病。发病部位不确定，以口唇部、眼睑和鼻部为主，因跳蚤或者螨虫感染引起细菌性继发感染的病犬，其病变部位以背部、腹下部最多，大型犬的四肢外侧（深部脓皮病）脓痂多、比较顽固。病变处皮肤上出现脓疱疹、小脓疱和脓性分泌物，多数病例为继发的，临床上表现为脓疱疹、皮肤皲裂、毛囊炎和干性脓皮病等症状。

[**定性诊断**]实验室诊断可以做细菌培养和活组织检查；浅层脓皮病的诊断主要是做皮肤脓疹、脓疱或者皮肤的直接涂片，红疹刮取物的染色、镜检，必要时做细菌分离培养和药敏实验。血液分析对深部脓皮病的诊断十分必要。

[防控措施] 局部用药配合全身用药是脓皮病治疗的基本原则。对于继发性脓皮病感染的病例，治疗原发病是必须的。全身和局部应用抗生素时，应注意抗生素的使用顺序、剂量和次数，红霉素、林可霉素、三甲氧苄氨嘧啶（TMP）、头孢菌素、甲硝唑、利福平和恩诺沙星等药物可用于治疗。

对于犬的浅层脓皮病，使用抗菌香波有助于确保药效，外用洗液可以选择甲硝唑溶液、洗必泰溶液、聚烯吡酮碘溶液等。全身应用抗生素可选择先锋霉素Ⅳ、克拉维酸-阿莫西林、克林霉素、红霉素、林可霉素、苯甲异噁唑青霉素、磺胺增效剂等。

深部脓皮病的治疗用药疗程长，剂量大，对于顽固性病例应根据药敏试验结果选择抗生素。在治疗再发性脓皮病时，可使用抗菌香波、免疫调节治疗和扩大抗菌范畴。

由于长期应用广谱抗生素导致机体正常菌群紊乱，所以补充复合维生素 B 是必要的。注意监控体内条件性真菌致病的情况。

[经验小结]

1. 临床上多见继发性脓皮病，过敏、外寄生虫感染、代谢性和内分泌性疾病等破坏皮肤的正常防御机能，诱发致病菌发生感染。

2. 局部的脓性分泌物会影响药物的吸收。局部用药配合全身用药是脓皮病治疗的基本原则。

（三）败血症

败血症是指致病菌（主要是化脓菌）侵入血液循环，持续存在，迅速繁殖，产生大量毒素及组织分解产物而引起的严重全身性感染。

全身化脓性感染又称为急性全身感染，包括败血症和脓血症等多种情况。临床上，败血症、脓血症、毒血症等有时难以区分开，多呈混合型。因而，目前临床上把急性全身性感染统称为败血症。

一般全身化脓性感染都是继发的，它是开放性损伤、局部炎症和化脓性感染过程以及术后的一种最严重的并发症，如不及时治疗，病犬常因发生感染性休克而死亡。

[临诊实例] 畜主带一只4岁半雌性京巴来我院就诊。主诉：该犬一个月前发情，未见与公犬交配，两周前突然食欲减退，饮水增多，喜卧，最近一周发现该犬明显消瘦，且腹部逐渐膨大。临床检查：患犬精神委靡，喜卧，体温：40.2℃，呼吸：17次/min，脉搏：146次/min，呼吸困难，腹部膨大，用力按压，有绿色分泌物从阴户处流出，且有恶臭味。实验室检查：将阴户分泌物涂片革兰氏染色镜检，主要有葡萄球菌和大肠杆菌，血常规检查白细胞数 1.87×10^{10}/L，核左移，红细胞 2.40×10^{12}/L，淋巴细胞增加。

[病因浅析]

1. 局部感染治疗不及时或处理不当，如脓肿引流不及时或引流不畅、清创不彻底等。

2. 致病菌繁殖快、毒力大。多种致病菌均可引起全身化脓性感染，如金黄色葡萄球菌、溶血性链球菌、大肠杆菌、绿脓杆菌和厌氧性病原菌等。有时呈单一感染，有时是数种致病菌混合感染。其中革兰氏阴性杆菌引起败血症更为常见。

3. 病畜抵抗力降低。免疫机能低下的病畜，还可并发内源性感染尤其是肠源性感染，肠道细菌及内毒素进入血液循环，导致本病发生。经验证明，如果败血病灶成为细菌毒素大量生长繁殖和制造的场所，即使机体有较强的抵抗力，也往往容易发生败血症。因此治疗败血症应从原发败血病灶着手。

[初诊依据]

1. 主要症状 原发性和继发性败血病灶的大量坏死组织、脓汁以及致病菌毒素进入血液循环后引起患畜全身中毒症状。病畜体温明显增高，一般呈稽留热，恶寒战栗，四肢发凉，脉搏细数，动物常躺卧，起立困难，运步时步态蹒跚，有时能见到中毒性腹泻。随病程发展，可出现感染性休克或神经系统症状，病畜可见食欲废绝，结膜黄染，呼吸困难，脉搏细弱，病畜烦躁不安或嗜睡，尿量减少并含有蛋白或无尿，皮肤黏膜有时有出血点。

2. 血液学检查 血液学指标有明显的异常变化，可见到血沉加快，白细胞数增加，核左移，中性粒细胞中的幼稚型中性粒细胞占优势。在血检时如见到淋巴细胞及单核细胞增加时，常为康复的标志。但红细胞及血红素显著减少，而白细胞中的幼稚型中性粒细胞占优势，此时淋巴细胞增加往往是病情恶化的象征。

3. 压片镜检 在检查败血病灶创面的按压标本脓汁象时，严重的病例见不到巨噬细胞及溶菌现象，但脓汁内却有大量的细菌出现。此乃病情严重的表现。

[定性诊断] 在原发感染灶的基础上出现上述临床症状，诊断败血症较易。但临床表现不典型或原发病灶隐蔽时，诊断可发生困难或延误诊断。因此，对一些临床表现如畏寒、发热、贫血、脉搏细速、皮肤黏膜有淤血点、精神改变等，不能用原发病来解释时，即应提高警惕，密切观察和进一步检查，以免漏诊败血症。

确诊败血症可通过血液细菌培养。但已接受抗菌药物治疗的病犬，往往影响到血液细菌培养的结果。对细菌培养阳性者应做药敏试验，以指导抗生素的选用。同时，配合开展血液电解质、血气分析、血尿常规检查以及反应重要器官功能的检测，对诊治败血症具有积极的临床意义。

[防控措施] 全身化脓性感染是严重的全身性病理过程，因此必须早期采取综合性治疗措施。

1. 局部感染病灶的处理 必须从原发和继发的败血病灶着手，以消除传染和中毒来源。为此必须彻底清除所有的坏死组织，切开创囊、流注性脓肿和脓窦，摘除异物，排出脓汁，畅通引流，用刺激性较小的防腐消毒剂彻底冲洗败血病灶，然后局部按化脓性感染创进行处理。创围用混有青霉素的盐酸普鲁卡因溶液封闭。

2. 全身疗法 为了抑制感染的发展可早期应用抗生素疗法。根据病犬的具体情况可以大剂量地使用青霉素、链霉素或四环素等。在兽医临床上使用磺胺增效剂可取得良好的治疗效果。常用的是三甲氧苄氨嘧啶（TMP）。注射剂有：增效磺胺嘧啶注射液，增效磺胺甲氧嗪注射液，增效磺胺-5-甲氧嘧啶注射液。恩诺沙星作为广谱抗生素，已被广泛应用。为了增强机体的抗病能力，维持循环血容量和中和毒素，可进行输血和补液。为了防治酸中毒可应用碳酸氢钠疗法。应当补给维生素和大量给予饮水。为了增强肝脏的解毒机能和增强机体的抗病能力可应用葡萄糖疗法。

3. 对症疗法 目的在于改善和恢复全身化脓性感染时受损害的系统和器官的机能障碍。当心脏衰弱时可应用强心剂，肾机能紊乱时可应用乌洛托品，败血性腹泻时静脉内注射氯化钙。

[经验小结]

1. 一般情况下败血症往往是由某些原发病引起，病灶中的大量坏死组织、脓汁以及致病菌毒素进入血液循环后引起患畜全身中毒症状。临床上重点检查原发病。

2. 动物机体发生败血症，血液学指标有明显的异常变化，白细胞数增加，核左移，中性粒细胞中的幼稚型白细胞占优势，后期往往有红细胞数减少现象，所以临床血常规检测对疾病的诊断具有重要意义。

3. 积极采取早期防治措施。局部病灶感染引起的败血症必须从原发和继发的败血病灶着手，以消除传染和中毒的来源。关键是及早清除病灶中所有的坏死组织、异物、脓汁。

4. 对症治疗在败血症的治疗中很重要。目的在于改善和恢复全身化脓性感染时受损害的系统和器官的机能障碍。

二、损伤性外科病

（一）创伤

创伤是因锐性外力或强烈的钝性外力作用于机体组织或器官，使受伤部皮肤或黏膜出现伤口及深在组织与外界相通的机械性损伤。

［**临诊实例**］畜主带一只一岁半雄性德国牧羊犬来就诊，主诉由于该犬性情活泼，前段时间将拴狗绳改为铁链，今早发现狗褥子有血迹，仔细检查发现犬颈部皮肤被铁链磨破。临床检查患犬颈部背侧皮肤损伤严重，有新鲜血液渗出，并沾有狗毛；颈部腹侧有磨痕，皮肤未破损；精神状态良好，体温、呼吸、脉搏均正常。

［**病因浅析**］临床上创伤是由锐性外力或强烈的钝性外力作用产生的，按致伤物的性状可分为：

1. 刺创　由尖锐细长物体（钢丝、草叉）刺入组织内发生的损伤。创口小，创道狭长，一般创道较直，有的由于肌肉收缩，创道弯曲，深部组织常被损伤，并发内出血或形成组织内血肿。刺入物有时折断，作为异物残留于创道内，再加上致伤物体带入创道的污物，刺创极易感染化脓，甚至形成化脓性窦道或引起厌氧性感染。

2. 切创　因锐利的刀类、铁片、玻璃片等切割组织发生损伤。切创的创缘及创壁比较平整，组织受挫面轻微，出血量多，疼痛较轻，创口裂开明显，污染较少。一般经适当的外科处理和缝合，能迅速愈合。

3. 砍创　由柴刀、马刀等砍切组织发生的损伤。

4. 挫创　由钝性外力的作用（如打击、冲撞、蹴踢等）或动物跌倒在硬地上所致的组织损伤。创缘、创壁不整，常有挫灭破碎组织，出血量少，创内常存有创囊及血凝块，创伤多被尘土、砂石、粪块、被毛等污染，极易感染化脓，疼痛剧烈。

5. 裂创　由钩、钉等钝性牵引作用，使组织发生机械性牵张而断裂的损伤。裂创的创形不规整，组织发生撕裂或剥离，创缘呈不正锯齿状，创内深浅不一，创壁及创底凹凸不平，并存有创囊及严重破损组织碎片。出血较少，创口裂开很大，疼痛剧烈。有的皮肤呈瓣状撕裂，有的并发肌肉及腱的断裂，撕裂组织容易发生坏死或感染。

6. 咬创　由动物的牙咬所致的组织损伤。被咬部呈管状创或近似裂创或呈组织缺损创。创内常有挫灭组织，出血少，常被口腔细菌所污染，可继发蜂窝织炎。

7. 毒创　被毒蛇咬、毒蜂刺螫等所致的组织损伤。被咬刺部位呈点状损伤，常不易被发现。但毒素进入组织后，患部疼痛剧烈，迅速肿胀，以后出现坏死和分解。毒素引起的全身性反应迅速而严重，可因呼吸中枢和心血管系统的麻痹而死亡。

[初诊依据]

1. 创伤的解剖特点　创伤一般由创缘、创口、创壁、创底、创腔、创围等部分组成。创缘为皮肤或黏膜及其下的疏松结缔组织；创缘之间的间隙称为创口；创壁由受伤的肌肉、筋膜及位于其间的疏松结缔组织构成；创底是创伤的最深部分，根据创伤的深浅和局部解剖特点，创底可由各种组织构成；创腔是创壁之间的间隙，管状创腔称为创道；创围指围绕创口周围的皮肤或黏膜。

2. 创伤的症状

（1）出血　内出血和外出血；动脉性出血、静脉性出血和毛细血管性出血等。

（2）创口裂开　因受伤组织断离和收缩而引起。

（3）疼痛及机能障碍。

3. 分类及临床特征

（1）按伤后经过的时间分新鲜创和陈旧创

新鲜创：伤后的时间较短（12h 内），创内尚有血液流出或存有血凝块，且创内各部组织的轮廓仍能识别，有的虽被严重污染，但未出现创伤感染症状。

陈旧创：伤后经过时间较长（24h 后），创内各组织的轮廓不易识别，出现明显的创伤感染症状，有的排出脓汁，有的出现肉芽组织。

（2）按创伤有无感染分无菌创、污染创和感染创

无菌创：通常在无菌条件下所做的手术创多为无菌创，但消化道、呼吸道、泌尿生殖道等有细菌污染的手术除外。

污染创：创伤被细菌和异物所污染，但时间短，进入创内的细菌仅与损伤组织发生机械性接触，未侵入组织深部发育繁殖，也未引起病变和致病作用。

感染创：进入创内的致病菌大量发育繁殖，对机体呈现致病作用，使伤部组织出现明显的创伤感染症状，甚至引起机体的全身性反应。

[定性诊断]

1. 一般检查　从问诊开始，了解创伤发生的时间，致伤物的性状，发病当时的情况和病畜的表现等，然后检查病畜的体温、呼吸、脉搏，观察可视黏膜颜色和病畜的精神状态。检查受伤部位和救治情况等。

2. 创伤外部检查　按由外向内的顺序，仔细地对受伤部位进行检查。先视诊创伤的部位、大小、形状、方向、性质、创口裂开的程度，有无出血，创围组织状态和被毛情况，有无创伤感染现象。观察创缘及创壁是否整齐、平滑、有无肿胀及炎性浸润，有无挫灭组织及异物。对创围进行柔和的触诊，以确定局部温度、疼痛范围、硬度、皮肤弹性及移动性等。上皮生长情况，若创缘呈灰白色、向创口逐渐倾斜伸延而变薄，均匀扁平，为正常。

3. 创伤内部检查　应胆大心细，动作准确，遵守无菌的原

则。首先创围剪毛、消毒。检查创壁组织的受伤、肿胀、出血及污染情况。检查创底深部组织受伤情况，有无异物、血凝块及创囊的存在。必要时可用消毒的探针、硬质胶管等，或用戴手套的手指进行创底检查，摸清创伤深部的具体情况。

4. 分泌物的检查 应注意分泌物的颜色、气味、黏稠度、数量和排出情况等。必要时可进行酸碱度测定、脓汁及血液检查。对于出现肉芽组织的创伤，应注意肉芽组织的数量、颜色和生长情况等。创面可作按压标本的细胞学检查、分泌物细菌学检查。

脓汁多，可能是坏死组织多，或化脓严重；脓汁少，可能是坏死组织少，或化脓轻，或排脓困难。脓汁稀薄呈淡红色，多为链球菌感染；脓汁黏稠呈黄白色，无不良气味，多为葡萄球菌感染；脓汁呈淡褐色，黏稠、有粪臭味，多为肠道厌氧菌混合感染；脓汁呈灰褐色或红褐色，稀薄、有腐臭味，有时混有坏死组织碎片，为腐败菌感染。

[防控措施]

1. 一般原则

（1）防治感染。新鲜污染创，着重预防感染；已有感染的创伤，要消除局部感染，防止全身感染。局部彻底清创和恰当应用防腐剂，必要时全身应用抗生素。

（2）清除创内坏死组织、异物、血块，加速创伤净化过程。如药物、手术清创、引流等。

（3）缩小相对创面的距离，保持创伤安静，减少瘢痕的形成。如初期缝合，减张缝合等。

（4）改善局部血液循环，提高局部组织的再生能力。如理疗，刺激疗法，全身疗法等。

（5）正确处理局部与全身的关系。如局部出现严重污染，创内有大量坏死组织和异物，或排脓不畅，重点在于局部处理；当急性大失血、有全身感染症状、机体衰竭、蛋白质和维生素缺乏时，着重全身治疗，或二者同时兼顾。

2. 基本方法

（1）创围清洁法　清洁创围时，先用数层灭菌纱布块覆盖创面，防止异物落入创内。后将创围被毛剪去，剪毛面积以距创缘周围 10cm 左右为宜。创围被毛如被血液或分泌物黏着时，可用 3％过氧化氢和氨水（50：1）混合液将其除去。再用 70％酒精棉球反复擦拭创围的皮肤，直至清洁干净为止。离创缘较远的皮肤，可用肥皂水和消毒液洗刷干净，但应防止洗刷液落入创内，最后用 5％碘酊或 1％碘伏以 5min 的间隔，两次涂擦创围皮肤。

（2）创面清洗法　揭去覆盖创面的纱布块，用生理盐水冲洗创面后，持镊子除去创面上的异物、血凝块或脓痂，再用生理盐水或防腐液反复清洗创面，直至清洁为止。创腔较浅且无明显污物时，可用浸有药液的棉球轻轻地清洗创面；创腔较深或存有污物时，可用洗创器或洗耳球吸取防腐液冲洗创腔，但应防止过度加压形成的急流冲刷创伤，以免损伤创内组织和感染扩散。防腐液从创腔深部向外流，禁止由外向内流。创伤清洗后，用灭菌纱布块轻轻地擦拭创面，以除去创内残存的药液。常用的防腐液有 0.1％高锰酸钾水，3％双氧水，0.05％新洁尔灭或洗必泰，或生理盐水，2％硼酸水等。

（3）清创手术　用外科手术的方法将创内所有的失活组织切除，除去可见的异物、血凝块，消灭创囊、凹壁，扩大创口（或作辅助切口），保证排液畅通，力求使新鲜污染创变为近似手术创伤，争取创伤的第一期愈合。

手术前均需进行彻底的消毒和麻醉。

修整创缘：用外科剪除去破碎的创缘皮肤和皮下组织，造成平整的创缘，以便于缝合；

扩创术：沿创口的上角或下角切开组织，扩大创口，消灭创囊、凹龛壁，充分暴露创底，除去异物和血凝块，以便排液通畅或便于引流；

做辅助切口：对于创腔深、创底大和创道弯曲不便从创口排液的创伤，可选择创底最低处且靠近体表的健康部位，尽量于肌间结缔组织处作适当长度的辅助切口一至数个，以利排液；

切除失活破碎的组织：除修整创缘和扩大创口外，还应切除创内所有失活破碎组织，造成新创壁，切除失活组织直至有鲜血流出为止，同时注意保护皮肤、神经、大血管。

清创手术完毕，用防腐液清洗创腔，按需用药、引流、缝合和包扎。

（4）创伤用药 创伤用药的目的在于防治创伤感染，加速炎性净化，促进肉芽组织和上皮新生。

浅小的新鲜污染创，以撒布抗菌消炎粉或涂布防腐力强、收敛性好的药物，如呋喃西林、龙胆紫、磺胺、环丙沙星等。较小的刺创或钉创，要预防厌氧性感染。较大的新鲜污染创，用刺激性小的防腐液与高渗盐水配合应用。化脓创，据细菌的种类选药，感染有扩散的趋势时，要全身用药。肉芽创，抗菌已不是主要问题，要保护和促进肉芽生长（魏氏流膏或 10% 磺胺鱼肝油）。

（5）创伤缝合法 根据创伤情况可分为初期缝合、延期缝合和肉芽创缝合。

初期缝合：是对受伤后数小时的清洁创或经彻底外科处理的新鲜污染创施行缝合，其目的在于保护创伤防止继发感染，止血，消除创口裂开，使两侧创缘和创壁相互接着，为创伤愈合创造条件。适合初期缝合的条件是：创伤无严重污染，创缘及创壁完整，且具有生活力，创内无较大的出血和较大的血凝块，缝合时创缘不至因牵引而过分紧张，且不妨碍局部的血液循环等。临床实践中，有的施行创伤初期密闭缝合；有的作创伤部分缝合，于创口下角留一排液口，便于创液的排出；有的施行创口上下角的数个疏散结节缝合，以减少创口裂开和弥补皮肤的缺损。

延期缝合：有的创伤先用药物治疗 3～5 天，炎症反应减轻、无创伤感染后，再施行的缝合。

经缝合后的创伤，如出现剧烈疼痛、肿胀显著，甚至体温升高时，说明已出现创伤感染，应及时部分或全部拆线，进行开放疗法。

肉芽创缝合（次期缝合）：适合于肉芽创，以加速创伤愈合，减少疤痕形成。创内应无坏死组织，肉芽组织呈红色或粉红色，平整颗粒状，肉芽组织上被覆的少量脓汁内无厌氧菌存在。对肉芽创经适当的外科处理后，根据创伤的状况施行接近缝合或密闭缝合。

（6）创伤引流法　当创腔深、创道长、创内有坏死组织或创底潴留渗出物等时，使用引流。常用引流物以纱布条最为常用，多用于深在化脓感染创的炎性净化阶段。纱布条引流具有毛细管引流的特性，只要把纱布条适当地导入创底和弯曲的创道，就能将创内的炎性渗出物引流至创外。纱布条可做成不同的宽度和长度。纱布条越长，则其条幅也应越宽。将细长的纱布条导入创内时，若形成圆球，不起引流作用。纱布条浸以药液（如青霉素溶液、中性盐类高渗溶液、奥立夫柯夫氏液、魏氏流膏等），用长镊子将纱布条的两端分别夹住，先将一端疏松地导入创底，另一端游离于创口下角。

临床上除用纱布条作为引流外，也常用胶管、塑料管做引流。

换引流物的时间，决定于炎性渗出的数量、病犬全身性反应和引流物是否起引流作用。炎性渗出物多时应常换。当创伤炎性肿胀和炎性渗出物增加，体温升高、脉搏增数时是引流受阻的标志，应及时取出引流物，作创内检查并换引流物。引流物也是创伤内的异物，长时间使用能刺激组织细胞，妨碍创伤的愈合。

当炎性渗出物很少，应停止使用引流物。对于皮下织化脓创、炎性渗出物排出通畅的创伤、已形成肉芽组织面的创伤、创内存有大血管和神经干的创伤，以及关节腔和腱鞘腔等，均不宜使用引流疗法。

（7）创伤包扎法 创伤包扎，可以保护创伤免于继发损伤和感染，保持创伤安静，保温，保持创面湿润，利于上皮生长。一般经外科处理后的新鲜创都要包扎。当创内有大量脓汁、厌氧性及腐败性感染，以及炎性净化后出现良好肉芽组织的创伤，可不包扎，采取开放疗法。

创伤绷带用3层，即从内向外由吸收层、接受层和固定层组成。

创伤绷带的交换时间应按具体情况而定。当绷带已被浸湿而不能吸收炎性渗出物，或脓汁流出受阻时，以及每次处置创伤时，应及时更换绷带。更换绷带时，应轻柔、仔细、严格消毒，防止继发损伤和感染。

（8）全身性疗法 是否进行全身疗法，按具体情况而定。许多受伤病犬因组织损伤轻微、无创伤感染及全身症状等，可不进行全身性治疗。当受伤病犬出现体温升高、精神沉郁、食欲减退、白细胞增加等全身症状时，则应施行必要的全身性治疗，防止病情恶化。

应使用抗生素或磺胺类药物，并根据伤情的严重程度，进行必要的输液，强心，解毒，注射破伤风抗毒素或类毒素、10%氯化钙溶液和5%碳酸氢钠溶液、维生素、葡萄糖，输血等。

［经验小结］

1. 通过视诊、问诊确定动物创伤的致创物的性状，以便做相应的处理。

2. 彻底检查，确定创伤有无感染，无菌创通过相应处理可以达到第一期愈合；污染创需清理创腔创缘，再按无菌创的要求进行处理；感染创需先进行抗感染，根据情况实施开放或封闭治疗，尽量达到第二期愈合。

3. 创伤的处理要有无菌意识。在缝合伤口前，需确保创伤内不能有污染物、坏死组织、血凝块等，否则不但达不到第一、二期愈合的目的,反而会不断感染,使创伤范围扩大。

4. 在处理局部创伤时,应尽力消除妨碍创伤愈合的因素,创造有利于愈合的良好条件,如全身抗感染,使动物保持安静,补充维生素 A、维生素 C 等。

5. 处理深部创伤时,须仔细检查创伤的大小、深浅及是否有异物残留;如果是长期感染,有大量脓性分泌物时,处理完创腔,最好视情况先做部分缝合,或使用引流法。

(二)挫伤

挫伤是机体在钝性外力直接作用下,引起组织的非开放性损伤。

[临诊实例]犬主带一只三岁博美前来就诊。主诉患犬在家玩耍时从茶几上跳下来,当时就不能走路。临诊检查患犬精神紧张,右前肢提起不能着地,可以三只腿走路,但运步小心;触诊右前肢,患犬敏感,尖叫,硬组织连续性完好。X线检查硬组织完整。

[病因浅析]机体在钝性外力直接作用下,引起组织的非开放性损伤。如被棍棒打击、车辆冲撞、车辕砸压、跌倒或坠落于硬地上等都容易发生挫伤。

[初诊依据]

1. 挫伤发生的部位 其受伤的组织或器官可能是皮肤、皮下组织、筋膜、肌肉、肌腱、腱鞘、韧带、神经、血管、骨膜、关节、胸腹腔及内脏器官。机体的各种组织对外力作用具有不同程度的抵抗力。皮下疏松结缔组织、小血管和淋巴管抵抗力最弱;中等血管稍强;肌肉、筋膜、腱和神经抵抗力强;皮肤则具有很大的弹性和韧性,抵抗力最强。

2. 症状

(1)皮下组织挫伤 多由皮下组织的小血管破裂引起。少量的出血常发生局限性的小出血斑(点状出血),出血量大时,常发生溢血。皮下出血后小部分血液成分被机体吸收，大部分发生凝固，血色素发生溶解，红细胞破裂后被吞噬细胞吞噬，经血液循环和淋巴循环吸收，挫伤部皮肤初期呈黑红色，逐渐变成紫色、黄色后恢复正常。

（2）皮下裂伤　发生皮下裂伤时，皮肤仍完整，但皮下组织与皮肤发生剥离，常有血液和渗出液等积聚皮下。如为肋骨骨折，其断端伤及肺部时，在发生裂创的皮下疏松结缔组织间可形成皮下气肿。

（3）皮下深部组织挫伤　常见的有以下几种：

肌肉的挫伤：常由钝性外力直接作用引起，轻度的肌肉挫伤常发生淤血或出血，重度的肌肉挫伤肌肉常发生坏死，挫伤部肌肉软化呈泥样，治愈后形成瘢痕，因瘢痕挛缩常引起局部组织的机能障碍。重症患犬不能起立长时间趴卧后，压迫挫伤部的皮肤和肌肉，渐渐地皮肤也发生损伤，进而形成湿性坏疽。

神经的挫伤：神经的挫伤多为末梢性的，末梢神经多为混合神经，损伤后神经所支配的区域发生感觉和运动麻痹，肌肉呈渐进性萎缩。中枢神经系统脊髓发生挫伤时，因受挫伤的部位不同可发生呼吸麻痹、后躯麻痹、尿失禁等症状。

腱的挫伤：腱的挫伤多由过度的运动、腱的剧烈伸展使一束腱纤维发生断裂或分离。

滑液囊的挫伤：滑液囊挫伤后常形成滑液囊炎，滑液大量渗出，局部显著肿胀，初期热痛明显，形成慢性炎症后，呈无痛的水样潴留。

关节的挫伤：多发生于肘关节、腕关节、膝关节等。皮肤脱毛，皮下出血，有热痛，肿胀，运动时呈不同程度的跛行。

骨的挫伤：多见于骨膜的局限性损伤。局部肿胀、有压痛，易形成骨赘。

（4）破裂　挫伤的同时常伴有内脏器官破裂和筋膜、肌肉、腱的断裂。肝脏、肾脏、脾脏较皮肤和其他组织脆弱，在强烈的钝性外力作用下更易发生破裂。脏器破裂后形成严重的内出血，常易导致休克的发生。

（5）皮下挫伤的感染　严重的挫伤，若发生感染时，全身及局部症状加重，可形成脓肿或蜂窝织炎。有的部位反复发生挫伤，可形成淋巴外渗、黏液囊炎及患部皮肤肥厚、皮下结缔组织硬化。

［定性诊断］根据临诊症状及临床一般检查即可做出诊断。有时可以借助于X线检查进行诊断。

［防控措施］治疗原则：制止溢血和渗出，促进炎性产物的吸收，镇痛消炎，防止感染，加速组织的修复能力。

1. 受到强外力的挫伤时要注意全身状态的变化。

2. 冷疗和热疗　有热痛时实施冷却疗法，使动物安定，消除急性炎症缓解疼痛。热痛肿胀特别重时给予冰袋冷敷。2～3天后可改用温热疗法、中波超短波疗法、红外线疗法等，以恢复机能。

3. 刺激疗法　炎症慢性化时可进行刺激疗法。涂氨擦剂（氨：蓖麻油为1∶4），樟脑酒精或5％鱼石脂软膏、复方醋酸铅散，引起一过性充血，促进炎性产物吸收，对促进肿胀的消退有良好的效果。或用中药山栀子粉加淀粉或面粉，以黄酒调成糊状外敷。

［经验小结］

1. 临床上的挫伤都是有病史的，临床检查须仔细问诊，便于诊断。

2. 动物发生挫伤皮肤一般完整，皮下组织、筋膜、肌肉、肌腱、腱鞘、韧带、神经、血管、骨膜、关节、胸腹腔及内脏器官等会出现不同程度的损伤，所以深部触诊很关键。必要时可以结合相关辅助性诊断设备进行诊断，如X线检查，B超检查等。

3. 浅部挫伤预后良好，深部挫伤要依据损伤组织的性质及程度而定。若伤及深部脏器和主要的神经血管，不及时救治或处理不当,甚至是预后不良。

4. 治疗方法中,物理化学法相结合的疗法尤佳,有助于机体促进炎性产物的吸收,镇痛消炎。

(三)血肿

血肿是由于各种外力作用,导致血管破裂,溢出的血液分离周围组织,形成充满血液的腔洞。

[临诊实例]犬主带一只7月龄可卡来就诊。主诉带犬去美容时发现右耳背侧有个很大的血包。临床检查右耳背侧有个2cm×2cm 血肿,有波动感、温热感,患犬不时有甩头动作,由于该犬被毛为黑色,不易被发现。其余均正常。

[病因浅析]血肿常见于软组织非开放性损伤,但骨折、刺创、火器创也可形成血肿。可发生于皮下、筋膜下、肌间、骨膜下及浆膜下。犬血肿常发生在耳部、颈部、胸前和腹部等。

[初诊依据]

1. 血肿的分类及病理特点 根据损伤的血管不同,血肿分为动脉性血肿、静脉性血肿和混合性血肿。

血肿形成的速度较快,其大小决定于受伤血管的种类、粗细和周围组织性状,一般均呈局限性肿胀,且能自然止血。较大的动脉断裂时,血液沿筋膜下或肌间浸润,形成弥漫性血肿。较小的血肿,由于血液凝固而缩小,其血清部分被组织吸收,凝血块在蛋白分解酶的作用下软化、溶解和被组织逐渐吸收。其后由于周围肉芽组织的新生,使血肿腔结缔组织化。较大的血肿周围,可形成较厚的结缔组织囊壁,其中央仍贮存未凝的血液,时间较久则变为褐色甚至无色。

2. 症状 血肿的临床特点是肿胀迅速增大,肿胀呈明显的波动感或饱满有弹性。4～5天后肿胀周围坚实,并有捻发音,中央部有波动,局部增温。穿刺时,可排出血液。有时可见局部淋巴结肿大和体温升高等全身症状。

3. 类症鉴别　血肿感染可形成脓肿，注意鉴别。

脓肿是在组织或器官内形成外有脓肿膜包裹，内有脓汁潴留的局限性脓腔，是致病菌感染后所引起的局限性炎症过程。

[**防控措施**]　治疗重点应从制止溢血、防止感染和排出积血着手。可于患部涂碘酊，装压迫绷带。经 4～5 天后，可穿刺或切开血肿，排出积血或凝血块和挫灭组织，如发现继续出血，可行结扎止血，清理创腔后，再行缝合创口或开放疗法。

犬耳部血肿，为弥漫性扩散，需双侧皮肤做纽扣缝合以压迫止血。

[**经验小结**]　临床诊断时应与挫伤、淋巴外渗、脓肿相鉴别。

血肿的临床特点是肿胀迅速增大，肿胀呈明显的波动感或饱满有弹性。4～5 天后肿胀周围坚实，并有捻发音，中央部有波动，局部增温。穿刺时，可排出血液。

脓肿是在组织或器官内形成外有脓肿膜包裹，内有脓汁潴留的局限性脓腔。穿刺时有咖啡色的脓汁排出，有时混有血液。

淋巴外渗发生缓慢，一般于伤后 3～4 天出现肿胀，并逐渐增大，有明显的界限，呈明显的波动感。穿刺液为橙黄色稍透明的液体，或其内混有少量的血液。

挫伤多由皮下组织的小血管破裂引起。少量的出血常发生局限性的小的出血斑。挫伤部皮肤初期呈黑红色，逐渐变成紫色、黄色后恢复正常。

治疗重点应从制止溢血、防止感染和排除积血着手。小血肿一般采取外部捆绑按压即可制止溢血，大血肿多采用手术疗法更彻底。

三、眼病

(一) 眼睑内翻

眼睑内翻是指眼睑缘向眼球方向内卷，此病有上眼睑缘或下眼睑缘内翻，可一侧或两侧眼发病，下眼睑最常发病。内翻后，睑缘的睫毛对角膜和结膜有很大的刺激性，可引起流泪与结膜炎，如不去除刺激则可以发生角膜炎和角膜溃疡。

[临诊实例] 犬主带一只 14 月龄大的雄性松狮前来就诊，主诉患犬眼睛不断流眼泪，已有 4～5 天的病程。临床检查发现，该犬曾患过结膜炎，在其他医院治疗，医生建议用食盐水清洗眼睛，病情演变为不断流眼泪，视诊两眼球凹陷，下眼睑睫毛内翻，不断刺激结膜。患犬不断用爪子抓眼睛，其余正常。

[病因浅析]

1. 先天性因素　某些品种的犬，如沙皮犬、松狮等面部皮肤松弛的犬发病较多。

2. 后天性因素　主要是由于睑结膜、睑板瘢痕性收缩所致。眼睑的撕裂创和愈合不良以及结膜炎与角膜炎刺激，使睑部眼轮匝肌痉挛性收缩时可发生痉挛性眼睑内翻；老年动物皮肤松弛、眶脂肪减少、眼球陷没、眼睑失去正常支撑作用时也可发生。

[诊断依据] 根据临诊症状即可做出诊断。

主要表现为睫毛排列不整齐，向内向外歪斜，向内倾斜的睫毛刺激结膜及角膜，致使结膜充血潮红，角膜表层发生浑浊甚至溃疡，患眼疼痛、流泪、羞明、眼睑痉挛。

[防控措施]

1. 保守疗法　目的是保持眼睑边缘于正常位置。

用镊子夹起眼睑的皮肤皱襞，使眼睑边缘能保持正常位置，并在皮肤皱襞处缝合 1～2 针。也可用金属的创伤夹来保持皮肤皱襞，夹子保持数日后方除去，使该组织受到足够的刺激来保持眼睑于正常位置。也可用细针头在眼睑边缘皮肤与结膜之间注射一定量灭菌液体石蜡，使眼睑肿胀，而将眼睑拉至正常位置。在肿胀逐渐消失后，眼睑将恢复正常。

对痉挛性的眼睑内翻，应积极治疗结膜炎和角膜炎，给予镇痛剂，在结膜下注射 0.5% 普鲁卡因青霉素溶液。

2. 手术疗法 术部剃毛消毒，在局部麻醉后，在离眼睑边缘 0.6～0.8cm 处作切口，切去圆形或椭圆形皮片，去除皮片的数量应使睑缘能够覆盖到附近的角膜缘为度。然后作水平纽扣状缝合，矫正眼睑至正常位置。严重的应施行与眼睑患部同长的横长椭圆皮肤切片，剪除一条眼轮匝肌，以肠线作结节缝合或水平纽扣状缝合使创缘紧密靠拢，7 天后拆线。手术中不应损伤结膜（图 5-1）。

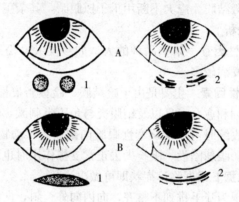

图 5-1　眼睑内翻矫正手术

A. 圆形皮片切除法　B. 椭圆形皮片切除法

1. 切除皮片　2. 水平纽扣状缝合皮片

对于年轻犬（小于 6 月龄），因其头部还未达到成年犬的构型，发生暂时性眼睑内翻时，可在全身或局部麻醉下，将眼睑皮肤折成皱壁，用不吸收缝线做 2～3 个褥式缝合，使睑缘位置恢复正常。以后在适当的时候拆除缝线。

[经验小结]

1. 该病的确诊根据临床症状即可诊断，关键是要区分是先天性的还是继发性，这对治疗有重要意义。若是先天性的一般采取手术疗法，若是继发性，先治疗原发病，往往通过治疗原发病眼睑内翻的症状即可消失，久治不愈的亦需采取手术疗法。

2. 手术纠正眼睑内翻，必须确保纠正到位，若纠正过多则容易形成外翻，若纠正不够，则仍然为内翻。

3. 术后为了防止犬对术部的抓挠，应给犬戴伊丽莎白项圈或给犬爪部佩戴软棉布等。

（二）眼睑外翻

眼睑外翻是眼睑缘离开眼球向外翻转的异常状态，常见于下眼睑。

[临诊实例] 某犬场一只 8 岁雌性寻回猎犬两眼均发生疾患。饲养员叙述两周前患犬有轻微流泪，有眼分泌物，两眼发红。临床检查两眼下眼睑下垂，结膜暴露、潮红，有不同程度的结膜炎。由于患眼干燥而不断眨眼。

[病因浅析] 本病可能是先天遗传性缺陷或继发于眼睑的损伤，如慢性眼睑炎、眼睑溃疡，或眼睑手术时切去皮肤过多，皮肤形成瘢痕收缩所引起。老龄犬肌肉紧张力丧失，也可引起眼睑外翻。在眼睑皮肤紧张而眶内容又充盈情况下眶部眼轮匝肌痉挛可发生痉挛性眼睑外翻。

[诊断依据] 根据临诊症状即可做出诊断。

眼睑缘离开眼球表面，呈不同程度的向外翻转，结膜因暴露而充血、潮红、肿胀、流泪，结膜内有渗出液积聚。病程长的结膜变为粗糙及肥厚，也可因眼睑闭合不全而发生色素性结膜炎、角膜炎。

[防控措施] 本病主要采取手术疗法，术前可使用各种眼药膏以保护角膜。

手术有两种方法。

（1）在下眼睑皮肤作 V 形切口，然后向上推移 V 形两臂间的皮瓣，将其缝成 Y 形，使下睑组织上推以矫正外翻。

（2）在外眼眦手术，先用两把镊子折叠下睑，估计需要切除多少下睑皮肤组织，然后在外眦将睑板及睑结膜作一三角形切除，尖端朝向穹窿部，分离欲牵引的皮肤瓣，再将三角形的两边对齐缝合（缝前应剪去皮肤瓣上带睫毛的睑缘），然后缝合三角形创口，使外翻的眼睑复位（图 5-2）。

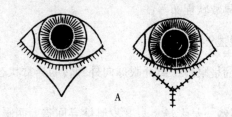

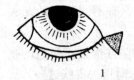 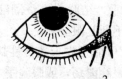 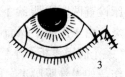

图 5-2　眼睑外翻矫正手术

A. V 形切口、Y 形缝合法　B. 三角形切口缝合法

1. 三角形切口，分离皮肤瓣

2. 剪去下方皮肤瓣上带睫毛的睑缘，对齐切口

3. 缝合切口，矫正外翻眼睑

［经验小结］

1. 手术纠正眼睑外翻，必须确保纠正到位，若纠正过多则容易形成内翻，若纠正不够，则仍然为外翻。

2. 术后为了防止犬对术部的抓挠，应给犬戴伊丽莎白项圈或给犬爪部佩戴软棉布等。

（三）结膜炎

结膜炎是指眼结膜受外界刺激和感染而引起的炎症，是最常见的一种眼病，各种动物都可发生。有卡他性、化脓性、滤泡性、伪膜性及水泡性结膜炎等类型。

[临诊实例]　犬主带一2岁家狗前来就诊。主诉该犬4～5天前饮食欲下降，不愿出门，且不断用爪子挠眼睛。临床检查患犬两眼结膜潮红、羞明、流泪，眼角有脓性分泌物，不断用爪子挠眼睛。可视黏膜检查，在结膜穹窿内有大量白色蠕动的虫体，用眼科镊将虫体取出，用生理盐水冲洗后，患犬情绪稳定。镜检虫体为眼丝虫。粪检有蛔虫卵。其余检查正常。

[病因浅析]

1. 机械性因素　结膜外伤、各种异物落入结膜囊内或粘在结膜面上；眼丝虫多出现于结膜囊或第三眼睑内；眼睑位置改变（如内翻、外翻、睫毛倒生等）以及笼头不合适。

2. 化学性因素　如各种化学药品或农药误入眼内。

3. 温热性因素　如热伤。

4. 光学性因素　眼睛未加保护，遭受夏季日光的长期直射、紫外线或X线照射等。

5. 传染性因素　多种微生物经常潜伏在结膜囊内。

6. 继发性因素　本病常继发于邻近组织的疾病（如上颌窦炎、泪囊炎、角膜炎等）、重剧的消化器官疾病及多种传染病经过中（如犬传染性肝炎、犬瘟热等）常并发所谓症候性结膜炎。眼感觉神经（三叉神经）麻痹也可引起结膜炎。

[诊断依据]　结膜炎按炎症的性质分为卡他性结膜炎和化脓性结膜炎。共同的症状是羞明、流泪、结膜充血、结膜浮肿、眼睑痉挛、渗出物及白细胞浸润。

1. 卡他性结膜炎　临床上最常见的病型，结膜潮红、肿胀、充血、流浆液、黏液或黏液脓性分泌物。卡他性结膜炎可分为急性和慢性两型。

（1）急性型　轻时结膜及穹窿部稍肿胀，呈鲜红色，分泌物较少，初似水，继则变为黏液性。重度时，眼睑肿胀、热痛、羞明、充血明显，甚至见出血斑。炎症可波及球结膜，有时角膜面也见轻微的浑浊。若炎症侵及结膜下时，则结膜高度肿胀，疼痛剧烈。

（2）**慢性型** 常由急性转来，症状往往不明显，羞明很轻或见不到。充血轻微，结膜呈暗赤色、黄红色或黄色。经久病例，结膜变厚呈丝绒状，有少量分泌物。

2. 化脓性结膜炎 因感染化脓菌或在某种传染病（特别是犬瘟热）经过中发生，也可以是卡他性结膜炎的并发症。一般症状都较重，常由眼内流出多量纯脓性分泌物，上、下眼睑常被粘在一起。化脓性结膜炎常波及角膜而形成溃疡，且常带有传染性。

3. 类症鉴别 结膜炎与角膜炎的临床症状相似，临床上往往相继发生，应注意区别原发病。角膜炎除羞明、流泪外主要表现为角膜混浊、角膜缺损或溃疡。

［防控措施］

1. 除去原因 应设法将原因除去。若是症候性结膜炎，则应以治疗原发病为主。

2. 遮断光线 应将患犬放在暗室内或装眼绷带。当分泌物量多时，以不装眼绷带为宜。

3. 清洗患眼 用3％硼酸溶液。

4. 对症疗法 急性卡他性结膜炎：充血显著时，初期冷敷；分泌物变为黏液时，则改为温敷，再用0.5％～1％硝酸银溶液点眼（每天1～2次）。用药后经30min，就可将结膜表层的细菌杀灭，同时还能在结膜表面上形成一层很薄的膜，从而对结膜面呈现保护作用。但用过本品后10min，要用生理盐水冲洗，避免过剩的硝酸银的分解刺激，且可预防银沉着。若分泌物已见减少或趋于吸收过程时，可用收敛药，其中以0.5％～2％硫酸锌溶液（每天2～3次）较好。此外，还可用2％～5％蛋白银溶液、0.5％～1％明矾溶液或2％黄降汞眼膏。疼痛显著时，可用下述配方点眼：硫酸锌0.05％～0.1％、盐酸普鲁卡因0.05mL、硼酸 0.3g、0.1%肾上腺素 2 滴、蒸馏水 10.0mL。

球结膜下注射青霉素和氢化可的松（并发角膜溃疡时，不可用皮质固醇类药物）：用 0.5%盐酸普鲁卡因液 2～3mL 溶解青霉素 5 万～10 万 U，再加入氢化可的松 2mL（10mg），作球结膜下注射，一天或隔天一次。或以 0.5%盐酸普鲁卡因液 2～4mL 溶解氨苄青霉素 10 万 U 再加入地塞米松磷酸钠注射液 1mL（5mg）作眼睑皮下注射，上下眼睑皮下各注射 0.5～1mL。用上述药物加入自家血 2mL 眼睑皮下注射，效果更好。

慢性结膜炎的治疗以刺激温敷为主。局部可用较浓的硫酸锌或硝酸银溶液，或用硫酸铜棒轻擦上、下眼睑，擦后立即用硼酸水冲洗，然后再进行温敷。也可用 2%黄降汞眼膏涂于结膜囊内。中药川连 1.5g、枯矾 6g、防风 9g，煎后过滤，洗眼效果良好。

病毒性结膜炎时，可用 5%乙酰磺胺钠眼膏涂布眼内。

某些病例可能与机体的全身营养或维生素缺乏有关，因此，应改善病畜的营养并给予维生素。

[经验小结]

1. 临床检查时需两眼对照，若一侧眼睛发病多数是由于机械性损伤引起，而两侧眼睛同时发病需考虑某些传染性疾病引起的综合征。

2. 临床上结膜炎与角膜炎的症状相似，往往相继发生，应注意区别原发病。

3. 球结膜下注射治疗结膜炎效果尤佳，关键是注射的技术要熟练，需平刺，否则会损伤玻璃体。

（四）瞬膜腺突出

瞬膜腺突出又称樱桃眼，是腺体肥大越过第三眼睑（瞬膜）缘而脱出于眼球表面，多发生于犬。

[临诊实例] 某犬场一只 2 岁美国可卡一侧患眼内眼长出一

个粉红色黄豆大小的增生物，一周后另一侧内眼睑也长出粉红色增生物，其不断增大，结膜潮红，眼角分泌物明显增多，饮食欲均正常。

[病因浅析] 病因较为复杂，可能有遗传易感性，多数犬在没有明显促发条件下自然发病，有人怀疑腺体与眶周筋膜或其他眶组织的联系存在解剖学缺陷。一般认为是由于瞬膜血流分布丰富，腺体分泌过剩而致腺体肥大，瞬膜或管口因炎性产物或小异物阻塞而致腺体增大，细而越过瞬膜游离缘而突出于眼角所致。

诱发因素则由于多数以高蛋白高能量动物饲料为主，如多喂牛肉、牛肝，也有的喂给卤鸭肉鸭肝、猪油渣等。个别病例发现在饲喂猪油渣（新鲜）后2～3天即发病，尚未查知有明显的生物性、物理性、化学性的原因。

[诊断依据]

1. 流行病学 多发于美国可卡犬、英国斗牛犬、巴塞特猎犬、比格犬、波士顿梗、北京犬、西施犬、哈叭犬等眼球突出的犬种，也见于沙皮犬及其他品种犬，性别不限，年龄为2月龄至1岁半，个别有2岁的。当眼睑、结膜、眼板腺、巩膜及角膜等组织有炎症时也可导致第三眼睑腺体的增生和肿大。

2. 症状 呈散发性，未见明显传染性，病程短的在1周左右长成0.6cm×0.8cm的增生物，病程长的拖延达1年左右方进行治疗。

本病发生在两个部位，多数增生物位于内侧眼角，增生物长有薄的纤维膜状蒂与第三眼睑相连。有的发生在下眼睑结膜的正中央，纤维膜状蒂与下眼睑结膜相连，增生物为粉红色椭圆形肿物，外有包膜，呈游离状，大小（0.8～1）cm×0.8cm，厚度为0.3～0.4cm，多为单侧性，也有先发生于一侧，间隔3～7天另一侧也同样发生而成为双侧性。有的病例在一侧手术切除后的3～5天，另一侧也同样发生。

发生该病的一侧眼睑结膜潮红，部分球结膜充血，眼分泌物增加，有的流泪，病犬不安，常因眼揉触笼栏或家具而引起继发感染，造成不同程度的角膜炎症、损伤，甚至化脓。也有眼部其他症状不明显的。一般无全身症状。

[防控措施] 以外科手术切除增生物是最简便的治疗方法。

以加有青霉素溶液的注射用水（每 10mL 加青霉素 10 万 U）冲洗眼结膜，再以组织钳夹住增生物包膜外引使充分暴露，以小型弯止血钳钳夹蒂部，再以小剪刀或外科刀剪除或切除。手术中尽量不损伤结膜及瞬膜，再以青霉素水溶液冲洗创口，3～5min 后去除夹钳，以灭菌干棉球压迫局部止血。也可剪除增生物后立即烧烙止血，但要用湿灭菌纱布保护眼球，以免灼伤。以青霉素 40 万 U 肌内注射抗感染。

[经验小结]

1. 该病根据临床症状即可确诊 临床上往往两眼相继或同时发生，如不及时处理，增大的瞬膜腺会刺激结膜引发结膜炎。

2. 手术切除增生物是治疗该病的最佳方法 增生物切除后，重在止血，可以药物止血（如肾上腺素），烧烙止血，压迫止血等，关键是止血的过程中切勿损伤结膜或角膜。

（五）青光眼

青光眼是由于眼房角阻塞，眼房液排出受阻致眼内压增高进而损害视网膜和视神经乳头的一种疾病，可发生于一眼或两眼。多见于某些品种的犬，如美国可卡犬、巴赛特猎犬、刚毛犬等。

[临诊实例] 犬主带一只 13 岁雄性京巴犬来医院就诊。主诉该犬一直视力都较差，最近突然看不见东西，不愿走路，老是撞东西，眼球表面有白色分泌物。临床检查患犬肥胖，走路迟缓，体温 37.2℃，呼吸 14 次/min，脉搏 68 次/min。眼球增大，视力减弱，虹膜及晶体向前突出，从侧面观察可见到角膜向前突出，瞳孔散大，失去对光反射能力。远视可见患眼为绿色或淡青

绿色。指压眼球坚硬且敏感。散瞳药不敏感，缩瞳药无效。角膜水肿、浑浊。

[病因浅析] 青光眼的病因尚未最后肯定。下列的因素可发生青光眼。

1. 原发性青光眼多因眼房角结构发育不良或发育停止，引起房水排泄受阻、眼压升高。犬原发性青光眼与遗传有关，但其遗传类型多数不明，提示可能属多基因遗传，可受环境或多因子的影响。晶体增厚、虹膜与晶体相贴、瞳孔散大、内皮增生等使前房变浅、房角窄，妨碍房水排泄，也可引起眼压升高。多数原发性青光眼两眼发病，但不同时发生。且以闭角型青光眼多见。可突然发作，出现急性青光眼综合征，也可缓慢进行性发生。眼压增高达数年，其病情不知不觉加重。少数品种犬如比格犬开始发生升角型青光眼，为单纯的隐性性状遗传，以后转为闭角型。

2. 继发性青光眼多因眼球疾病如前色素层炎、瞳孔闭锁或阻塞、晶体前或后移位、眼肿瘤等，引起房角粘连、堵塞，改变房水循环，使眼压升高而导致青光眼。

3. 先天性青光眼房角中胚层发育异常或残留胚胎组织、虹膜梳状韧带增宽，阻塞房水排出通道。犬出生时先天性青光眼罕见。

发病原因除以上发生的机理外，嗜视神经毒素的中毒，维生素 A 缺乏，近亲繁殖等也可引发青光眼。此外，急性失血、性激素代谢紊乱和碘不足，可能与青光眼的发生有一定关系。

[诊断依据] 本病可突然发生，也可逐渐形成。主要根据临床症状进行诊断。

早期症状轻微。表现泪溢、轻度眼睑痉挛、结膜充血。瞳孔有反射，视力未受影响，眼轻微或无疼痛。视网膜及视神经乳头无损害。

随着病情发展眼内压增高，眼球增大，视力大为减弱，虹膜及晶体向前突出，从侧面观察可见到角膜向前突出，眼前房缩小，瞳孔散大，失去对光反射能力。滴入缩瞳剂（如 1%～2% 毛果芸香碱溶液）时，瞳孔仍保持散大，或者收缩缓慢，但晶体没有变化。在暗室或阳光下常可见患眼表现为绿色或淡青绿色。最初角膜可能是透明的，后则变为毛玻璃状，并比正常的角膜要凸出些。

晚期眼球显著增大突出，眼压明显升高，指压眼球坚硬。瞳孔散大固定，光反射消失，散瞳药不敏感，缩瞳药无效。角膜水肿、浑浊，晶体悬韧带变性或断裂，引起晶体全脱位或不全脱位。视神经乳头萎缩、凹陷，视网膜变性，视力完全丧失。较晚期病例的视神经乳头呈苍白色。两眼失明时，两耳会转向倾听，运步蹒跚，乱走，甚至撞墙。

[**防控措施**] 目前还没有特效的治疗方法，可采用下述措施：

1. 高渗疗法 通过使血液渗透压升高，以减少眼房液，从而降低眼内压。为此，可静脉内注射 40%～50% 葡萄糖溶液 300～400mL，或静脉内滴注 20% 甘露醇（每千克体重 1g 甘露醇）。应限制饮水，并尽可能给以无盐的饲料。

2. 缩瞳药的应用 针对虹膜根部堵塞前房角致使眼内压升高，可用 1%～2% 毛果芸香碱溶液频频点眼。也可用 1% 肾上腺素溶液滴眼。

3. 应用碳酸酐酶抑制剂 这类药物可抑制房水的产生和促进房水的排泄，从而降低眼压。常用的碳酸酐酶抑制剂为二氯磺胺、乙酰唑胺和甲醋唑胺。

4. 手术疗法 角膜穿刺排液可作为治疗急性青光眼病例的一种临时性措施。用药后 48h 尚不能降低眼内压，就应当考虑作周边虹膜切除术。对另侧健眼也应考虑作预防性周边虹膜切除术。

患犬作全身浅麻醉，以 1% 可卡因滴眼，使角膜失去感觉，然后在眼的 12 点处（正上方）球结膜下，注射 2% 普鲁卡因液，在距角膜边缘向上 1～1.5cm 处，横行切开球结膜并下翻。在距角膜 2mm 左右的巩膜上先轻轻作一条 4mm 左右的切口（不切破巩膜），然后用针在酒精灯上烧红，把针尖在切口上点状烧烙连成一条线（目的是防止术后愈合），然后切开巩膜放出眼房水。

用眼科镊从切口中轻轻伸入，将部分虹膜拉出，在虹膜和睫状体的交界处，剪破虹膜（3mm 左右），将虹膜纳入切口，缝合球结膜。术后要适当应用抗菌消炎药物，以防止发炎。本手术主要是沟通前后房，使眼后房水通过虹膜上的切口流入眼前房，眼房水便由巩膜上的切口溢出而进入球结膜下，通过球结膜的吸收，从而保持眼房内的一定压力，可使视力得以恢复。一旦出现神经萎缩、血管膜变性等，治疗困难。

巩膜周边冷冻术：用冷冻探针（2～25mm）在角膜缘后5mm 处的眼球表面作两次冻融，使睫状上皮冷却到 10～15℃。操作时可选 6 个点进行冷冻，避开 3 点钟和 9 点钟的位置。每一个点的两次冻融应在 2min 内完成。这种方法可使部分睫状体遭到破坏，从而减少房液产生。本手术属于非侵入性手术，操作简便快捷，但手术的作用可能不持久，6～12 个月后可能需要再次手术。

[经验小结]

1. 动物患青光眼时，眼内压升高，眼球突出，患眼会有胀痛感，治疗时首先应降低眼内压，临床上多采用 40％～50％ 葡萄糖溶液或 20％甘露醇的高渗液静脉注射，降低眼内压。

2. 保守疗法不能使用激素类药物，该类药物会使眼压升高。

3. 患病动物应限制饮水，并尽可能给以无盐的饲料。

4. 对于急性青光眼病例，角膜穿刺排液可作为治疗的一种临时性措施。若不能降低眼内压，就应当考虑作周边虹膜切除术。手术主要是沟通前后房，使眼后房水通过虹膜上的切口流入眼前房，眼房水便由巩膜上的切口溢出而进入球结膜下，通过球结膜的吸收，从而保持眼房内的一定压力，可使视力得以恢复。术后要适当应用抗菌消炎药物，以防止发炎，使青光眼复发。

（六）白内障

晶体囊或晶体发生浑浊而使视力发生障碍的一种疾病叫做白内障。

[临诊实例] 一只 4 岁德国牧羊犬，半年前曾因营养不良导致被毛粗乱，皮肤弹性下降，鼻镜色素消退，经补充营养和添加维生素，逐渐恢复正常体征，但在来院就诊前数天突发视觉障碍，行动时不能自动避让障碍物，经眼部检查发现，双眼瞳孔光反应明显，角膜未见异常，瞳孔中央有乳白色反光，未能观及眼底。

[病因浅析]

1. 先天性白内障因晶体及其囊膜先天发育不全所致，常与遗传有关。已知大部分犬白内障属遗传性，但其遗传方式多数未被确定。

2. 后天性常因前色素层炎、视网膜炎、青光眼、角膜穿孔、晶体前囊破裂、长期 X 线照射、糖尿病、萘、铊中毒、长期使用皮质类固醇等引起本病。老年宠物因晶体退变亦易发生白内障。

外伤性白内障：由于各种机械性损伤致晶体营养发生障碍时，例如，晶体前囊的损伤、晶体悬韧带断裂、晶体移位等。

症候性白内障：多继发于睫状体炎和视网膜炎。

中毒性白内障：二碘硝基酚和二甲亚矾可引起犬的白内障。

糖尿病性白内障：如犬患糖尿病时，常并发本病。

老年性白内障：主要见于 8～12 岁的老龄犬。

幼年性白内障：多由于代谢障碍（维生素缺乏症、佝偻病）所致。

[诊断依据] 本病主要依据临诊症状进行确诊。

因白内障发病时间不同，其临床症状表现不一。初发期和末成熟期，晶体及其囊膜发生轻度病变，呈局灶性浑浊或逐步扩散，晶体皮质吸收水分而膨胀，某些晶体皮质仍有透明区，有眼底反射，视力不受影响或仅受到某些影响，临床上难发现。需用检眼镜或手电筒方能查出。

成熟期，因晶体全部浑浊，所有皮质肿胀，无清晰区可见。眼底反射消失，临床上发现一眼或两眼瞳孔呈灰白色（白瞳症），视力减退，前房变浅，检眼镜检查，看不见眼底，伴有前色素层炎。宠物活动减少，行走不稳，在熟悉环境内也碰撞物体。此期适宜进行白内障手术。

过熟期，则晶体液体消失，晶体缩小、囊膜皱缩，皮质液化分解，晶体核下沉。患眼失明，前房变深，晶体前囊皱缩。可继发青光眼。严重的导致悬韧带断裂，晶体不全脱位或全脱位。

白内障不影响瞳孔正常反应。

[防控措施] 在早期就应控制病变的发生和发展，针对原因进行对症治疗。晶体一旦浑浊就不能被吸收，只好行晶体摘除术或晶体乳化白内障摘除术。

晶体摘除术是在全身和局部麻醉良好的状态下，在角膜缘或巩膜边缘作一个较大的切口（15mm），将晶体从眼内摘出。报道的成功率有差异，但术后约 70％～85％ 的犬有视力。与晶体乳化相比，其优点是需要较少的器械且术野暴露良好，缺点是手术时发生眼球塌陷，晶体周围的皮质摘除困难和角膜切口较大。

晶体乳化白内障摘除术是用高频率声波使晶体破裂乳化，然后将其吸出。在整个手术过程中，用液体向眼内灌洗以避免眼球塌陷。这种方法的优点是角膜切口小，术后可保持眼球形状，晶体较易摘出，术后炎症较轻。缺点是晶体乳化的器械比较昂贵。

术后治疗包括局部应用醋酸泼尼松，每 4～6h 一次，炎症消退后，减少用药次数，连续用药数周或数月；按每千克体重 2～5mg，每天 2 次口投阿司匹林，用药 7～10 天；局部应用抗菌药物 7～14 天；若术后瞳孔缩小，可用散瞳剂。

目前国外已有用于犬的人工晶体，白内障摘除后将其植入空的晶体囊内。这种人工晶体是塑料制成的，耐受性良好，可提供近乎正常的视力。

单纯用药物治疗白内障，疗效不确实，尚未证实药物治疗在白内障逆转方面有临床疗效。

晶体摘除术可使病眼对光反射与视力得到不同程度的恢复和改善，但是必须选择玻璃体、视网膜、视神经乳头基本正常的病眼进行手术，才能达到预期效果。凡经 1％硫酸阿托品点眼散瞳而无虹膜粘连，并存在对光反射阳性的白内障进行手术，其视力恢复可有希望。否则，手术预后不良。

[经验小结]

1. 术后 2～3 天出现羞明、流泪、结膜潮红、眼部肿胀，采取抗菌消炎等术后护理，对犬的康复具有重要意义。

2. 手术摘除是治疗白内障的唯一有效方法。一般认为白内障成熟期是手术的最佳时间，不成熟期进行手术易复发，且可继发前色素层炎或虹膜囊肿，过熟期常因眼失明，晶体前囊皱缩等手术意义不大。

（七）眼球脱出

眼球脱出是指整个眼球或大半个眼球脱出眼眶的一种外伤性眼病。临床上短头品种犬如北京犬、西施犬等因眼眶较大更易发生。

[临诊实例] 一日，一畜主带 2 岁京巴来我院就诊，主诉来医院就诊前将犬放在车筐上玩耍，不小心掉下来，其中一只眼睛受伤突出眼眶。临床检查发现，由于受伤时间较短，患眼轻微突出，沾有少许污染物，同时不断流出少量血液，球结膜充血，未发生干燥或水肿。病犬患眼敏感，情绪激动，其余均正常。

[病因浅析] 动物之间斗咬或遭受车辆冲撞，特别是头部或颞窝部受剧烈震荡后容易导致眼球脱出。本病多发生于北京犬等短头品种犬，与其眼眶偏浅和眼球显露过多（大眼睛）有关。

[初诊依据]

1. 临诊症状 依据眼球脱出的轻重程度，可分为眼球突出和脱出两种情况。

眼球突出：突出于眼眶外的眼球呈半球状，由于发生嵌闭而固定不动，眼球表面被覆血凝块，结膜充血严重，角膜很快干燥、浑浊无光。

眼球脱出：整只眼球由高度紧张的眼肌悬垂于眼眶外，出血严重。随着脱出时间延长，角膜及整个眼球变性干燥，同时视神经乳头及视神经发生变性，视力完全丧失。

2. 眼球脱位出现以下严重病理变化 因窝静脉和睫状静脉被眼睑闭塞，引起静脉淤滞和充血性青光眼；严重的暴露性角膜炎和角膜坏死；引起虹膜炎、脉络膜视网膜炎、视网膜脱离、晶体脱位及视神经撕脱等。

[定性诊断] 依据患眼典型异常表现，容易作出诊断。

[防控措施] 眼球脱出后应尽快施行手术复位。据有关资料，眼球突出后3h内整复，视力可望不受影响。若超过3h则预后不良。若眼球脱出则预后不良。治疗时对动物全身麻醉，用含有适量氨苄青霉素或庆大霉素的灭菌生理盐水清洗眼球，再用浸湿的纱布块托住眼球，将突出或脱出的眼球向眼眶内按压使其复位。若复位困难，做上、下眼睑牵引线以拉开睑裂或切开外眼角皮肤，均有助于眼球复位。为润滑角膜和结膜并预防感染，在结膜囊内涂以四环素或红霉素眼膏，然后对上、下眼睑行结节或纽扣状缝合并保留1周左右，以防眼球再次脱出。对脱出时久已干燥坏死的眼球，将其切除后在眼眶内填塞灭菌纱布条，睑缘作暂时缝合；术后12~24h除去填塞的纱布，每天通过眼角用适宜消毒液对眼眶冲洗。术后还可配合应用消炎、消肿药物，促使球后炎性产物的吸收。

[经验小结]

1. 眼球脱出的预后情况取决于患眼的脱出程度、脱出时间及是否正确处理。

2. 眼球脱出后应尽快施行手术复位，若复位困难，做上、下眼睑牵引线以拉开睑裂或切开外眼角皮肤，均有助于眼球复位。复位后为防止患眼再次脱出，可对上、下眼睑行结节或纽扣状缝合并保留 1 周左右，防止眼球脱出。

3. 对脱出时久已干燥坏死的眼球，需及时实施眼球摘除术。

四、耳病

（一）耳血肿

犬耳血肿是耳廓内侧皮下出血引起的肿胀。由于耳溢血，导致耳组织分离，形成充满液体的固定血肿。临床上以耳壳内侧凹面上出现坚实的、充满液体的固定团块为主要特征。

[临诊实例] 一犬主带着一条 4 岁多的北京犬，体重约 6kg，左耳耳廓肿胀下垂，到宠物医院就诊。犬主诉：4 天前该犬不知原因左耳耳廓局部突然肿胀，时不时用爪抓耳患部，患部肿胀越来越大，经常摇头甩耳，伴随食欲减退。经检查，发现患犬整个左耳内侧都肿胀，患部较为坚实，局部患处有热感、有疼痛反应，触之富有弹性和波动感，穿刺排出褐色脓血。

[病因浅析] 本病多因急慢性耳炎、耳内寄生虫、犬与犬之间互相咬斗、洗浴不当进水等原因引起耳局部频繁瘙痒、抓咬、甩耳、摇头等引起耳内血管破裂而发生。本病是玩赏犬常见的外科病，以耳大下垂品种犬多见。

[初诊依据] 根据临诊症状诊断为耳血肿。

[定性诊断] 根据发病部位及穿刺耳部排出血液可确诊。

[药敏试验] 为了有效地治疗耳血肿，最好先做药敏试验，以筛选出敏感的药物供临床参考应用。

[防控措施]

1. 保守疗法 对于小血肿初期时，可用注射器抽出耳血肿渗出液。先保定好患犬，耳朵常规消毒后用一次性注射器尽可能完全抽干里面渗血，血肿抽干后，注入 1‰甲醛酒精混合液 2～4mL，静待 5～10min 后抽出。第 2 天再次抽干血肿，注入 1‰甲醛酒精混合液 2～4mL，静待抽出如此反复，每天 1 次，连用3～4 天，以抑制耳内渗血，外配合加压耳绷带维持 1 周左右。也可采用注射器抽尽里面积液后，注入氨苄 0.5g、地塞米松5mg、利多卡因 2mL、注射用水 2mL 的混合液 2～4mL，第二天再次抽干血肿液，注入以上混合液 2～4mL，每天 1 次，连用4～5 天。每天肌内注射氨苄 0.5～1g，鱼腥草 1～4mL，效果良好。

2. 手术疗法 对于大血肿多采用此法。犬发生大血肿时，一般不宜在血肿发生时立即手术切开，而要在耳内出血停止，耳血肿腔内血液凝固时进行手术。

手术方法：术前2h 肌内注射氨苄青霉素、止血敏。术前肌内注射犬眠宝进行全身麻醉，耳根部普鲁卡因局部麻醉。患犬进入浅麻醉状态后，将患耳 2‰的碘酊常规消毒剃毛，耳内塞入棉花球防止血液进入耳内。用手术刀在耳壳内侧肿胀部中间作一切口，切口长度与血肿等长，切口深度以刚好达到耳壳软骨为宜，切不能伤及耳壳软骨。血肿切开后迅速用纱布擦干溢出的血肿液，并轻压排出耳内剩余积液。清除血肿腔内血凝块和纤维块。如有出血用浸有 0.1‰肾上腺素液纱布条轻压。切口用氨苄青霉素水溶液冲洗。在切口两侧用 4 号丝线做几排水平纽扣状缝合，以缝合耳壳全层。缝合时从耳廓凸面进行穿透全层至凹面，再从凹面进针穿出凸面，并在凸面打结，针距 5～10mm，每排间隔5～10mm。为促进创内引流，皮肤创缘不对齐缝合。缝合完毕用绷带包扎，3～5 天拆除绷带并更换一次。术后 10 天左右拆除缝合线。

[经验小结] 术后应加强消炎和护理工作，以防伤口久不愈合。术后 3～4 天内注射止血敏、安络血等，以防止耳内出血，同时肌内注射氨苄 0.5～1g，每天 1～2 次，连用 4～5 天，防止

继发感染。术后如患犬不安，不时抓耳，甩耳时，可戴伊丽莎白项圈并适当注射镇静剂如安定或氯丙嗪，以防止由于抓搔等原因引起耳血肿再度发生。

（二）中耳炎

中耳炎是指鼓室及耳咽管的炎症。各种动物均可发生。

［临诊实例］一只雄性德国牧羊犬，犬名：小虎，毛色为黑色。2009年5月20日主人带该犬至宠物医院就诊，该犬右耳有黏液排出，且不时甩耳，右眼红，初步诊断为中耳炎。经口服头孢拉定胶囊，患耳用滴耳油，症状有所减轻，身体状况如常。2009年6月症状加剧，患耳黏液排出量多，常将该侧头颈部被毛污染，甩耳频繁，有臭味，患侧眼炎，分泌物浓厚。

［病因浅析］常继发于上呼吸道感染，炎症蔓延至耳咽管，再蔓延至中耳而引起。

外耳炎、鼓膜穿孔也可引起中耳炎。链球菌和葡萄球菌是中耳炎常见的病原菌。

［初诊依据］单侧性中耳炎时，动物将头倾向患侧，患耳下垂，有时出现回转运动。

两侧性中耳炎时，动物头颈伸长，以鼻触地。

化脓性中耳炎时，动物体温升高，食欲不振，精神沉郁，有时横卧或出现阵发性痉挛等症状。

炎症蔓延至内耳时，动物表现耳聋和平衡失调、转圈、头颈倾斜而倒地。

［定性诊断］根据发病部位，结合对耳道分泌物的涂片镜检可以确诊。

［药敏试验］为有效治疗中耳炎，取耳分泌物做药敏试验，以筛选出敏感的药物供临床参考应用。

［防控措施］采取局部和全身应用抗生素治疗，充分清洗外耳道后滴入抗生素药液，并配合全身应用抗生素，以便药物进入

中耳腔，用药前最好能对耳分泌物作细菌培养和药敏试验。如果临床症状未能改善，可采用中耳腔冲洗治疗。动物全身麻醉用耳镜检查鼓膜，若鼓膜已穿孔或无鼓膜，可将细吸管插入中耳深部冲洗，若鼓膜未破，用细长的灭菌穿刺针穿通鼓膜，放出中耳内积液，用普鲁卡因青霉素反复洗涤，直至排出液清亮透明。

[经验小结]

1. 确诊中耳炎后，选准抗生素。症状消失后继续用药 1～2 周，以防复发。

2. 尽早实施静脉滴注，效果好恢复快。

五、头部疾病

（一）特发性巨食道

犬巨食道症，又称食道迟缓症，是一种神经-肌肉机能障碍造成的后果。这是胆碱能协调与神经支配功能紊乱。当后段食道括约肌迟缓能力下降时，食道不能继续蠕动。

[临诊实例] 一只 5 岁雌性京巴犬，无生育史，体重 5kg，平时喜食大量牛肉、排骨和巧克力等食物，一次饲喂鸡肝后，出现顽固性的呕吐与厌食症状。经常规的输液、止吐和开胃等对症疗法治疗后并未见明显效果。两周后，该犬已明显消瘦。

[病因浅析] 本病的病因尚未清楚，可能与心理、遗传、甚至中毒和外伤有关。犬巨食道症常见于转换成喂固体犬粮之际的幼犬，但至 7 岁的成年犬也可发生。多见于德国牧羊犬和德国大丹犬，公犬较母犬多发。本病亦可伴发于杰克犬、哄猎犬、猎狐犬、及大种犬幼犬的重症肌无力。

[初诊依据] 患犬临床表现为吞咽困难，采食后呕吐出未消化食物。患犬食欲良好，甚至极度饥饿，但消瘦。后期衰竭死亡。犬巨食道症的临床经过可分为三个阶段。第一阶段是突然发病，以呕吐食物和黏液为特征。X 线造影检查，仅显示食道轻度

扩张，食道蠕动和排空减慢。第二阶段是食道不断扩张，排空明显缓慢。第三阶段出现多次自发性呕吐，X线显示食道巨大扩张。

[定性诊断] 需进行 X 线诊断，犬巨食道症的 X 线表现为：

1. 常规 X 线检查 显示从胸腔入口至膈裂孔处有一条横置的高度扩大的软组织密影。如扩大的食道有液体和气体时，可见其气液面。背侧的食道壁因气体存在而清晰可见。

2. 造影检查 显示食道异常扩张，呈横置的宽带状密影，可出现气液面。食道的贲门部明显狭窄，边缘光滑整齐。

[防控措施]

1. 食物饲喂法 为了减轻其返流症状，在饲喂时将食盆放高，或者让病犬保持直立体位。饲喂营养丰富的流质食物，喂完后稍作休息，并对犬食道部及其背部作 4～5min 的按摩，以促进食物通过食道。

2. 平时的饲后管理 在每次饲喂完毕后，让病犬保持直立体位 1h，以确保食物完全通过食道的膨大部。直立过程结束后，让病犬自由活动或强制走动 30min，使病犬的胃肠蠕动得到加强。由于患巨食道症的病犬除了饲后的食物返流外，还有平时吞咽唾液的返流，因此除饲喂过程外，对该病犬每隔 4h 保持直立体位 1h，以保证其吞咽的唾液能够顺利地通过食道，而不误入气管。另外，在护理人员睡前需将病犬保持直立体位 1h，病犬睡时在其体前部加垫一个温度适宜的大热水袋，以保持其前高后低的斜睡体位，这些对减轻病犬晚间的返流症状有明显的效果。

3. 药物治疗 由于犬巨食道症的病因复杂，尤其是成年犬的巨食道症往往预后不良，因此一时无法找到针对该病的特效药物。可采取对症治疗的方法，上午口服胃复安 5mg，以促进胃肠的蠕动；晚上在护理人员睡前肌内注射阿托品 0.08mg，减少其唾液的分泌，减轻病犬晚间的返流症状。

[经验小结] 消化道造影术的应用则成为犬巨食道症确诊的

关键一步。在犬巨食道症已经确诊，药物治疗无效或无法找到原发病的情况下，直立体位饲喂法成为唯一有效的保守治疗方案，而护理人员能否正确使用该法，有效的改善对病犬的饲养管理，则是减轻病犬症状的关键。由于成年犬的犬巨食道症往往预后不良，这就需要提前与病犬主人沟通，取得谅解。

（二）气管狭窄

气管狭窄或气管塌陷是发生在颈部或胸部，有时发生在全部气管的上、下管壁压扁，造成管腔狭窄的一种呼吸器官疾病。本病多发生于中年或生长发育阶段的小型犬和玩具犬。气管塌陷的最常发部位是在胸腔入口处。

[临诊实例] 一只6岁未绝育杂交母犬，体重4kg。主诉其精神、食欲良好，有长期咳嗽病史，平时安静时偶有咳嗽，兴奋时喘息严重，并伴有剧烈咳嗽。来医院就诊前可能因洗澡受凉，咳嗽明显加剧。

[病因浅析] 尚不完全清楚本病的发病原因，但患本病的犬常见气管环透明软骨中糖蛋白和黏多糖含量减少。本病多发生于中年老年犬、肥胖犬和小型犬，也可发生于青年犬（约克夏犬似乎有易发趋势）。影响气管环的缺陷是气管环无法保持坚固性，随后在呼吸过程中发生萎缩。有突发咳嗽的病史（刺耳的"鹅叫式"干咳）。运动或兴奋以及牵拉脖套时咳嗽加剧。常和心脏病的症状一起出现。目前有以下几种观点：

1. 有人认为是气管的先天畸形或气管发育不良。

2. 营养性因素、过度肥胖也常与气管塌陷有关。

3. 气管感染发炎造成气管背侧韧带松弛，导致气管塌陷。

4. 曾认为是气管神经分布缺陷或中枢神经中定位神经原的病变。

5. 慢性支气管炎侵害气管透明软骨、气管肌和结缔组织，使气管变弱、变扁平。

[初诊依据]患病动物通常在运动或激动兴奋的时候出现带有响亮喘鸣音的呼吸困难。由于刺激、气管压力、喝水和采食而诱发干咳。在有些病犬于胸腔入口前能触及变形的气管。触诊气管引起"鹅叫式"咳嗽。其他全部临诊检查的指标都正常。

[定性诊断]需进行影像学诊断。气管的影像在侧位X线片上看得最清楚。正常气管基本上与颈椎和前部胸椎平行排列由前向后延续。气管的直径均匀一致，呼气与吸气动作对气管的影响在影像形态学上没有明显的变化。气管塌陷导致呼吸不畅，其典型X线征象是在胸腔入口处的气管呈上下压扁性狭窄。但需引起注意的是，气管直径的变化，特别是胸腔入口处气管直径的变化明显受拍片时颈部所处位置的影响。拍片时头和颈部过度向上方伸展则可导致气管在胸腔入口处同样显示上下压扁的气管塌陷、狭窄现象。因此，在拍片时必须注意正确摆放体位，以免误诊。

[防控措施]本病有保守和手术疗法2种。保守疗法是治疗本病的重要途径。对于病程短、气管塌陷不严重的病例，保守疗法可起到减轻、缓解病情，甚或治愈的目的。治疗气管萎陷，首先应对症治疗，控制诱因，如咳嗽和喘息等，应尽快使动物恢复安静，可将患犬带离主人身边，并将其放于安静的环境中，以使患畜尽快平静。止咳药可用二氢可待因酮；支气管扩张剂可采用氨茶碱、硫酸特布他林、硫酸沙丁胺醇等；如发现患犬黏膜发绀，则需要进行吸氧，最好使用蒸汽汽化机，让汽化的气体湿润气管黏膜，减轻患犬痛苦。同时，使用抗菌消炎药可防止继发感染。软骨营养补充剂对某些因气管软化而导致的气管萎陷患犬有一定的治疗作用。

1. 对症治疗 ①进行治疗以减缓急性病例的呼吸。乙酰丙嗪：每千克体重0.02～0.2mg，静脉注射、肌内注射或皮下注射；吸氧（面罩式）或插管；地塞米松：每千克体重1mg，静脉注射；环丁甲二羟吗喃：每千克体重0.05～0.1mg，静脉注射、肌内注射或皮下注射，每 6～12h 一次。②进行治疗以减缓慢性病例的呼吸。肾上腺糖皮质激素；强的松龙：每千克体重 0.5mg，口服，每 12h 一次，7～10 天后减小剂量。支气管扩张剂。氨茶碱：每千克体重 20mg，口服，每 12h 一次；叔丁喘宁（叔丁肾上腺素）：每只犬 1.25～5mg，口服，每 8～12h 一次。

2. 手术治疗 手术方法有很多，包括气管背侧黏膜折皱术和气管内硅化橡胶假体放置术。手术的目的是提高气道的硬度，减轻因萎陷而导致的呼吸困难，提高其通气量。患气管萎陷犬常伴有上呼吸道阻塞、鼻孔狭窄、软腭过长、喉麻痹或喉塌陷、喉室外翻等。手术前如不排除或缓解这些病变，则难以实施气管矫正术。气管矫正术可包括：气管背膜折襞术、气管内支架术、气管外支架术。

术后护理：术后要连续 5～10 天使用抗生素，且至少连用 3 天皮质类固醇激素。患犬在康复过程中经常会有顽固性咳嗽，可能是由于气管内插管和穿透气管的缝线引起的炎症和水肿所致。如使用支气管扩张剂（长效茶碱）、抗炎药（泼尼松、地塞米松）和镇咳药（布托啡诺、可待因）仍继续顽固性咳嗽，则应检查其原因。顽固性咳嗽可能与主支气管塌陷或心肌疾病有关。术后 30～45 天，可用支气管内窥镜检查气管和支气管内结构。约 20％患犬在术后早期需施气管造口术。手术矫正可能会引起很多并发症，没什么意义。

［经验小结］

1. 由于气管萎陷较难根治，对患犬的日常监护尤为重要。对于肥胖的患犬，要进行有计划的锻炼，但因其运动能力有限，一定要结合高纤维、低脂肪的饮食以逐渐减轻体重。

2. 患犬要限制运动，外出散步时宜使用胸背带代替项圈，以减少对气管的机械性刺激。

3. 患犬须避免过度兴奋或紧张，应尽量避免因湿、热等应激而导致患犬临床症状加剧。

六、胸部疾病

（一）胸腔积液

胸腔积液是指液体潴留于胸膜腔内。视胸腔积液的量而异，患犬表现不同程度的呼吸急促至呼吸困难。

[临诊实例] 一犬主带其患犬前来就诊，主述该犬近段时间精神沉郁，食欲降低，呼吸急促，困难，在当地兽医院治疗两天没见效果，转院而来。根据基本临床检查，并结合 X 线检查和实验室化验，初诊为胸腔积液。

[病因浅析] 胸腔积液可产生于心脏功能不全、肝肾疾病和血浆低蛋白血症时的漏出液，胸导管受压破裂的淋巴液，胸外伤、恶性肿瘤的血液，化脓性炎症的脓液等。

[初诊依据] 充血性心力衰竭、肾脏疾病或血浆蛋白过低可产生漏出液潴留于胸腔。胸部外伤、肺脏或胸膜的恶性肿瘤可以发生血性积液。胸膜炎时产生的是炎性渗出液积聚，若为化脓性炎症则为积脓。由于胸腔内积聚的液体影响肺的活动和胸廓运动，故患畜表现出明显的呼吸困难。

[定性诊断] 需进行影像学诊断。X 线检查仅可证实胸腔积液，但不能区别液体性质。胸腔积液包括游离性、包囊性和叶间积液。胸腔积液多为双侧发生。极少量的游离性胸腔积液（小型犬：<50mL；中、大型犬：<100mL），在 X 线上不易发现。游离性胸腔积液量较多时，站立侧位水平投照显示胸腔下部均匀致密的阴影，其上缘呈凹面弧线。这是由于胸腔负压、肺组织弹性和液体重力及表面张力所致。大量游离性胸腔积液时，心脏、大血管和中下部的膈影均不可显示。侧卧位投照时，心脏阴影模糊、肺野密度广泛增加，在胸骨和心脏前下缘之间常见三角形高密度区。当液体被纤维结缔组织包围并因粘连而固定某一部位，形成包囊性胸腔积液时，X 线表现为圆形、半圆形、梭形、三角

形，密度均匀的密影。如发生于肺叶之间的叶间积液，X线显示梭形、卵圆形、密度均匀的密影。

[防控措施] 首先查明病因，积极治疗原发病。同时结合对症治疗，可以进行胸腔穿刺排液。

（二）气胸

气胸是指空气进入一侧或双侧胸膜腔，引起全部或部分肺萎陷。气胸可分为开放性气胸、闭合性气胸、张力性气胸和中隔积气四种。开放性气胸是空气经胸壁穿透进入胸膜腔，如咬伤、撕裂伤、撞伤或枪伤等。闭合性气胸是空气经胸膜撕裂而胸壁完整的肺损伤进入胸膜腔，如伴有肺、支气管撕裂、甚至闭合性肋骨骨折的钝性外伤后，横膈破裂后等。张力性气胸是肺创口呈活瓣状，吸气时空气经肺损伤进入胸膜腔，但在呼气时不能完全排出，导致胸膜腔内压力不断升高，肺、静脉受压迫，很快出现窒息，如钝性胸外伤后。纵隔积气是指在肺胸膜尚完整的肺撕裂时，空气经支气管周围的胸膜下组织进入纵隔。

[临诊实例]

病例1：李学生带其7月大哈士奇，在学校附近山上打猎，用弓箭射猎物时不幸射中该哈士奇胸部，送宠物医院就诊。检查：弓箭从犬右侧胸壁肋间射入胸腔，空气随呼吸自由进入，患侧胸廓扩大，肺膨胀不全、疼痛，对人畜惊恐不安，呼吸急促，腹式呼吸，可视黏膜和舌头紫绀。

病例2：一西施犬，雄性，14月龄，体重6kg，被一出租车撞伤。伤犬表现为呼吸急促，听诊呼吸音减弱，可听到骨摩擦音。右胸触诊患犬闪避不安，叩诊呈鼓音，直肠温度38.1℃，心跳148次/min，呼吸频率50次/min。X线检查见右胸外侧高度透亮，无肺纹理走向，在被压缩的肺表面显示为一层纤细边缘，右4～6肋骨骨折，患犬体表无明显创伤，诊断为闭合性气胸。

[病因浅析] 在兽医临床上，由于机械损伤、咬伤等原因，犬的气胸时有发生，常表现为呼吸困难，可视黏膜苍白、发绀。若不给予及时的治疗，则可能导致动物死亡。

[初诊依据] 无并发症的闭合性气胸时，积气量不足胸膜腔的30%者，通常无临床症状，并可缓慢重吸收。较大积气量时，则取决于肺萎陷的程度而出现呼吸困难、腹式呼吸等。胸部似扩大，且外伤部位疼痛。叩诊有太响的臌音，听诊心肺音不清楚。注意可能伴发有外伤、肋骨骨折和肺出血。

开放性气胸时，由于空气可以自由出入胸腔，胸腔负压消失，肺组织被压缩。被压缩的肺组织其通气量和气体交换量显著减少，胸腔负压消失的结果是影响血液回流，造成心排血量减少。因此，患病动物表现出严重的呼吸困难、烦躁不安、心跳加快、可视黏膜发绀和休克等症状。

[定性诊断] 气胸可经放射检查做确诊。小动物肺野显示萎陷肺的轮廓、边缘清晰、密度增加，吸气时稍膨大，呼气时缩小。在此萎陷肺的轮廓之外，显示比肺密度更低的、无肺纹理的透明气胸区。一侧性大量气胸时，纵隔可向健侧移位，肋间隙增宽，横膈后移。

[防控措施]

1. 对患开放性气血胸的犬，全身麻醉后进行胸腔探查术。

2. 对患闭合性气胸的犬，2%的利多卡因作第一肋间神经传导麻醉，然后用末端接有7号针头的一次性输液器在麻醉部位沿下肋骨上缘缓慢刺入，有落空感后开始抽气，直致患犬呼吸缓解为止，再注入地塞米松1mL，阿米卡星2mL。拔针后局部用酒精棉球压迫1min，胶布固定。采用该方法每天抽气一次，至犬的呼吸基本恢复正常，X线检查肺完全复张。

[经验小结] 气胸的治疗应具体情况具体分析。对闭合性气胸，气胸患者肺压缩小于30%，肋骨未出现粉碎性骨折且错位不大，能自行愈合者，可采取保守疗法——穿刺抽气，恢复胸内

负压，即可获得满意的治疗效果，前面所遇西施犬即属此类。但如果出现下述症状肺压缩肋骨出现粉碎性骨折或胸腔积血过多者大于30%，应果断开胸探查，修补破损肺脏，取出骨碎片，抽出积血。开放性气胸治疗原则与闭合性气胸相似但应迅速关胸抽气恢复胸内负压对张力性气胸由于患犬胸内压高于大气压，故应迅速抽气减压。若患犬症状无缓解，应立即行胸腔闭式引流术。同时，气胸发生后，应立即对患犬进行止痛、供氧、镇静等辅助治疗以缓解呼吸症状，降低死亡率。注意护理，嘱咐将患犬放置在安静的屋子里，以避免患犬激动，影响术犬的康复。

七、腹膜炎

腹膜炎是指腹腔黏膜发生的炎症，临床上可分为急、慢性炎症，也可分为局限性和广泛性炎症。

[临诊实例]李女士带其犬至宠物医院就诊，该犬8岁，消瘦，已7天不食，精神委顿，初诊腹部敏感有硬块，B超见腹腔有腹水，穿刺抽出带有絮状的黄色腹水。

[病因浅析]多由腹腔以及盆腔脏器的炎症蔓延引起。另外，球菌、化脓菌等感染也可继发腹膜炎。

急性广泛性腹膜炎见于腹部的较大创伤；肝、脾、肠淋巴结脓肿的破溃；胃肠或子宫的穿孔；肠变位的后期及各种病菌引起的败血症。

局限性腹膜炎见于腹膜的创伤，以及腹部手术时所致的创伤。

[初诊依据]急性广泛性腹膜炎，体温突然升高，精神沉郁，食欲废绝，有时呕吐。腹痛，常见吊腹，不敢运动，走动时多有弓腰、迈步拘泥表现。触诊腹部，腹壁紧张且敏感。呼吸浅而快，呈胸式呼吸。后期腹围增大，轻轻冲击触诊，有波动感，有时可听到拍水音，腹腔穿刺液多混浊、黏稠，有时带有血液或脓

汁。重剧者多死于虚脱和休克。整个病程一般为 2 周左右，少数在数小时到 1 天内死亡。局限性病例，主要表现为不同程度的腹痛，且多限于腹部某些部位。有时会继发肠管功能的紊乱，如便秘、消化不良、肠臌气等。

[定性诊断] 腹水检查：一般认为腹腔器官的任何炎症，都可使腹水量、颜色、成分发生变化。健康动物腹水很少，不易抽出，色淡黄而澄清。若腹水量多，颜色改变，异物浑浊甚至恶臭及细胞成分改变（有大量白细胞）即为腹膜炎和腹腔器官严重疾病的标志。依据临床症状结合腹腔穿刺，如穿刺液为渗出液可确诊，鉴别诊断：肠变位、胃扭转、子宫蓄脓相区别。

[防控措施] 先要治疗原发病，再作其他处理。

1. 对于穿孔所引起腹膜炎，应急时作外科处理。

2. 大剂量抗生素腹腔注射。青霉素 800 万～2 000 万 U 磺胺嘧啶钠 800 万～1 500 万 U 一次性腹腔注射。0.25％普鲁卡因 300mL。为防止炎症蔓延和败血症形成，可肌内注射或静脉注射抗生素消炎，可选用青霉素每千克体重 2 万 U，肌内注射，每天 2 次，连用 3～5 天。也可选用硫酸庆大霉素每千克体重 0.1 万～0.15 万 U，肌内注射，每天 3～4 次，连用 3～5 天。此外也可选用头孢菌素、红霉素等进行治疗。腹痛明显，可皮下注射吗啡或杜冷丁；脱水，可静脉滴注 5％葡萄糖溶液或林格氏液 250～500mL，每天上、下午各一次。腹腔积液严重者，可作外科引流处理。

3. 止痛、增强血管致密度及促进血凝——安乃近、布洛芬；10％氯化钙 100～150mL 静脉注射。

4. 其他对症处理——强心、纠正酸碱平衡。

5. 中药治疗。取槟榔皮 25g，桑白皮 20g，陈皮 10g，茯苓 20g，白术 20g，葶苈子 25g，水煎至 50mL，按每千克体重 2mL 直肠深部灌入，每天 1 次。

[经验小结] 查明原发病，结合对症治疗是关键。

八、直肠肛门疾病

(一) 直肠脱

直肠和肛门脱垂是指直肠末端的黏膜层脱出肛门（脱肛）或直肠一部分、甚至大部分向外翻转脱出肛门（直肠脱）。

[临诊实例] 赵某送来一只雌性德国牧羊犬，体重 8kg，年龄 6 月龄，主诉该犬前几天排稀便，经治疗稍有好转，但今天早晨发现该犬舔食肛门，见有一红色香肠状物脱出并出血，其他未见异常，特来我动物医院就诊。经检查，体温、脉搏、呼吸均正常，直肠及黏膜完全外翻呈圆柱状从肛门突出约有 8cm 长，直肠黏膜呈红色、有光泽，黏膜水肿较重，明显变粗，局部有轻度溃疡但无坏死。决定采取整复治疗，妥善保定病犬，用 5％明矾温水清洗脱出的肠管，由于水肿较重，用灭菌的细针轻刺水肿部挤出水肿液及淤血，冲洗干净再用手将脱出的直肠轻轻送入肛门内，为防止再脱出，在肛周围用 95％酒精分点封闭注射。并在肛门外施行荷包缝合。为防引发感染对该犬静脉注射抗菌消炎药一次。但由于畜主护理不当，该犬于 5 月 13 日发现直肠又脱出。该犬精神沉郁，食欲废绝。临床症状，肛门处有一香肠样脱出物长约 10cm 弯曲下垂，脱出的黏膜发炎，在黏膜下层形成高度水肿，手指不能沿脱出有直肠和肛门之间向盆腔方向推入。由于肠管脱出的时间较长，肠管被肛门括约肌箍压，而导致血液循环障碍，水肿非常严重。同时因受外界污染，表面污秽不洁，沾有泥土，脱出的肠管已出血坏死并有损伤。决定手术切除坏死肠管。

[病因浅析] 直肠脱是由多种原因综合的结果，但主要原因是直肠韧带松弛，直肠黏膜下层组织和肛门括约肌松弛和机能不全。直肠脱的诱因为长时间泻痢、便秘、病后瘦弱、病理性分娩，或用刺激性药物灌肠后引起强烈努责，腹内压增高促使直肠

向外突出。

[初诊依据] 轻者直肠在病畜卧地或排粪后部分脱出，即直肠部分性或黏膜性脱垂。临床诊断可在肛门口处见到圆球形，颜色淡红或暗红的肿胀。随着炎症和水肿的发展，则直肠壁全层脱出，即直肠完全脱垂。病畜常伴有全身症状，体温升高，食欲减退，精神沉郁，并且频频努责，做排粪姿势。

[防控措施] 病初及时治疗便秘、下痢、阴道脱等。并注意充分饮水。对脱出的直肠，则根据具体情况，参照下述方法及早进行治疗。

1. 整复 目的是使脱出的肠管恢复到原位，适用于发病初期或黏膜性脱垂的病例。方法是先用0.25％温热的高锰酸钾溶液或1％明矾溶液清洗患部，然后用手指谨慎地将脱出的肠管还纳原位。最好给病畜施行荐尾硬膜外腔麻醉或直肠后神经传导麻醉。在肠管还纳复原后，可在肛门处给予温敷以防再脱。

2. 剪黏膜法 适用于脱出时间较长，水肿严重，黏膜干裂或坏死的病例。其操作方法是按"洗、剪、擦、送、温敷"五个步骤进行。

3. 固定法 在整复后仍继续脱出的病例，则需考虑将肛门周围予以缝合，缩小肛门孔，防止再脱出。

4. 直肠周围注射酒精或明矾液 目的是利用药物使直肠周围结缔组织增生，借以固定直肠。临床上常用70％酒精溶液或10％明矾溶液注入直肠周围结缔组织中。

5. 直肠部分截除术 手术切除用于脱出过多、整复有困难、脱出的直肠发生坏死、穿孔或有套叠而不能复位的病例。

[经验小结]

1. 直肠脱是由多种原因结合的结果。其主要原因是直肠韧带松弛，直肠黏膜下层组织和肛门括约肌松弛或机能不全。

2. 直肠脱的诱因是长期腹泻、便秘、病后瘦弱、病理性分娩等引起强烈努责，腹内压升高促使直肠向外脱出。

3. 手术切除坏死肠管时，必须切到有生命力的肠管，以利于肠管的愈合。

4. 术后护理是手术成功的保证，一般在术后24h后精神开始好转。48h后明显有食欲，于第3天喂少量流食，对促进胃肠蠕动预防肠粘连以及促进疾病痊愈都有重要意义。

（二）肛周瘘

肛周瘘是慢性肛周感染在肛门附近形成的瘘管，一端通入肛管，一端通于皮外。多发于犬。

[临诊实例] 一只6岁母博美犬，体重约4kg。犬的肛门内括约肌与外括约肌之间，有一对球状的肛门小囊直径约1cm，各有一小管开口于相应的肛门两侧内容物恶臭，正常时摸不到。当肛门小囊开口关闭，内容物无法排出时，即引起发炎、肿胀，进而化脓，肛门旁侧约1cm的皮肤破溃，形成肛周瘘。

[病因浅析] 多数肛瘘继发于肛管周围脓肿、肛囊炎等。由于脓肿破溃或切开排脓后，伤口不愈合形成感染通道。也可由肛门外伤、先天性发育畸形所致。

[初诊依据] 取决于瘘管侵害的范围。其主要临诊表现为肛瘘的外口有脓汁流出，局部皮肤受刺激而引起瘙痒，流脓的多少与瘘管的大小及其形成时间有关，较长的新生瘘管排脓量多，有时外口由于表皮增生而覆盖形成假性愈合，管内脓液蓄积，局部肿胀疼痛。甚至出现发热、精神沉郁等全身感染症状。当脓肿再次破溃，积脓排除后症状消失。上述表现反复发作是瘘管的临床特点，有时形成多个外口，成为复杂瘘管。

另外很多动物表现为排便困难，里急后重，从肛周瘘管中流出血液和恶臭脓汁，若是内外瘘，还可从瘘管外口排出粪便和气体。有的出现慢性便秘，偶见继发性巨结肠、厌食、体重减轻等症状。

[定性诊断] 根据临床表现，若肛周脓肿破溃或切开引流久不愈合，并不断流出脓液，即可确诊为肛周瘘。根据瘘管外口的大小、数目、位置推断肛瘘的类型。诊断时应检查瘘管的走向，找到瘘管内口，一般采用下面几种方法。

1. 探针检查　宜用软质探针，从外口插入，沿管道轻轻向肛管方向探入，用手指伸入肛门感知探针是否进入，以确定内口。但若是弯瘘或外口封闭则探针无法探诊。

2. 注入色素　常用5％亚甲蓝溶液，首先在肛管和直肠内放入一块湿纱布，然后将亚甲蓝溶液由外口缓缓注入瘘管，若纱布染成蓝色，表示内口存在。但因有的瘘管弯曲，加之括约肌收缩，瘘管闭合，阻碍染料进入，所以纱布未染色也不能绝对排除瘘管的存在。

3. X线造影　于瘘管内注入30％～40％碘甘油或12.5％碘化钠溶液，或用次硝酸铋和凡士林1∶2做成糊剂，加温后注入瘘管，X线摄影可显示瘘管部位及走向。但此法与注入色素相似，上面所涉及的因素使显影液难以注入则不能显影。

4. 手术探查　经临床检查仍不能确定内口时，可在手术中边切开瘘管边探查寻找。

[防控措施]

1. 非手术法　肛周瘘很少自然愈合，手术是主要疗法。极个别不能手术的病例，可用非手术疗法，以减轻症状，防止瘘管蔓延，但不能治愈。给以富营养的饲料，安静休息，用温水洗涤肛门，洗后擦干，保持肛门部清洁，尽量避免腹泻和便秘，减少尾根、尾毛对肛门部的压迫和摩擦刺激，若有炎性肿胀、疼痛或脓汁较多，可用局部清洗、广谱抗生素及理疗等。

2. 肛瘘切开或切除　肛周瘘手术首先必须找到内口，并了解内口和瘘管与括约肌之间的关系。一般采用手指检查或注入染料的方法，然后用探针从外口向内口穿出留置，切开探针上部分的瘘管，并刮除其中的肉芽组织，压迫止血。剪去两侧多余的皮肤，不使创缘皮肤生长过快而影响愈合，创面敷以凡士林纱布。术后伤口开放，引流通畅，使肛管内部伤口小，外部伤口大，便于肛管内部伤口比外部伤口先行愈合，防止伤口浅部愈合过速，深部形成新的管道。如伤口较大，可先部分缝合以加速愈合，完全缝合伤口的方法多因感染而失败，故不主张用。

3. 冷冻疗法 冷冻疗法是通过冷冻使瘘管里感染的组织变性坏死以治疗瘘管的一种方法。曾被许多人认为是一种有潜力的方法，可以保护健康组织并促进病部肉芽加速愈合。然而临床实践证明，此法难以达到这一目的，因为冷冻的过程使周围健康组织损害的程度比外科手术或切除破坏更为严重，且术后肛门狭窄的发病率明显上升，故目前已很少有人应用。

4. 激光疗法 激光疗法是应用高能激光的热效应、光化学效应等将瘘管破坏、切开或切除，使之治愈的一种治疗方法。目前常用的有 CO_2 激光、Nd～YAG 激光等。

[经验小结]

1. 发现犬肛门腺炎，应及早到正规动物医院进行处理，切忌盲目用药，延误治疗时机，使病情恶化。

2. 一般发现症状后及时清理腺内分泌物，并注入抗生素，3～5 天即可治愈。

3. 手术治疗时要彻底清除脓液和坏死组织，瘘管和增生肉芽组织要切除完全，对肛门动脉要及时结扎止血，闭合创腔时不能留有死腔。

4. 在日常保健时可每月清理一次，在犬肛门两侧 4 点、8 点的位置由下而上，将其中的分泌物挤出，可防止肛门腺炎的严重发作。

5. 犬的饲喂过程中，日粮成分要相对稳定，可在日粮中添加少量的粗纤维，并养成每日定时排便的习惯。防止犬的便秘和腹泻的发生，可减少犬肛门腺炎的发生。

九、疝

(一) 脐疝

脐疝指腹腔脏器经脐孔脱至脐部皮下所形成的局限性突起，其内容物多为网膜、镰状韧带或小肠等。主要与遗传有关，先天性脐部发育缺陷，动物出生后脐孔闭合不全，以至腹腔脏器脱出，是犬发生脐疝的主要原因。在临床上，主要呈现脐部出现大小不等的局限性球形突起，触摸柔软，无热无痛。本病是幼龄犬的常发病。

[临诊实例] 某市民有两只京巴犬，同窝，2月龄。主诉：近日发现两只幼犬腹部有肿块，吃食后变大，触摸感觉柔软。

[病因浅析] 本病主要与遗传有关，先天性脐部发育缺陷，动物出生后脐孔闭合不全。此外，母犬分娩期间强力撕咬脐带可造成断脐过短，分娩后过度舔仔犬脐部，均易导致脐孔不能正常闭合而发生本病。也见于动物出生后脐带化脓感染，从而影响脐孔正常闭合逐渐发生本病。

[初诊依据]

1. 临床检查 临床检查发现脐部出现局限性突起，触诊柔软，无热无痛，压挤突起部明显缩小，并可触摸到脐孔，疝孔大小约为25mm×20mm，犬仰卧保定后，用手指按压尚能将内容物还纳腹腔。

2. 类症鉴别 患有脐疝的动物一般无其他临床症状，精神、食欲、排便均正常。少数脐疝因内容物与疝囊或疝孔缘发生粘连或嵌闭，则不能还纳入腹腔，触诊囊壁紧张且富有弹性，并不易触及脐孔。若嵌闭的疝内容物是肠管，脐部很快出现肿胀、疼痛，动物表现不安，食欲废绝，体温升高，脉搏加快，严重时可能发生休克。

但当疝内容物发生嵌闭或粘连时，应注意与脐部脓肿鉴别。

脐部脓肿也表现为局限性肿胀，但触之热痛、坚实或有波动感，一般不表现精神、食欲、排便等异常变化。脐部穿刺排出脓液，与脐疝显然不同。

[防控措施] 犬的小脐疝多无临床症状，一般不用治疗。母犬的小脐疝可在施行卵巢摘除术时顺便整复。较大的脐疝因不能自愈且随病程延长疝内容物往往发生粘连，必须尽快施行手术。具体方法是，动物全身麻醉后取仰卧位保定，腹底部和疝囊周围做常规无菌准备。在近于疝囊基部皮肤上做环形切口，打开疝囊，暴露疝内容物。疝内容物如无粘连、未嵌闭，将其还纳入腹腔；如已与疝囊或脐孔缘发生粘连，需仔细剥离粘连，若为镰状韧带或网膜，也可将其切除。肠管发生嵌闭时，往往需要适当扩大脐孔，才易将肠管还纳入腹腔。但若嵌闭肠管已经坏死失活，则需切除坏死肠管做断端吻合术。最后对脐孔进行修整，采用水平褥式或重叠褥式缝合法闭合脐孔，结节缝合皮肤切口。术后7～10天内减少饮食，限制剧烈活动，以防腹压过大导致脐孔缝线过早断开，复发本病。

（二）腹股沟疝

腹股沟疝指腹腔脏器经腹股沟环脱出至腹股沟处形成局限性隆起。疝内容物多为网膜或小肠，也可能是子宫、膀胱等脏器，母犬多发。公犬的腹股沟疝比较少见，主要表现为疝内容物沿腹股沟管下降至阴囊鞘膜腔内，称之为腹股沟阴囊疝，以幼年公犬多见。

[临诊实例] 某市民带着一只11岁白色马尔济斯犬前来就诊。主诉：患犬以前右腿根处，有一鹌鹑蛋大小的肿胀物，时有时无，主人曾经带犬到附近宠物诊所就诊过，宠物医生诊断为腹股沟疝，建议等肿胀物增大后再做手术。患犬腹下的肿胀物突然增大，并不见缩小或消失，精神不振，食欲减退，期间曾发生过多次呕吐，排尿次数也增多，喜卧阴凉的地面，12月14日患犬

饮、食欲废绝，呼吸急促，精神委顿，弓腰不愿走动，主人感觉患犬病情严重，前来就诊。

[病因浅析] 本病有先天性和后天性两类。先天性腹股沟疝的发生与遗传有关，即因腹股沟内环先天性扩大所致。如京巴犬、沙皮犬、巴圣吉犬和巴赛特猎犬等都有较高的发病率。后天性腹股沟疝常发生于成年犬，多因妊娠、肥胖或剧烈运动等因素引起腹内压增高及腹股沟内环扩大，以致腹腔脏器落入腹股沟管而发生本病。

[初诊依据]

1. 临床检查　患犬为雌性老龄犬，体重 4.5kg，营养状况不佳，被毛蓬乱，精神委顿；患犬弓腰，两后肢外展，阴门周围有暗红色脓性分泌物。腹下右侧腹股沟部有一鸡蛋大肿胀物；体温 39.5℃，呼吸较为急促，45～50 次/min。心率 130～140 次/min，并心律不齐；触诊腹部，患犬腹壁极度紧张，患犬并表现出逃脱、反抗行为。肿胀物硬且富有弹性，按压及改变动物体位并不能使肿胀物消失。

2. 类症鉴别　当疝内容物不可复时，应考虑与腹股沟处可能发生的其他肿胀，如血肿、脓肿、肿瘤、淋巴结肿大等进行鉴别。

（1）血肿　多由外力作用引起，临床特点是肿胀迅速增大、波动、饱满、有弹性，穿刺可排出稀薄血液。

（2）浅在性脓肿　本病是由细菌或刺激性强的化学药品引起的，有明显的发展过程，经过急剧。初期肿胀无明显界限且稍高于皮肤表面，触诊局部坚实，热痛明显。后期，中心逐渐软化并出现波动，波动越来越明显，最后自溃排脓。

（3）淋巴结肿胀　急性淋巴结肿胀时，通常呈明显的肿大，表面光滑，且伴有明显的热、痛、红；慢性淋巴结肿胀一般呈硬结肿胀，表面不平，无热痛反应，且多与周围组织粘连固着难以移动。

[定性诊断] 根据主诉，临床检查结果，决定对患犬进行如

下实验室诊断：

1. 血常规检查 发现患犬白细胞总数为 $27.6 \times 10^9/L$，淋巴细胞百分比 8.6%，中性粒细胞百分比 81.7%，单核细胞百分比 9.7%；红细胞数 $4.82 \times 10^{12}/L$，红细胞压积 36.2%。

2. B超检查 对腹部及肿胀部进行 B 超诊断，诊断为子宫蓄脓、子宫性腹股沟疝。

［**防控措施**］本病一经确诊，宜尽早施行手术修复。术前最好先对皮肤切口进行定位，提举动物两后肢并压挤疝内容物观察其是否可复，如疝内容物可完全还纳入腹腔，切口选在腹中线旁侧倒数第 1 对乳头附近腹股沟外环处，切口长度 $2\sim3cm$；如疝内容物不可复。切口则应自腹股沟外环向后延伸，切口长度约为疝囊长度的 $1/2\sim2/3$，以便在切开疝囊后对粘连部分进行剥离。手术步骤为，动物全身麻醉后取仰卧位保定，分开两后肢，腹股沟及其周围常规无菌准备，于腹股沟外环处（或向后延伸）切开皮肤与皮下组织，继续向下分离，充分暴露疝囊及腹股沟外环。在母犬或不留做种用的公犬，当疝内容物完全还纳入腹腔后，在靠近腹股沟外环处结扎疝囊颈部，并将结扎线以外多余部分的疝囊（含公犬睾丸）切除，结节或螺旋缝合腹股沟外环。对欲留做种用的公犬，于还纳疝内容物后注意保护精索。采用结节或螺旋缝合法适当缩小腹股沟外环即可。疝内容物与疝囊发生粘连时，需切开疝囊仔细剥离，将疝内容物还纳入腹腔后螺旋缝合疝囊切口。疝内容物过大或发生嵌闭难以还纳时，需扩大腹股沟外环，方有助于将疝内容物还纳。最后常规闭合皮肤切口。对于母犬的双侧性腹股沟疝，可经同一腹中线皮肤切口对左右两侧腹股沟疝进行修复，但皮肤切口一般较长。若欲同时施行卵巢、子宫摘除术，则沿腹中线打开腹腔完成。

（三）膈疝

膈疝指腹腔内脏器官通过天然或外伤性横膈裂孔突入胸腔，

是一种对动物生命具有潜在威胁的疝病，疝内容物以胃、小肠和肝脏多见。

[临诊实例] 一只 32 日龄雌性高加索幼犬，体重 2.5kg，营养中等。主诉：该犬来院前一天突然发病，主要表现为呼吸困难，腹围增大，有食欲，体温正常。

[病因浅析] 本病可分为先天性和后天性两类。先天性膈疝的发病率很低，是由于膈的先天性发育不全或缺陷，腹膜腔与心包腔相通或膈的食道裂隙过大所致，大多数不具有遗传性。后天性膈疝最为多见，多是由于受机动车辆冲撞、胸、腹壁受钝性物打击，以及从高处坠落或身体过度扭曲等因素致腹内压突然增大，引起横膈某处破裂所致。需要了解的是，膈疝的先天性和后天性分类有一定的局限性，两者界限并非十分清楚。因为膈的先天性发育不全或缺陷可成为后天性膈疝发生的因素，钝性外力引起腹内压增大只是诱因而已。

[初诊依据] 视诊见该犬呼吸极度困难，表现为张口呼吸，头须伸直，烦躁不安，腹部膨大。口腔黏膜及眼结膜无明显变化。触诊脐孔尚未完全闭合，轻拍腹部呈鼓音。听诊时由于急促不能获得有用信息。

[定性诊断] X 线检查：动物取右侧卧姿势，置胸部和前腹部于照射野内，拍摄胸部和前腹部 X 线片。读片：胃扩张，其内有大量的气体，表现为密度极低的透明阴影。膈影不明显，胸腔内结构紊乱，心脏及大血管影像被大片高密度阴影遮挡，因而模糊不清，肺纹理消失，代之以斑块状或成片密度高低不均的阴影。阴影围绕在心脏前后和心基上部，阴影旁侧为低密度透明区。

[防控措施] 本病一经确诊，宜尽早施行手术修复。术前应重视改善呼吸状态，稳定病情，提高动物对手术的耐受性。具体方法是，动物全身麻醉，气管内插管和正压呼吸。仰卧位保定后，于腹中线上自剑状软骨至耻骨前缘做常规无菌准备。自剑状

软骨向后至脐部打开腹腔，探查膈裂孔的位置、大小、进入胸腔的脏器及其多少，有无嵌闭。轻轻牵拉脱出的脏器，如有粘连应谨慎剥离；如有嵌闭可适当扩大膈裂孔再行牵拉。之后用灭菌生理盐水浸湿的大块纱布或毛巾将腹腔脏器向后隔离，充分显露膈裂孔。为便于缝合，先用两把组织钳将创缘拉近并用巾钳固定，接着用 10 号以上丝线由远及近采取间断水平纽扣缝合或连续锁边缝合法闭合膈裂孔。在缝合之前，应注意先将胸腹腔多量的积液抽吸干净。然后可利用提前放置的胸腔引流管或带长胶管的粗针头作胸膜腔穿刺，并于肺充气阶段抽尽胸膜腔积气，恢复胸膜腔负压。仔细检查和修补腹腔内脏可能发生的损伤，用生理盐水对腹腔进行冲洗，腹腔放入抗生素以预防感染，常规闭合腹壁切口。术后胸膜腔引流一般维持 2～3 天，全身应用抗生素 5 天。此外，还需根据动物精神、食欲的恢复情况采用适宜的液体支持疗法。

[经验小结]

1. 对膈疝的诊断除临床检查外，进行 X 线检查是非常必要和直观的。正常情况下由于肺内充满气体，在胸部 X 线片上只有心脏和大血管显示为密度稍高的阴影，肺纹理也依稀可见，其余地方为低密度区。当发生膈疝后腹腔内器官进入胸腔使胸腔密度增高，其 X 线征象为胸腔内出现不规则的、斑块状或成片的高密度阴影，膈影模糊不清。

2. 术中最好使用人工辅助呼吸，因在手术中胸腔与外界相通，失去负压肺无法扩张，加之麻醉后的呼吸抑制，很容易造成肺不张，而使用正压人工辅助呼吸则很好地解决了这个问题。在缝合疝孔时由于疝孔的形状不规则，应用钮孔状缝合能增大接触面积和拉合力，达到密闭缝合的目的。

（四）会阴疝

会阴疝指腹腔或盆腔脏器经盆腔后直肠侧面结缔组织间隙脱

至会阴部皮下所形成的局限性突起。疝内容物多为直肠,也见膀胱、前列腺或腹膜后脂肪。本病多发生于 7～9 岁公犬,10 岁以上公犬虽也有发生,但发病率明显降低;母犬发生本病甚少。

[临诊实例]一只 7 岁雄性京巴犬,10kg。主诉:精神沉郁,表现趴卧不安,肛门左侧有一向外突出的隆起,如鸭蛋大,排便困难,一有排便动作,犬就发出痛苦的叫声,并无大便排出,有 5 天未见排出大便,突出物和肛门发红,触摸痛感严重,食欲减退,并有呕吐现象。

[病因浅析]本病的发生与多种因素有关,其中盆腔后结缔组织无力和肛提肌的变性或萎缩是发生本病的常见因素;性激素失调、前列腺肿大及慢性便秘等因素及其相互影响对本病的发生起着重要的促进作用。研究表明,公犬的激素不平衡可引起前列腺增生、肿大。肿大的前列腺可引起便秘和持久性里急后重,长期的过度努责又可导致盆腔后结缔组织无力,从而促使了本病发生。

[初诊依据]患犬体温 38.3℃,脉搏 147 次/min,呼吸 39次/min,肛门左侧有一向外突出的隆起如鸭蛋大,呈紫红色,周围有出血性红点,肛门肿胀发炎。触摸突出物较硬,手指直肠检查可通过直肠壁感觉到疝内容物,且直肠扩张,积有多量粪便。

[定性诊断]

1. X 线检查　左右侧位 X 光片显示肛门后上方突出物密度均匀,腹腔后部和盆腔未发现膀胱和前列腺影像,背腹位显示突出物影像中央有 1 个核桃大小的高密度阴影区,腹腔后部和盆腔也未发现膀胱和前列腺影像,结果显示会阴疝的内容物为膀胱和前列腺。

2. 穿刺检查　穿刺液为黄色,比重 1.011,尿胆红素(+),蛋白(+),白细胞(+),尿胆原 $3.2\mu mol/L$。

[防控措施]本病有保守疗法和手术疗法两种。

1. 保守疗法 适用于前列腺增生肿大和直肠偏移积粪的病犬。可应用醋酸氯地孕酮，每千克体重 2.2mg，口服，每天 1 次，连用 7 天，以减轻前列腺增生；应用甲基纤维素或羧甲基纤维素钠 0.5~5g/次，口服，具有保持粪便水分，刺激肠壁蠕动的轻泻作用。

2. 手术疗法 是根治本病的可靠方法，但有一定的难度。需要熟悉骨盆腔后部直肠附近复杂的局部解剖，并具备熟练的手术操作技术。动物术前禁食、导尿和灌肠，全身麻醉后行胸卧位保定，保持前低后高姿势，肛门与会阴部常规无菌准备。皮肤切口选在疝囊一侧，自尾根外侧至坐骨结节做弧形切口。钝性分离皮下组织和疝囊，充分显露并辨认疝内容物。为便于将疝内容物完全还纳复位，多用敷料钳或长柄止血钳夹持生理盐水浸湿的纱布块将脱出的组织器官用力向前推抵。确认其复位后，将纱布块暂时填塞此处，以防疝内容物再次脱出影响下一步手术操作。此时，应仔细辨认肛外括约肌、直肠、尾肌、肛提肌、闭孔内肌、荐坐韧带、阴部内动静脉等组织结构及其相互关系。先在尾肌和肛外括约肌前部缝合 3~4 针；再从闭孔内肌到肛外括约肌间缝合 1~2 针，最后在闭孔内肌与尾肌间再缝合 1~2 针。每针缝合均暂不打结，待全部缝线穿好后，取出填塞的纱布块，再分别依次抽紧缝线打结。必须注意不要对阴部内动静脉造成压迫。为避免缝线过多而相互叠叠缠绕，每做 1 次缝合可用 1 把止血钳夹住缝线末端放在一边。最后用消毒防腐液冲洗术部，常规闭合皮下组织与皮肤切口。疝修复手术结束后，可对动物施行去势术，有利于防止本病复发。两侧性会阴疝比较少见，若行手术修复，应先完成一侧，间隔 4~6 周后再修复另一侧，如果同时修复两侧将造成肛外括约肌异常紧张。

[经验小结]

1. 会阴疝手术应早期进行，这是因为早期疝环小容易修补，成功率高；如嵌闭在疝囊内的脏器受到压迫，血液循环受阻而易发生缺血，甚至坏死，导致手术成功率很低，增加了手术的难度和危险性。

2. 本病多发生在未做绝育的老龄公犬，治疗时以手术治疗效果最好。肿大的前列腺压迫直肠可能是导致会阴疝形成的原因。在修补会阴疝的同时或疝愈以后应给犬做绝育术，因为绝育后犬的前列腺会逐渐萎缩，减轻对直肠的压迫，对预防会阴疝的形成作用非常明显。

3. 修补缝合务必要求致密，一定要边缝合边伸入手指探查，是否缝着肠管和网膜，以防粘连，特别要注意会阴神经、会阴动脉、会阴静脉，应避免损伤，否则犬肛门松弛会有溢便症状出现。

4. 手术操作过程中要严格的无菌操作，以防引起感染，导致复发。手术时选择部位要准确，否则手术不易成功。

5. 术后应严格控制患犬的饲喂量，以防饱食，防止因粪便积存而造成患犬疼痛，从而不敢排便，积存的粪便也易压迫缝合后的肌肉，使其裂开再度形成会阴疝。

十、泌尿系统疾病

(一) 膀胱破裂

膀胱破裂是指膀胱壁发生裂伤，尿液流入腹腔而引起的以排尿障碍、腹膜炎和尿毒症为特征的疾病。

[临诊实例] 一只 10 月龄雄性藏獒，体重 40kg，从高处跌落后腹围迅速增大，无排尿动作。

[病因浅析] 小动物膀胱破裂可因膀胱充满时受到过度外力的冲击，如车祸、高处坠落、摔跌、打击及冲撞引起；异物刺伤，如骨盆骨折时骨断端或其他尖锐物体、猎枪枪弹等刺入，以及用质地较硬的导尿管导尿时，插入过深或导尿动作过于粗暴，引起膀胱穿孔性损伤；尿路炎症、尿道结石、肿瘤、前列腺炎等

引起的尿路阻塞，尿液在膀胱内过度蓄积，膀胱内压力过大而导致膀胱的破裂。破裂部位常发生在膀胱体。

[初诊依据] 临诊检查发现：该犬体温 37.6℃，心率 130 次/min，呼吸 40 次/min。病犬能站立行走，四肢运动能力尚可。观察发现该犬可视黏膜为轻度贫血状态，腹部膨大，腹部皮肤和后肢有擦伤，呼吸较快，触诊腹壁紧张，膀胱膨胀抵抗感消失，有波动感。导尿管导尿时尿量明显减少，尿液中混有血液。腹腔穿刺有多量带尿味的浑浊或带红色液体流出。

[定性诊断] B超检查发现该犬膀胱结构不清晰，腹内有大范围液性暗区，肝脏、脾脏和肾脏结构清楚，右侧肾脏出现轻微肿大，提示为膀胱破裂、腹水。

[防控措施] 宜尽早修补膀胱破裂口、控制腹膜炎、防止尿毒症和治疗原发病。做膀胱修补手术时，动物仰卧保定，并注意避免妨碍呼吸，必要时在麻醉前行腹腔穿刺减压。做腹正中线切口（母）或中线旁切口（公）。腹腔打开后，缓慢排出尿液，以防腹腔突然减压引起休克。检查膀胱破口，处理内脏器官的原发性损伤或用插管冲洗除去尿路结石。膀胱和尿道用无刺激性防腐消毒药物冲洗后，用铬制肠线对破裂口做两层缝合，第 1 层作螺旋缝合，第 2 层作伦勃特氏缝合。若膀胱破裂的时间不长，腹膜炎通常并不严重。用灭菌生理盐水充分冲洗腹腔和内脏器官，然后向腹腔灌注青霉素或氨苄青霉素溶液，最后按常规缝合腹壁。

术后使用抗生素控制感染，根据病情采取相应的对症疗法。妥善护理，每天注意排尿情况。

（二）尿道损伤

尿道损伤是由于强烈的刺激因素作用于尿道所引起的伤害，多发生于公犬。

[临诊实例] 一只 2 岁雄性京巴犬，自由活动回家后，发现一根细竹篾插入阴茎中部，病犬弓背缓慢行走，常有排尿动作，

但每次只排出几滴，尿液鲜红。

[**病因浅析**] 尿道受到直接或间接的钝性外力（如打击、碰撞）和锐性外力的作用（如相互斗咬、锐器和枪弹）作用造成的损伤；尿道探诊时操作不慎，以及阴道肿瘤或阴道脱手术时损伤；阴茎伸出时间过长，不能回缩至包皮内造成尿道损伤；尿道结石、尿道炎症所致的损伤。

[**初诊依据**] 临床检查：该犬体温 38.2℃，心率 116 次/min，呼吸 46 次/min。损伤部位触诊痛觉明显，取出竹篾时痛苦呻吟，竹篾末端有少许血迹。

临床表现因损伤的部位和性质不同而有差异。损伤部位多位于会阴部。会阴部尿道发生非开放性损伤时，损伤部位肿胀、增温、疼痛，患病动物弓背，步态强拘，常有明显努责、尿频、尿淋漓，尿中混有血液，严重者出现尿闭。尿道开放性损伤时，还可见创口出血和漏尿，患病动物舔舐创口。骨盆腔内尿道损伤，尿液进入腹腔，下腹部肌肉紧张，可继发腹膜炎，甚至出现尿毒症。

[**定性诊断**] 可通过尿路造影进一步确诊本病。

[**防控措施**] 应确保尿液排出，抗菌消炎。为了保证尿路的通畅，可安置导尿管。小动物的导尿管可利用头皮针胶管（一次性输液管）制作，保留喇叭口端裁去头皮针端，其长度根据尿道的长度估计确定。将导尿管插入尿道，小心让其通过损伤部位，用缝线横穿喇叭口，并将其固定在包皮内或外阴门内；骨盆腔内尿道损伤，如安置导尿管困难，可于腹壁正中切开，暴露尿道后再将导尿管插入并贯通损伤部位。对于开放性损伤，在插入导尿管之后，用可吸收缝线对黏膜下层、肌肉组织分别做结节缝合，用丝线对皮肤做结节缝合。导尿管插入困难而尿路阻塞又难以解除时，可做膀胱穿刺排尿或安置膀胱插管。控制细菌感染除全身使用抗生素外，还可通过导尿管给予抗生素。每天应检查导尿管是否通畅及排尿情况，堵塞时，可向导尿管内注入生理盐水疏通。

十一、生殖系统疾病

(一) 隐睾病

隐睾病指在阴囊内缺少一个或两个睾丸。正常情况下睾丸在出生后逐渐降至阴囊内，但在青春期之前，有的动物睾丸可以自由地在腹股沟管内上、下活动。但在 7~8 月龄时睾丸应下降停留在阴囊内。患病动物睾丸有的位于腹股沟皮下，有的位于腹腔内，少数在腹股沟内。

[临诊实例] 一只 13 岁京巴犬，腹部隆起，明显膨大，拒绝按压，出现严重的排尿困难。呼吸急促，食欲渐减少，有时食后呕吐，偶有腹痛。颈部和腹部轻微脱毛。

[病因浅析] 隐睾病有明显的遗传倾向性，其发病机理尚未十分清楚。本病常见于纯种犬，发病率为 0.8% 左右，小型品种犬发生率明显高于大型品种。单侧隐睾较双侧隐睾多见（比例为 3:1）。单侧隐睾动物一般仍有生殖能力，但生殖能力下降。

[初诊依据] 体温 38.5℃，心率 125 次/min，呼吸 40 次/min。腹中、后部触摸有硬实物，触诊时痛感明显。阴囊一侧皮肤松软，不充实，对侧睾丸肿大。

[定性诊断] 背腹位 X 线检查发现腹腔后部左右各椭圆形大小不等致密阴影，腰椎椎间盘部位阴影密度增加。膀胱 X 线检查发现未见内部结石。

B 超检查可见，腹部明显的两个实质性暗区，呈椭圆形，边缘局部有突起，大小分别为 42.3mm×95.1mm 和 55.0mm×75.1mm。

[防控措施] 一般动物可以不治疗，但隐睾易发生肿瘤，因此，可建议做去势术。这既可消除发生肿瘤的可能性，又可消除乱排尿和生殖行为。单侧隐睾动物不宜做种用，双侧隐睾无生殖能力。如为皮下隐睾，可切开皮肤，分离出睾丸，双重结扎精索，将睾丸切除即可；对患腹腔隐睾者，切开腹底壁，在腹股沟

内环处、膀胱背侧和肾脏后方等部位探查隐睾，剪断睾丸韧带，双重结扎精索，除去睾丸即可。

[经验小结] 发现隐睾病犬，应尽早进行去势。本例病犬就是隐睾继发睾丸癌。

（二）前列腺炎

前列腺炎常呈化脓性炎症，形成前列腺脓肿，多发生在老龄犬。

[临诊实例] 一只 4 岁京巴犬，8kg，精神沉郁，食欲欠佳。主诉：该犬不让碰，一碰就嗷嗷乱叫，排尿困难，尿液黄，稍有红色。

[病因浅析] 多数前列腺炎由尿道上行感染所致。其病原菌为大肠杆菌、支原体、变形杆菌、链球菌、克雷伯杆菌及葡萄球菌等。前列腺增生、服用过量雌激素和患足细胞肿瘤可为本病的诱因，也可由血行性感染引起。

[初诊依据] 临诊检查体温 39.5℃，心率 136 次/min，呼吸 34 次/min。腹壁紧张，敏感；B 超检查可见膀胱壁增厚，前列腺体积增大、内部见液性暗区，未见结石；血常规检查白细胞总数、中性粒细胞均增多，尿液中可见红、白细胞。

[定性诊断] 由于该犬极敏感，麻醉后进行直肠检查，发现两侧前列腺明显肿大，而且硬度较大。确诊需进行 B 超检查。

[防控措施] 临床上常用复方新诺明（每次每千克体重 20～30mg，每天 2 次）和恩诺沙星（每次每千克体重 2～3mg），也可以用头孢菌素、氨苄青霉素、庆大霉素等能渗入前列腺组织内的抗生素，连续用药 3～6 周。慢性感染者，可长期应用半剂量抗菌药，每天 1 次，或同时行去势术。配合应用非那司提等能减少前列腺体积的药物，有益于本病的治疗。对已形成脓肿者，也可采取手术引流，但易出现继发感染。对于严重的前列腺炎，保守疗法无效时，可采用前列腺切除术。

[经验小结]

1. 据报道，最有效的治疗方法是去势，去势后前列腺在几天内开始退化，1周内触诊发现前列腺减小，2～3个月后前列腺继续减小。

2. 前列腺由腺组织及平滑肌组成，其表面为结缔组织和平滑肌组成的双脂膜包膜，抗生素药物自血浆弥散入前列腺液，大部分对引起尿路感染的细菌是有效的，但由于不能穿越前列腺包膜而进入前列腺腺泡达到治疗作用，所以选择能穿透血—组织液包膜屏障的药物是非常必要的。选择药物时，一定要考虑药物的脂溶性。

（三）前列腺囊肿

前列腺囊肿指前列腺腺体发生囊性肿胀，多发生于老年犬。有前列腺潴留性和旁性囊肿两种。前者发生在前列腺实质，形成大的空腔，腔内充满非脓性液体；后者发生于前列腺周围，仅一细蒂与腺体相连。

[临诊实例] 一只6岁德国牧羊犬，因不食，消瘦，腹腔内有肿块而来就诊。病犬精神委顿，排便困难，且稍带血。

[病因浅析] 潴留性囊肿可能与长期服用雌激素或足细胞肿瘤（释放雌激素）有关。雌激素使前列腺鳞状化生，腺体管阻塞而形成囊肿。另外，前列腺增生、慢性前列腺炎及肿瘤也可使组织增生，阻塞腺管而导致囊肿。有关前列腺旁囊肿发病原因不详，可能与前列腺囊发育异常有关。

[初诊依据] 触诊腹部时腹壁较紧张，可触摸到骨盆处有一球形肿块。病犬疼痛，直肠检查时肿块有波动感。

[定性诊断] 超声检查，可见膀胱下方有一囊状液性阴影，液性阴影旁还可见密度较高的前列腺实质阴影。

[防控措施] 药物治疗无效，禁用雌激素治疗。有人主张抽吸囊肿内容物，但以后会复发。对于囊肿大、临床症状明显的病

犬，可施囊肿切除术或袋形缝合术。单纯去势疗法不可靠，但可以在切除囊肿之后再施去势术。

前列腺袋形缝合术适用于囊肿大且与腹壁接近的病例。动物全身麻醉，仰卧保定。自腹底中线脐部向后至包皮，接着转向一侧，越过包皮，与阴茎平行，继续向后至耻骨前缘切开皮肤。结扎包皮动、静脉，将包皮及阴茎拉向一侧，分离皮下组织至腹白线。打开腹腔，钝性分离前列腺上的脂肪，用纱布隔离囊肿。用注射器抽出囊内液体并用生理盐水冲洗囊腔，在囊壁腹侧近腹底壁处做一小切口。然后，在原腹壁切口对侧腹壁上做一小切口，用止血钳自切口将带有切口的囊壁引至体外，囊壁切口创缘与皮肤切口创缘做结节缝合。术后 10 天拆除缝线，切口可自行愈合。

十二、神经系统疾病

(一) 椎间盘疾病

椎间盘疾病又称椎间盘突出，是指椎间盘变性、纤维环破裂、髓核向背侧突出压迫脊髓而引起以运动障碍为主要特征的一种脊髓疾病。多见于体型小、年龄大的犬，为犬临床常见疾病。本病颈、胸、腰椎均可发生，但胸腰部发病率极高，占 85%，颈部占 15%。临床上以疼痛、共济失调、麻木、感觉及运动麻痹为特征。

[临诊实例] 一只 5 岁雄性京巴犬，近几日半夜常常突然尖叫，走路弓腰，下楼梯时拒绝自行走路，触诊胸腰部敏感，肌肉僵硬，腹部呈板状，饮食欲有所降低。该犬每年均进行英特威四联苗的免疫，食物以比瑞吉犬粮为主。

[病因浅析] 本病主要由椎间盘退变所致，但引起其退变的诱发因素尚未有明确的定论。不过有些因素与其有关。

1. 品种与年龄 各种犬均可发生椎间盘退变，不过腊肠犬，京巴犬，法国斗牛犬，小猎犬，威尔斯柯基犬，拉萨艾普索犬和西施犬等品种犬最常发生。

2. 遗传因素　该病具有较高遗传性，故患本病犬不能作种用。

3. 激素因素　某些激素如雌激素、甲状腺素和皮质类固醇等可能影响椎间盘的退变。

4. 外伤　外伤并不能引起椎间盘突出，但是可作为诱因促使椎间盘突出。

5. 自身免疫机理　释放出溶酶体酶，改变椎间盘的蛋白多糖，导致蛋白多糖的部分降解。

［初诊依据］

1. 主要症状

（1）颈椎间盘突出　由于突出物压迫神经根、脑脊膜或椎间盘本身，故临床症状以疼痛为主。常呈持续性或间歇性疼痛。犬可突然痛叫，或运动时抱着头颈部时剧烈疼痛。犬颈部、前肢过度敏感。触诊颈部肌肉极度紧张。鼻尖抵地，耳竖起，腰背弓起。犬不愿行动或行走小心，或前肢跛行。表现轻度的神经性缺陷如反射改变或本体感受缺陷。但急性Ⅰ型椎间盘突出，则出现严重的神经性症状（如四肢轻瘫或共济失调）。

（2）胸腰椎间盘突出　急性椎间盘突出时开始表现先严重疼痛、呻吟、不愿挪步或爬楼梯困难、或有侵略行为。以后很快伴发两后肢运动障碍（麻木或瘫痪）和感觉丧失。下运动神经元受损，膀胱松弛，容易挤压，肛门松弛。上运动神经元受损，膀胱充满，张力大，难挤压。病犬均有尿粪失禁；Ⅱ型椎间盘突出时，开始为疼痛，如突出物和病理生理效应进一步发展，则发生不同程度的共济失调，后肢轻瘫、麻痹、膀胱功能失调和肛门反射迟缓等症状。

根据临床症状的严重程度分类：①1级：脊椎疼痛，感觉过敏，无神经缺陷。②2级：轻瘫但能行走。③3级：轻瘫，不能行走。④4级：麻痹但深部有痛觉。⑤5级：麻痹，深部痛觉消失。

2. 类症鉴别 椎间盘突出症外观症状无疾病特异性，与很多疾病症状类似，确诊主要依靠影像学诊断。

（1）脊髓

①脊柱损伤：通常非进行性而突然发生，有明显的痛感或运动障碍或不同程度的轻瘫、瘫痪或共济失调，脊椎形状发生改变或不稳定。

②寰枢半脱位：寰枢半脱位最常见于幼年（小于1岁）玩具犬和小型犬，偶发于其他品种犬。

主要症状表现为不愿意让人拍头部，颈部疼痛，可能有四肢轻瘫或四肢瘫痪的症状，因呼吸麻痹而突然死亡。侧位 X 光片显示颈部轻度向腹侧弯曲。

③脊髓肿瘤：与脊髓受到的压迫程度或脊髓直接损伤程度有关，常隐性发作，缓慢发展。但有些脊髓内肿瘤会出现急性发作，有外来的压迫能引发早期感觉过敏症状，后期可出现不同程度的麻痹。

放射学诊断，脊髓造影可分辨出病变的类型，如脊髓内，硬膜外。

④脊髓炎及脊髓膜炎：进行性病程（数天至数周）、轻瘫和共济失调（脊髓炎）、感觉过敏（脑脊髓炎）、中枢神经系统症状、眼球震颤、头歪斜、癫痫、意识改变。

进行脑脊髓液分析，发现白细胞和蛋白质增高，并有病原菌（细菌、真菌）。

（2）脊柱

①椎间盘脊椎炎：主要发生在大型犬，公犬与母犬比为 2：1。触诊敏感，高跷步态，进行性轻瘫或者麻痹后共济失调，脊椎破坏后引起连接不稳，全身症状，如发热、嗜眠、厌食、消瘦。常发部位：C6～C7 和 L7～S1。放射学诊断脊椎溶解、硬化、关节强硬。但一般症状出现 6～7 周后才有放射学变化。

②椎关节强硬症：在骨赘和骨桥未影响神经时不显临床症状。如神经根被包围，导致感觉过敏和单侧轻瘫。

放射学诊断发现椎体外存在骨赘或骨桥。通常仅限于椎体的腹侧面和侧面，很少继发脊髓压迫。

（3）外周神经

①多神经根神经炎（猎浣熊犬麻痹症）：后肢突然半麻痹和反射减弱，迅速上行性麻痹（前肢麻痹），脊髓反射下降或没有，病变肌肉张力减弱，迅速萎缩，疼痛反应加重，皮肤感觉敏感，严重发生呼吸麻痹，排粪尿均正常。症状出现5～7天，肌电图证明广泛失去神经支配。

②马尾综合征：腰荐部疼痛，起立困难，压迫L7和S1脊椎的背侧棘突引起疼痛。后肢跛行，因神经根受压迫，活动后加重。感觉异常，有时导致自残。后肢轻瘫，由坐骨神经支配的肌肉失去作用。会阴反射降低，括约肌障碍，波及阴部和骨盆神经根。可引排尿和排粪失禁。尾异常，压迫尾神经，尾张力减退，感觉降低。放射学诊断，腰荐部椎管狭窄和腰荐部连接不稳定，与L7相对的荐椎腹侧变位，向前牵引后肢不稳定加重。

（4）其他

①多肌炎：运步异常，肌肉表现纤弱，骨疲劳，呈蹲状姿势和僵直状态。休息后稍有改善。肌肉疼痛，多数发生于肢近端肌肉。咀嚼、吞咽困难。咬肌萎缩或肿胀，伴有食管扩张，反胃。体重减轻、发热、嗜睡、沉郁，叫声发生变化。任何犬有不知原因的体重减轻、嗜睡、纤弱和肌肉疼痛，应怀疑此病。活组织检查，肌纤维有无坏死、再生，能见到浆细胞和淋巴细胞炎性浸润。

②重症肌无力：获得性重症肌无力在初期不同程度的肌肉软弱，无力，活动耐受性差，休息后可得改善。主要侵害前、后肢，步幅变短，拒绝移动。休息后又重新行走。无精神，难于抬头，犬叫声音高。吃食和吞咽动作弱，可见干呕。常见胸内食道

症。可引起吸入性肺炎，也可能见到胸腺瘤。

③尿道结石（完全堵塞）：尿道结石形成完全堵塞，膀胱积尿过多，由于疼痛出现弓腰、腹壁紧张，触诊腹部敏感，行走拘谨，不愿活动等症状。与椎间盘突出症相似。

④犬瘟热：由犬瘟热病毒侵害造成中枢性的不全麻痹或完全麻痹，与椎间盘突出症造成麻痹相似，给予注意。

[定性诊断] 根据主诉，临床症状，视诊病犬运动状况，并结合触诊病犬脊柱，再经过类症鉴别，可以获得初步诊断，但是要确诊，必须进行神经学检查以及放射学诊断。神经学检查的目的是确定有无神经缺陷。如有，再查明其病变部位及范围。检查内容有姿势反应（单肢行走、单肢跳、本体意识反应等）、腱反射（二头肌、三头肌、胫骨前肌、腓肠肌及髌骨等反射）、膀胱试验、肛门反射和感觉反应等。

X线检查对确诊本病尤为重要，一般取侧位和腹背侧位拍摄。临床上椎间盘病变多发性并非少见，故颈椎间盘突出时除拍摄颈椎，还应拍摄胸腰段。反之亦然。X线光片检查的征候包括，髓核和纤维环矿物化、椎间盘间隙变窄、椎管内有矿物化团块和椎间孔狭窄等。为精确地确定脊髓病变范围和区别其他脊髓和脊椎病（如肿瘤），必须做脊髓造影。但脊髓造影有其副作用，故仅限用于即将手术的动物。

第1、2腰椎椎间盘突出，可见椎体间隙和髓腔都发生狭窄。（要注意胸椎之间的间隙本来就比腰椎间的要窄）已破裂的椎间盘物质在硬膜外沉积。

[防控措施] 本病尚无有效的预防措施，当发生本病后主要的治疗手段包括保守疗法和手术疗法。

1. 保守疗法 初期疼痛或疼痛伴有轻度到中度神经缺失，共济失调或轻瘫者适用保守疗法。强制休息是主要的保守疗法，一般需限制活动2～3周，并配合应用皮质类固醇和镇痛药物如地塞米松、强的松、保泰松及阿司匹林等。采用中医治疗：针灸、按摩、牵引等，耗费时间精力。许多犬经保守疗法病情得到改善，但仍有 50％犬会复发。

2. 手术疗法 疼痛、麻木、保守治疗无效、病情复发和症状加剧、非感觉麻痹性截瘫及感觉运动麻痹不到24h者适宜手术治疗。

（1）传统的开放手术方法

①全椎板切除术：该手术仅限于巨大中央型椎间盘突出、多节段椎管狭窄或复发病犬，因全椎板切除往往会破坏脊柱的稳定性，卧床时间过长，必将带来一些并发症，不利于病犬康复。对这类病犬可考虑行椎间植骨或横突间植骨，以加强脊柱的稳定性。

动物胸卧保定，腹部放一沙袋使脊柱弓起。自第七胸椎到荐椎处术部剪毛消毒。在椎间盘突出的前后两节椎骨正中切开皮肤。钝性分离皮下组织至棘突，锐性切开棘突两侧的胸腰肌肉到横突的水平位置。用牵引器撑开其两侧的肌肉，暴露背侧椎骨。先用咬骨钳咬除椎间盘前后的棘突，然后用圆头钻锉除背侧椎板的外侧骨密质和骨松质，保留内骨密质层，以免损伤脊髓，并向两侧扩展至后关节突或将后关节突锉除，接着向脊髓两侧挖除骨松质。用蚊式钳夹起薄的内骨密质层，暴露硬膜，用小的钝头探针探寻椎间盘，冲洗和吸除脊髓腹侧的椎间盘突出物。必要时从脊髓底部横穿一根 5～0 号线，将脊髓拉到一侧，梭形或十字形切开纤维环，摘除髓核，生理盐水冲洗。创口填塞止血海绵或自体脂肪，用细金属线以 8 字形固定在创口的前后棘突上，以代替切除的椎板。金属线上覆胸腰筋膜，并加固缝线。皮下组织及皮肤作常规缝合。

②椎板间"开窗"术：主要用于单纯旁侧型，初发且无间歇性跛行的年轻病犬。

背侧棘突作正中切口，切开皮肤、皮下组织后，沿棘突的患侧切开韧带及肌腱，将骶棘肌从椎板上剥离后，用纱布充填压迫止血。显露拟切除椎间盘平面的患侧椎板及棘突，用椎板拉钩或自动撑开器牵开骶棘肌。用刮匙刮除黄韧带浅面的软组织，露出黄韧带。用尖刀将黄韧带切一小口，露出硬脊膜，注意不要损伤硬脊膜。用神经剥离子通过小口探查有无粘连，伸入小号咬骨钳，咬除黄韧带，扩大窗口。尽可能将黄韧带于椎板附着处完全切除，以免残留的黄韧带增厚，引起医源性椎管狭窄。用神经剥离子轻轻剥开硬膜外脂肪，找到神经根，轻轻将神经根牵向内侧，探查突出的椎间盘。用尖刀在椎间盘上作十字切开或环形切除，用垂体咬钳或组织钳伸入切口内将髓核取出。将小刮匙伸入椎间隙，彻底刮除残余部分。

③半椎板切除术：对旁侧型伴有侧隐窝或神经根管狭窄者，均采用半椎板切除。即切除一侧椎板和关节突内缘，必要时切除关节突内侧1/4，这样既有利于向内侧牵开或分离硬脊膜，显露并摘除椎间盘，又有利于显露神经根，扩大侧隐窝和神经根管，以达到神经根充分减压。

（2）微创手术

①经皮穿刺椎间盘切吸术：经皮穿刺椎间盘切吸术是通过经皮穿刺技术，利用特殊的器械将椎间盘的髓核组织进行切割、抽吸，以降低椎间盘的内压力，达到治疗椎间盘突出症的目的。

②经皮内窥镜下椎间盘切除术。

③经皮激光椎间盘减压术。

④化学髓核溶解术。

⑤椎间盘内电热凝疗法。

［经验小结］

1. 全椎板切除　在治疗腰椎间盘中央型和椎管狭窄或二者兼有的病例起到了暴露广泛、视野清晰、操作方便快捷、减压彻底的作用，且近期疗效优良。但该术式的最大缺陷就是破坏脊椎的中、后柱结构，给日后因腰椎失稳埋下隐患。由于骨性结构覆盖的椎管遭到破坏，术后机化的血肿、肌肉与硬膜粘连，使部分病犬日后产生难耐性的下腰痛，称为腰椎手术后的"下腰痛综合征"或"下腰手术失败综合征"，故应慎用全椎板切除术。

2. 半椎板切除　尽可能少的破坏后柱结构。应用此术式治疗单节段或多节段的腰椎间盘突出和或合并腰椎管狭窄的病犬近期和远期疗效均较满意。但该术式减压欠充分，尤其对合并有椎管狭窄的病犬，由于椎管的病理范围广，一侧或双侧减压很难完全达到目的。两侧半椎板切除后，中间的棘突等后柱结构在短期内有浮游不稳的缺陷。个别病犬双侧减压节段较长，浮游的棘突会在平卧时压迫硬膜囊，导致术后腰痛。

3. 椎板间"开窗"术　此法对骨质损伤少，对脊柱稳定性影响不大，有利于术后功能恢复；不足之处是暴露范围较少。

（二）桡神经麻痹

小动物肱骨骨折时常发生远端桡神经麻痹，也可同时发生臂丛神经撕脱。远端桡神经麻痹也出现臂丛神经撕脱的异常步态，其症状较后者轻，肘关节可以伸展，但行走时脚背着地。与臂丛神经撕脱不同的是它无霍纳综合征和有膜反射。

[临诊实例]　一只5月龄雄性獒犬，昨日被自行车碰撞过，然后右前肢不能负重，跛行，饮食欲稍有下降，精神尚可，针刺右前肢无明显疼痛感觉，行走时右前脚脚背着地。

[病因浅析]　外周神经损伤相当普遍，一般为车祸外伤（如车辆的撞击或从开动的车辆上掉下或跳下）、骨折、穿透性损伤（如枪伤、刀伤、撕裂伤、咬伤）或医源性原因（如在神经附近肌内注射刺激物，手术时神经被缝线缠绕，安置髓内针时接近神经，在手术暴露长骨骨折时损伤了神经）所致。桡神经和坐骨神经是最易受损的外周神经，在伴侣动物会产生明显的四肢功能障碍。桡神经损伤的常见原因为臂神经丛的撕脱，肱骨干骨折及医源性损伤（即在手术暴露肱骨过程中受损）。桡神经起源于C7～

T2 脊神经根，支配肱三头肌、腕桡侧伸肌、腕尺侧伸肌和指总伸肌与指外侧伸肌。桡神经损伤导致姿势的缺陷，包括肘、腕和指不能伸展，并且肢体不能支撑其体重。反射异常包括肱三头肌肌腱反射减弱或消失，并且肢体颅侧从肘至脚趾的感觉消失。

[初诊依据]

1. 主要症状

（1）发病特征　外伤性外周神经损伤没有年龄、性别或品种差异。

（2）病史　患病动物一般有受创伤后患肢功能丧失的病史。相关的损伤，如骨折也可能存在。有时患病动物的病史可指示近期骨折的修复情况（即肱骨、尺骨干）。这些患病动物神经卡压区域会严重疼痛。

（3）症状　桡神经麻痹患犬肘、腕、趾不能伸展，肢体不能支撑体重。三头肌腱反射消失或减弱。从肘部至脚趾前面感觉减弱或消失。

2. 类症鉴别　任何与局部神经病变相似的疾病（即纤维软骨性栓塞、髂动脉栓塞、外周神经肿瘤、长骨骨折、弓形虫脑膜神经根炎）都应与外周神经损伤进行鉴别诊断。鉴别诊断包括病史、体格检查（即脉搏、长骨的触诊）、神经系统检查（即与特异的外周神经损伤相关的发现）、X线检查（即神经根肿瘤）。如有条件，还可应用电诊断学（肌电图描记法、神经传导研究）。

[定性诊断] 由外伤所致的桡神经麻痹还应检查相关的损伤（如心肺的损害，四肢和脊柱的骨折），且应采取相应治疗措施。对患肢应进行仔细的神经系统检查，包括检查步态、姿势、脊髓反射和感觉丧失的分布情况。根据这些检查的结果确定外周神经损伤的部位，并确诊。特异的实验室检查不常见。对于遭受车祸的患病动物，其血清中丙氨酸氨基转移酶或者碱性磷酸酶会升高。

表 5 - 1 常见的桡神经麻痹可能发生的运动、感觉、传导和反射变化

外周神经	脊髓根	步态或姿势缺失	脊髓反射变化	感觉缺失的分布
桡神经	C7～T2	肘、腕、趾不能伸展、肢体不能支撑体重	三头肌腱反射消失或减弱	从肘部至脚趾前面感觉减弱或消失
臂神经丛完全撕脱	C6～T2	"肘下垂",反射消失,张力缺乏;肢体不能支撑体重	在屈肌反射过程中肘部反射减弱或消失	肢体远端感觉完全消失
前臂神经丛撕脱	C6～C8	在放置过程中肘部不能屈曲	在屈肌反射过程中肘部反射减弱或消失	前臂内侧感觉减弱或消失

[防控措施] 本病尚无有效的预防措施,当发生本病后主要的治疗手段包括药物疗法和手术疗法。

1. 药物疗法 治疗选择取决于损伤的类型(卡压、受压、压碎、伸展、锐性撕裂或撕脱)和损伤的严重程度(神经失用症、轴突断伤和神经断裂)。药物治疗包括终末器官(即肌肉、肌腱和患肢关节)的精心管理,通过热敷、肌肉按摩、肌腱伸展和被动运动以及肢体远端自我致残的保护,直到出现神经支配恢复的迹象。

2. 手术疗法 根据损伤的严重程度和创伤类型选择手术治疗。

受严重外伤的动物应先进行药物治疗稳定病情,再进行手术。应进行静脉输液和心电图描记,当表现出与损伤相关的症状时(如心肺、泌尿或肌肉骨骼)予以纠正,如果神经损伤受到污染或手术治疗时间长(长于 90min),应给予预防性或治疗性抗生素。若患病动物属于清洁锐性横断性神经断裂,则进行神经外膜缝合术治疗。由伸展或撕脱所致的神经断裂需要进行彻底清创、神经松懈、神经缝合和肢体固定。在损伤清创时,应识别神

经断端并分离出来固定好，以便最后神经修复时能找到。患肢功能不能恢复的话可行截肢手术。与神经卡压有关的神经断裂，治疗时应暴露受卡压的神经，松懈出来，对神经断端清创并缝合。

[经验小结] 桡神经麻痹所需要进行的治疗方法取决于损伤的类型和损伤的严重程度。

表 5-2　桡神经损伤的治疗选择

损伤的严重度	损伤的类型	治　疗	预　后
神经失用症	受压、压碎、伸展、撕脱	药物	优良
	卡压	手术松懈	良好
轴突断伤	受压、压碎、伸展、撕脱	药物	谨慎至良好
	卡压	手术松懈	谨慎至良好
神经断裂	受压、压碎	药物	重症
	锐性撕裂	神经缝合	谨慎
	伸展、撕脱	清创和缝合	不良
	锐性撕裂、感染性损伤	延期缝合	谨慎
	卡压	手术松懈和神经缝合	谨慎

十三、骨骼疾病

(一) 骨折

当外力超过了骨所能承受的极限应力时，在外力作用部位骨的完整性或连续性遭受机械破坏，发生骨折。骨折的同时常伴有周围软组织不同程度的损伤。

[临诊实例] 一只 3 岁雄性杂交犬，一小时前在过马路时被一汽车撞上，导致左后肢悬起不能负重，触诊疼痛，牵拉左后肢有骨摩擦音，大腿部有角度改变。

[病因浅析]

1. 外伤性骨折

(1) 直接暴力　骨折多发生在打击、挤压、火器伤等各种机械外力直接作用的部位，如车辆冲撞、重物压轧等，常发生开放性骨折甚或粉碎骨折，大都伴有周围软组织的严重损伤。小动物常因从高处跌落而发生四肢骨折。

（2）间接暴力　外力通过杠杆、传导或旋转作用而使远处发生骨折。如奔跑中扭闪或急停等，可发生四肢长骨、髋骨或腰椎的骨折。

（3）肌肉牵引　肌肉突然强烈收缩，可导致肌肉附着部位骨的撕裂。

2. 病理性骨折　有骨质疾病的骨发生骨折，如患有骨髓炎、骨疽、佝偻病、骨软病、衰老、妊娠后期营养神经性骨萎缩，慢性氟中毒等，以及某些遗传性疾病，如四肢骨关节畸形或发育不良等，这些处于病理状态下的骨，疏松脆弱，应力抵抗降低，有时遭受不大的外力，也可引起骨折。

[初诊依据]

1. 主要症状

（1）疼痛与压痛　自动或被动运动时，犬不安、痛叫、局部敏感。

（2）畸形和角度改变　骨折肢体形状改变或呈异常角度。

（3）异常活动　全骨折时，不该活动部位出现异常活动。

（4）局部肿胀　骨折发生一天或数小时后局部肿胀，一般肿胀 7～10 天。

（5）功能障碍　伴有软组织损伤，肌肉失去固定支架作用，活动能力部分和全部丧失。

（6）骨摩擦音　移动骨折两断端，有摩擦感，发出碰击音。

2. 类症鉴别

（1）髋关节发育不良　髋关节发育不良是以髋臼变浅、股骨头不全脱位、跛行、疼痛、肌萎缩为特征的一种疾病。本病多发于大型品种的幼犬。患犬站立时不敢负重。行走弓背或身体左右摇摆。他动运动时，可听到或感觉到"咔嚓"声。关节松弛，多数病例疼痛明显，特别他动运动时，动物呻吟或反抗咬人。鉴别诊断可通过 X 线摄影确诊。

（2）髌骨脱位 有先天性和外伤性两种。前者与遗传有关，多见于玩具、小型品种犬。外伤性多因髌骨直接受到撞击，引起髌骨骨折，或其周围软组织损伤所致。动物行走跛行，有时呈三脚跳步样，跳走一会儿后，患肢落地行走，又恢复正常。根据临床症状、触诊和 X 线检查可以做出鉴别诊断。

（3）骨髓炎 患急性化脓性骨髓炎动物体温突然上升、精神沉郁、厌食。局部疼痛剧烈、红肿、灼热。肢体患病时，出现跛行。白细胞计数增加，核左移。X 线检查可以确定病变范围、性质及治疗效果。

（4）软组织损伤 通常有外伤病史，疼痛、跛行。但无畸形和角度改变，他动运动时无骨摩擦音。通过 X 线检查可以鉴别诊断。

[定性诊断] 根据患犬有外伤或肌肉损伤病史，结合主诉临床症状，视诊病犬运动状况，并结合触诊病犬患处，可以获得初步诊断，但是要确诊，必须进行放射学诊断。X 线检查对确诊本病尤为重要，并可了解骨折的形状、方位、骨折后愈合情况及鉴别其他骨骼疾病起很大作用。为确诊和选择最佳骨固定术，一般取侧位和腹背侧位拍摄，必要时应拍摄健侧相应位置作对照。

[防控措施] 根据骨折治疗要求，骨折可划分为三种损伤程度。重度骨折包括头颅、脊椎骨折和开放性骨折，应立即整复，保护受伤组织和正常生理功能；中度骨折包括关节面或骨骺、臂骨、骨盆及阴茎骨骨折，应尽早治疗，否则病情加重，功能异常；轻度骨折包括长骨干闭合性骨折、肩胛骨骨折、柳条枝骨折等，不要求早整复。

1. 急救 首先止血，防止出血性休克。若发现其他危及生命的损伤如膈疝、气胸、颅骨和脊柱损伤，应采取相应急救措施。

2. 整复与固定 根据骨折的严重程度，选择适宜的整复固定时间。对于中轻度骨折手术应在骨折 1～2 天、肿胀减轻后进行。手术不宜过迟，否则血肿机化，骨痂形成，易造成术时严重出血、术野模糊、继发感染。

（1）闭合性整复与固定法 用于新鲜较稳定的四肢闭合性骨折。术者手持近侧骨折端，助手纵轴牵引远侧段，保持一定的对抗牵引力。根据其变形或 X 线诊断，旋转、屈伸使骨折矫正复位。用铝条、硬质塑料板、竹片或树枝等材料作小夹板固定，或用石膏绷带，以保证骨折端不再移位，促进其愈合。

（2）开放性整复与固定法 包括开放性骨折或某些复杂闭合性骨折的切开整复。以内固定为主，并配合外固定。切开整复与固定是在直视下进行，确保骨折达到解剖复位和固定。为防治感染，术前局部剃毛消毒，术中严格按无菌要求操作。由于骨折可发生于不同位置，故手术径路及固定方法都各不相同。术者必须熟悉局部解剖及各种内固定技术。徒手或借助骨科器械整复骨折后，根据骨折性质及其不同部位，选用髓内针、接骨板、螺钉、钢丝等将其内固定。严重粉碎性骨折及骨缺损大，需从自身其他部位移植骨组织，填充缺陷，促进骨组织增生。如系肢体骨折，术后患肢外加卷轴绷带，悬吊于颈、胸、腹及臀部，限制其活动，必要时装置夹板、石膏绷带，以加强固定。

［经验小结］骨折的修复是一个比较复杂的过程，受很多因素的影响，如果治疗不及时或处理不当，可能发生压痛、感染、延迟愈合、畸形愈合、不愈合等各种并发症。

犬是活动型动物，术后应放入笼内两周以上，禁止走动。以后再认得保护下扶助行走，并逐步放大运动量一直能自由活动。外固定拆除时间应根据 X 线检查骨愈合情况而定，一般为 6～7 周。内固定物如接骨板和髓内针的拆除视动物年龄而定。3 个月龄以下，拆除时间为术后 4 周；3～6 月龄为 2～3 个月；6～12 月龄为 3～5 个月；1 岁以上为 5～14 个月时拆除。

（二）骨髓炎

骨髓炎是指骨髓和骨的化脓性炎症，多因细菌感染所致。按病情发展可分急性和慢性骨髓炎两类。

[临诊实例] 一只 3 岁雄性土犬，近几日发现右后肢不敢着地，饮食欲下降，精神沉郁，触诊该患肢疼痛剧烈，皮温升高。检查该犬右后肢，发现有一处开放性的外伤，已化脓感染。血常规检查结果如表 5-3。

表 5-3　犬骨髓炎血常规检查结果

项　　目	测定值	犬正常值
红细胞（×10^{12}/L）	4.86	5.5～8.5
红细胞比积（L/L）	0.37	0.37～0.55
血红蛋白（g/L）	118	120～180
平均红细胞体积（10～15L）	76	60～77
平均红细胞血红蛋白含量（10～12g）	24.3	19.5～24.5
平均红细胞血红蛋白浓度（g/dL）	32	32～36
白细胞（×10^9/L）	26	6.0～17.0
叶状中性粒细胞（%）	64	60～67
杆状中性粒细胞（%）	14	0～3
单核细胞（%）	4	3～10
淋巴细胞（%）	16	12～30
嗜酸性粒细胞（%）	2	2～10
嗜碱性粒细胞（%）	0	少见
血小板（×10^9/L）	300	200～900

[病因浅析] 犬发生骨髓炎大多数是由细菌引起的，这其中很多是由单一微生物引起的。细菌性骨髓炎通常可分为出血性和外伤性两种，然而，需要注意的是这两种类型难以明确区分开来，因为若骨折发生感染会引起出血，从而诱发骨髓炎。尽管细菌的类型和数量在骨感染过程中起着重要作用，但是单独一种细

菌不一定会引起骨髓炎。外伤性骨髓炎的发病原因还包括其他一些重要因素，如软组织损伤及血液供应改变的程度、一种生物膜（细胞外膜）的形成、骨折固定是否牢固。

真菌引起的骨感染是由于出血，从而将吸入性孢子一起带入血液循环。这些生物体通常是固定出现在某些部位的，这些生物体包括芽生菌属、球孢子菌属以及不常见的组织胞浆菌属和隐球菌属。

[初诊依据]

1. 主要症状 骨髓炎的症状因病期不同而表现各异。骨受到感染后的最初反应为发生炎性反应，该区域的软组织增温、变红、肿胀以及有疼痛感。动物表现为发热，沉郁，部分或者完全厌食。急性骨髓炎和由于手术原因引起的炎性反应的鉴别诊断比较困难。

如果出现术后48h高温还没有消退或者核左移增加的症状，这可能表明已经存在感染，而不仅是手术所引起的损伤。然而，如果未看到这两种症状也不能排除受到感染。患有慢性骨髓炎的动物通常会出现液体外渗和跛行，但是通常并不出现发热、厌食和其他全身性临床症状。也就是说，通常看不到或者只看到轻微的血液异常现象。

当发生急性骨髓炎时，经常会出现因感染而引起的明显全身症状，同时也可从白细胞数目增加并伴有核左移现象中得到提示。患有慢性骨髓炎的犬在进行实验室检查后并不会发现异常指标。

2. 类症鉴别

（1）骨折 当外力超过了骨所能承受的极限应力时，外力作用部位骨的完整性或连续性遭受机械破坏，发生骨折。

（2）髋关节发育不良 髋关节发育不良是以髋臼变浅、股骨头不全脱位、跛行、疼痛、肌萎缩为特征的一种疾病。本病多发于大型品种的幼犬。患犬站立时不敢负重。行走弓背或身体左右摇摆。他动运动时，可听到或感觉到"咔嚓"声。关节松弛，多数病例疼痛明显，特别他动运动时，动物呻吟或反抗咬人。鉴别诊断可通过 X 线摄影确诊。

[**定性诊断**] 微生物培养是确诊骨髓炎的有效手段，同时对于检测机体对抗生素的耐药性也是必不可少的。用于培养的病料样品采集不能来源于渗出管所渗出的物质。对于半数的患病动物来说从渗出液采集到的样品培养后得到的微生物比术中采集得到的要少。比较好的方法是进行需氧和厌氧培养的样品应来自于施行手术时的骨组织。也可以用细针直接在骨病灶区收集培养样品，这一方法可能比较有价值。在疑似患有真菌性骨髓炎的病例中，可以通过真菌培养、血清学检查、抗体效价测试和细胞学检查或者活体组织学检查来确诊。

[**防控措施**] 在进行骨科手术操作时，尤其要注意无菌操作的重要性，防止污染手术切口，使微生物在骨折部位大量繁殖，外伤处理要及时，防止伤口波及骨骼。

药物治疗包括抗生素治疗和热敷法，这两者对患有出血性骨髓炎或者术后引发骨髓炎的病例可能都是较为有效的治疗手段。当感染部位出现炎性征兆同时未出现坏死骨片、坏死组织或者未有分泌物渗出时，可以采用药物治疗。持续治疗 28 天以上。

如果出现坏死骨或者渗出包，那么就需要引流了，同时刮除坏死组织，给予抗生素治疗。

[**经验小结**] 对于骨髓炎病例，首先要摸清发病原因。在除掉原发病的基础上，结合抗生素治疗。在筛选抗生素时尤其要注意微生物培养以及药敏试验的重要性。

十四、关节疾病

（一）关节脱位

关节脱位是指骨间关节面失去正常的对合关系，多因外伤所致，也见于某些先天性关节疾病所致的关节脱位。临床以关节变形、异常固定、肿胀、肢势改变和机能障碍为特征。

[临诊实例] 一只 7 月龄雄性白色贵宾犬，来就诊的前几天发现右后肢时而悬起，用其他三条腿跳着走路，时而又可以着地行走，精神尚可，饮食欲未见明显异常，触诊右后肢也未见明显疼痛感，但是髌骨有较大活动范围。经 X 光片诊断，确诊为右后肢髌骨内方脱位。

[病因浅析] 髌骨脱位是犬常见的一种关节疾病，分为先天性和外伤性两种。前者与遗传有关，出生时就已发生股骨结构异常，其特征是髋内翻和股骨颈前倾减少，多见于玩具、小型品种犬。外伤性多因髌骨直接受到撞击，引起髌骨骨折，或其周围软组织损伤所致。

[初诊依据]

1. 主要症状 髌骨内方脱位时，动物行走跛行，有时呈三脚跳步样，这是因髌骨卡在内侧滑车嵴上之故。驻立时患肢呈弓形腿，膝关节屈曲，趾尖向内，后肢呈不同程度的扭曲性畸形，小腿向内旋转，股四头肌群向内移位。触摸髌骨或伸屈膝关节时可发生髌骨脱位。一般可自行复位或易整复。重者，不能复位或髌骨与股骨髁相连接。

髌骨外方脱位时，动物表现跛行，偶尔呈三脚跳步样。患肢膝外翻，膝关节屈曲，趾尖向外，小腿向外旋转。伸展膝关节，或向外移动髌骨时可引起髌骨外方脱位，但一般可自行复位。

2. 类症鉴别

(1) 髋关节发育不良 髋关节发育不良是以髋臼变浅、股骨头不全脱位、跛行、疼痛、肌萎缩为特征的一种疾病。本病多发于大型品种的幼犬。患犬站立时不敢负重。行走弓背或身体左右摇摆。他动运动时，可听到或感觉到"咔嚓"声。关节松弛，多数病例疼痛明显，特别他动运动时，动物呻吟或反抗咬人。鉴别诊断可通过 X 线摄影确诊。

（2）骨折　当外力超过了骨所能承受的极限应力时，在外力作用部位骨的完整性或连续性遭受机械破坏，发生骨折。可通过X线摄影进行鉴别诊断。

（3）骨髓炎　患急性化脓性骨髓炎动物体温突然上升、精神沉郁、厌食。局部疼痛剧烈、红肿、灼热。肢体患病时，出现跛行。白细胞数增加，核左移。X线检查可以确定病变范围、性质及治疗效果。

（4）软组织损伤　通常有外伤病史，疼痛、跛行，但无畸形和角度改变，他动运动时无骨摩擦音。通过X线检查可以鉴别诊断。

[定性诊断]　根据临诊症状、触诊和X线检查可作出诊断。

[防控措施]

1. 髌内方脱位　治疗方法有保守疗法和手术疗法两种。对于偶发性髌骨内方脱位、临床症状轻微或无临床症状、病犬大于1岁以上者适宜保守疗法。其治疗方法包括限制体重、限制活动、必要时给予非固醇类抗炎药物，如阿司匹林或保泰松等。一旦影响运步，应及早施行手术。

手术疗法：

（1）一级脱位　为防止髌骨向内脱位，可在髌骨外侧加强其支持带作用。较简易的方法是在外侧关节囊做一排伦勃特缝合，缝线仅穿过其纤维层。从接近髌骨远端1cm处开始缝合，向下缝至胫结节。对于大型品种犬，也可从腓骨外侧穿一根线，经髌骨近端股四头肌腱穿至髌骨内侧，在沿其内侧缘向下穿出于髌骨远端的髌韧带，在外侧收紧打结。此法同样可达到限制髌骨内方脱位的作用。

（2）二级脱位　如滑车沟变浅，可采用滑车成形术。切开关节囊，髌骨向外移位，暴露滑车。测量髌骨的宽度，确定滑车成形术的范围。滑车软骨可用手术刀、骨钻、骨钳或骨锉去除。其深度达至骨松质足以容纳50%的髌骨。新的两滑车嵴应彼此平行，并垂直于新的滑车沟床。成形术完成后，将髌骨复位，伸屈关节，以估计其稳定性。

如胫结节向内旋转，可施胫结节外侧移位术，以使附着于胫结节的髌骨韧带矫正到正常的位置。先用骨凿在胫前肌下作胫结节切除术，向外侧移位，再用1～2根钢针将其固定。伸屈膝关节，如仍有髌骨内方脱位的倾向，可进一步将胫结节外移，或外侧关节囊作间断内翻缝合。如必要，可做内侧松弛术。

（3）三级脱位　其手术方法同二级脱位。如仍脱位，表明内测松弛不够或存在胫骨内旋不稳定。需在原内侧切口的基础上继续向近端切开部分缝匠肌和股内直肌，增加内松弛的作用，再在腓骨外侧与胫结节间安置一根粗的缝线，收紧打结，使髌骨向外扭转，以矫正因内旋造成的不稳定。

（4）四级脱位　由于严重骨的变形，上述手术方法难以矫正髌骨脱位。一般需做胫骨和股骨的切除术。

2. 髌外方脱位　髌外方脱位亦划分四级，可按髌内方脱位选择适宜的手术疗法。因髌外方脱位手术目的是加强内侧支持带和松弛外侧支持带，故对选用某些矫正髌内方脱位的手术做相应的改进。

［经验小结］该疾病首先需进行脱位级别定位，进行严重程度的鉴定，然后采用相应的治疗方法，手术后应限制活动至少3周，否则可能会导致后期恢复不良。

（二）髋关节发育不良

髋关节发育不良是以髋臼变浅、股骨头不全脱位、跛行、疼痛、肌萎缩为特征的一种疾病。本病不是一种独立的疾病，是多种病因所致的复合性疾病。本病多发生于大型品种的幼犬。

［临诊实例］一只1岁雄性藏獒，近一段时间发现走路打晃，摇摆不定，后肢无力，精神尚可，饮食欲和体温正常。经X线检查，确诊为髋关节发育不良。

[病因浅析] 此病是多因子或基因遗传，主要表现肌肉和骨骼不以同样的速度发育成熟，致使主要依赖肌肉组织固定关节不能保持稳定。后者是髋关节发育异常的激发因子。实验证明，任何导致髋关节不稳定因素都可引起本病的发生。因此，髋关节发育异常是许多基因缺陷和环境应激因素作用的集中反应。

[初诊依据]

1. 主要症状 病犬后肢步幅异常，往往一后肢或两后肢突然跛行，起立困难，站立时患肢不敢负重。行走弓背或身体左右摇摆。他动运动时，可听到或感觉到"咔嚓"声。关节松弛，多数病例疼痛明显，特别他动运动时，动物呻吟或反抗咬人。一侧或两侧髋关节周围组织萎缩、被毛粗乱。有些因关节疼痛明显而出现食欲减退、精神不振等全身症状。个别动物体温升高。呼吸、脉搏、大小便及血常规化验均无异常。

2. 类症鉴别

（1）骨折 当外力超过了骨所能承受的极限应力时，在外力作用部位骨的完整性或连续性遭受机械破坏，发生骨折。可通过 X 线摄影进行鉴别诊断。

（2）骨髓炎 患急性化脓性骨髓炎动物体温突然上升、精神沉郁、厌食。局部疼痛剧烈、红肿、灼热。肢体患病时，出现跛行。白细胞数增加，核左移。X 线检查可以确定病变范围、性质及治疗效果。

（3）软组织损伤 通常有外伤病史，疼痛、跛行，但无畸形和角度改变，他动运动时无骨摩擦音。通过 X 线检查可以鉴别诊断。

[定性诊断] 虽然借助病史和临床检查可初步诊断本病，但最后仍需 X 线摄影确诊。动物需镇静或全身麻醉，采用仰卧位保定，两后肢向后拉直、放平，并向内旋转，使两膝髌骨朝上。此时，X 线球管对准股中部进行拍摄。如保定及拍摄位置不正确，会得出错误的诊断。根据 X 线诊断髋关节骨性增生、髋臼变浅、股骨头不全脱位及全脱位等异常情况，分可疑、轻度、中

等和严重四种病情。

[**防控措施**] 本病无特殊的预防方法。早期髋关节发育异常的犬只可强制休息，关在笼内让其蹲着，两后肢屈曲外展，减少髋关节压力和磨损，防止不全脱位进一步发展。也可用阿司匹林、保泰松等镇痛消炎剂减轻疼痛。本病保守疗法持久不见效，临床上可用手术疗法。

手术疗法有三类：一类为矫正骨畸形，进而矫正了关节的吻合性。这类手术有骨盆切开术，髋臼固定术，股骨旋转切开术，股骨内翻切开术；二类为髋关节切除术或置换术，手术有股骨颈切除术，髋关节全置换术；三类为解除疼痛的手术，有耻骨肌切开和切除术两种。

[**经验小结**] 该病的诊断需要注意动物拍摄 X 光片时的体位摆放，必须是采用仰卧位保定，两后肢向后拉直、放平，并向内旋转，使两膝髌骨朝上。此时 X 线球管对准股中部进行拍摄。如保定及拍摄位置不正确，会得出错误的诊断。

十五、肿瘤

肿瘤是犬机体受各种内外因素的作用，部分细胞不受机体的调控而异常增生和分化所形成的新生物。

[**临诊实例**] 一只 7 岁京巴犬，主诉：身体表面长有一个肿瘤，已有 3 个月的时间，饮食正常，触诊无疼痛感。

[**病因浅析**] 肿瘤是犬机体受各种内外因素的作用，部分细胞不受机体的调控而异常增生和分化所形成的新生物。肿瘤种类繁多，病因也不尽相同，因而也有很多病因学说。

1. 外因

（1）物理因素　包括机械性、温热、紫外线、电子辐射等长期刺激可引发肿瘤。

（2）慢性刺激　有些慢性炎症及经久不愈的溃疡病灶，能引起上皮的过度增生而发生癌变。

（3）化学因素　化学致癌物质很多，估计外界环境中的致癌因素，大约有 90％以上属于化学性因素。

（4）生物因素　主要为病毒，可分 RNA 和 DNA 肿瘤病毒两大类。

2. 内因　在外界条件相同的情况下，有些犬发生肿瘤，而另一些不发生肿瘤，这就说明了外界的致癌因素只是引起肿瘤的条件，外因必须通过内因而起作用。这些内因包括动物种类、遗传特性、免疫反应性、年龄和内分泌系统等。

［初诊依据］

1. 临床上出现肿胀或膨大、不能愈合的溃疡、异常的血样分泌物和区域淋巴结的肿大均为诊断上重要的症候。这些都可以通过视、触诊来进行，不仅可显示其特征，且可从主人那里得知肿块生长之快慢，了解其全过程。

2. 类症鉴别

（1）皮脂腺瘤　皮脂腺瘤可分结节性增生、皮脂腺瘤、皮脂腺上皮瘤及腺癌等。

皮脂腺结节增生：切面呈黄色、分叶状，腺体大，其小叶完全成熟，环绕中央皮脂腺管周围。

腺瘤瘤体坚实、界限分明、可任意移动、常常无毛、有时溃疡，其分叶比皮脂腺增生少。

皮脂腺上皮瘤：肉眼和组织学变化与基底细胞瘤相似，黑色素沉着明显，应与黑色素瘤区别开来。

皮脂腺腺癌：具有侵袭性、界限不明显、常破溃、不常发生于头部。腺癌由分叶或细胞索构成。其细胞核浓染，核仁明显，胞浆嗜碱性，具有浸入附近组织的有丝分裂像。

（2）脂肪瘤　脂肪瘤是常见的一种软组织良性肿瘤。此瘤一般为单发性，也可多发。

脂肪瘤在任何部位都可发生，但多见于皮下、腹膜后、肠系膜、肾周围、筋膜下和肌肉内，以及盆腔器官内。只要是富有脂肪组织的部位都可发生。具有生长慢、质软、边缘清楚、大小不一、压之易碎的特征。另外一个特点是，即使机体患消耗性疾病或长期饥饿，脂肪瘤也不见其缩小。

（3）乳腺肿瘤　乳腺肿瘤多发生于 6 岁以上的母犬，雄性犬极少发生。母犬的乳腺肿瘤是最常见的肿瘤，未去势母犬的发病率比已去势的高 3～7 倍。

犬 5 对乳腺的任何一个乳腺都可发病，但后 2 对乳腺多发。乳腺及其附近皮下可触摸到大小不等的局限性。良性肿瘤生长缓慢，有包膜，与周围组织不固定；恶性肿瘤生长快，与周围组织固定，表面易破溃，呈结节状，质硬，灰白色。触诊一般无痛感，患犬食欲废绝，消瘦，呈恶病质状态。恶性肿瘤约有11％～30％发生转移，肿瘤广泛转移导致各种临床症状的出现，如呼吸困难、咳嗽（向肺部转移是死亡最常见的原因）、一肢或数肢淋巴结水肿、跛行（骨髓转移等）。

（4）卵巢肿瘤　卵巢肿瘤的发生率不高，但随年龄增长有逐渐增高的趋势，一般见于 5 岁以上的母犬。肿瘤多为单侧性的自数毫米至 10cm 或更大。肿瘤包括浆液囊腺瘤，黏液囊腺瘤、颗粒细胞瘤和腺癌，有的呈弥漫性实体瘤状。颗粒细胞瘤多为良性，也有恶性的，转移到胸腔大网膜、腹膜后淋巴结。患犬常伴有雌性激素分泌过多，引起严重的子宫出血，发情期紊乱，子宫内膜增生。颗粒细胞瘤的患犬有明显的腹水。

（5）睾丸肿瘤

①睾丸肿瘤：多发于 7 岁以上的老龄犬。基本分为三类，间质细胞瘤发生率最高，次为赛透力氏细胞瘤，再为精原细胞瘤。

②间质细胞瘤：单发或多发，肿瘤呈结节状，黄色或棕黄色，质软。一般不大，直径为 0.5～3cm。纤维组织将肿瘤分隔成小叶状，一般细胞分化良好，来自睾丸间质细胞，细胞胞浆呈泡沫状，核染色浅。可产生雄激素。一般无症状，常在尸解时发

现。偶见恶性肿瘤，伴有转移。

③赛透力氏细胞瘤：睾丸数倍增大，常有出血、坏死和囊性变。肿瘤产生动情素，使公病犬呈雌性化，如腹部脱毛，性欲降低，乳头肿大，身体脂肪分布雌性化，阴茎萎缩，包皮松弛，对侧睾丸萎缩，前列腺上皮萎缩，鳞状化生，腹部及阴囊、皮肤色素沉着。

④精原细胞癌：肿瘤呈结节分叶状，色灰白及浅黄色，常有出血，坏死，质地软，可突然快速生长。肿瘤细胞来自于曲细精管上皮细胞，呈多角形。核圆形，核分裂丝较多。排列成团块或条索状，瘤细胞间有淋巴细胞。很少有转移，只是沿精索扩散。主要症状是走路困难，跛行，疼痛。

（6）淋巴肉瘤　淋巴肉瘤是犬最常见的一种肿瘤，原发于淋巴结或其他淋巴组织的恶性肿瘤，是一种进行性致死性疾病。多见于老龄犬，拉布拉多猎犬和芬兰狸发病率较高。

根据病变部位不同，临诊症状也不一样。

①多发性淋巴肉瘤：病犬精神沉郁，进行性消瘦，体表各淋巴结无痛性肿大、质硬，有时出现贫血和黄疸。面部和四肢末端皮下水肿，渴欲增加，尿增多，呕吐，后期病例出现腹水。

②肠淋巴肉瘤：是犬胃肠道中最常见的肿瘤，发生于小肠或大肠的肠系膜淋巴结，或两者同时发生。一般发生于小肠。初期偶见呕吐，便秘与腹泻交替发生，消化道功能紊乱，急剧消瘦。后期病例贫血和慢性腹泻。腹部触诊可摸到腹腔内肿块。

③纵隔淋巴肉瘤：当肿瘤增大到一定程度时，病犬突然呼吸困难，频频咳嗽，呕吐。胸腔渗出液增多，部分病例多饮多尿。

④皮肤型淋巴肉瘤：在皮肤，尤其是皮下散发或密布粟粒大至豌豆大小的硬结节，结节部位脱毛，有时溃疡和形成痂皮。有的结节会自动消失，但在几个月或几年后复发而使症状加剧。

[定性诊断]　X线诊断、放射性同位素诊断、超声波检查、内窥镜检查、免疫学检查以及病理形态学检查。病理形态学检查

是目前确定肿瘤的可靠方法，包括细胞学和组织学检查。

1. 临床细胞学检查 肿瘤细胞易于脱落，可通过穿刺方法获取体腔液体，或皮肤、淋巴结、骨髓、肝、脾、肾及胃肠等活组织，进行涂片显微观察。

2. 组织病理学检查 通过手术切除、活组织穿刺采集或死后剖检等方法，获得病理材料，作组织切片检查。此类检查有可能促使恶性肿瘤扩散，故最好在术前短期内或术中施行。

[防控措施]

1. 手术疗法

对于良性肿瘤：①良性肿瘤易发生恶变倾向者，或已发生恶变者，应尽早手术，连同部分正常组织整块切除。②良性肿瘤出现危及生命的并发症者。③良性肿瘤并发感染者，应择期手术治疗。④生长缓慢、无症状，如肿瘤增大妨碍功能，影响外观，均宜手术切除。良性肿瘤切除时，应连同包膜完整切除，并作病理检查。部分良性肿瘤可采用放射、冷冻、激光等方法治疗。

对于恶性肿瘤：①早期或原位癌，可作局部疗法消除瘤组织，绝大多数可行切除术；有的可用放射治疗、电灼或冷冻等方法。②肿瘤已有转移，但仅局限于近区淋巴结时，以手术切除为主，辅以放射线和抗癌药物治疗。③肿瘤已有广泛转移或有其他原因不能切除者，可行姑息性手术，综合应用抗癌药物及其他疗法。

2. 放射疗法 利用射线对组织细胞中 DNA 促使变化，染色体畸变或断裂，液体电离产生化学自由基，最终会引起细胞或其子代失去活力达到破裂或抑制肿瘤生长。

3. 化学疗法 又称抗癌药治疗。主要适用于中、晚期癌肿的综合治疗。

4. 免疫学疗法 能过机体内部防御系统，经调节功能达到遏制肿瘤生长的目的。肿瘤免疫治疗的方法很多，可分为主动、被动和过继免疫，并进一步分为特异性和非特异性两类。

目前大多采用病与辩证相结合的方法，即用现代医学明确肿瘤诊断，再进行中医四诊八纲辩证论治。治则以清热解毒、软坚散结、利湿逐水、活血化淤、扶正培本等，既可攻癌，又可扶正，还可缓解症状。

十六、皮肤及其衍生物疾病

从临床上分析，可以将犬的皮肤病分成寄生虫性皮肤病、细菌性皮肤病、真菌性皮肤病、病毒性皮肤病、与物理性因素有关的皮肤病、与化学性因素有关的皮肤病、皮肤过敏与药疹、自体免疫性皮肤病、激素性皮肤病、皮脂溢、中毒性皮炎、代谢性皮肤病、与遗传因素有关的皮肤病、皮肤肿瘤和其他皮肤病。

[临诊实例] 一只 2 岁德国牧羊犬，背部皮肤有片片脱毛区，患犬经常啃咬病患处皮肤，病患处皮肤有少量脓性分泌物。

[病因浅析] 从临床上分析，无论哪种病因导致犬皮肤病，均以皮肤和被毛的病理性改变为特征。

[初诊依据]

1. 主要症状 犬发生皮肤病时，皮肤上出现各种各样的变化，皮肤的损害分为原发性损害和继发性损害两大类。

（1）原发性损害 它是各种致病因素造成皮肤的原发性缺损，主要临床表现：斑点、斑、丘疹、结或结节、皮肤肿瘤、脓疱、风疹、水泡及大泡等。

（2）继发性损害 继发性损害是犬皮肤受到原发性致病因素作用引起皮肤损害之后，继发其他病原微生物的损害。主要包括：鳞屑、痂、瘢痕、糜烂、溃疡、表皮脱落、苔藓化、色素过度沉着、色素改变、低色素化、角化不全、角化过度、黑头粉刺及表皮红疹等。

2. 类症鉴别

（1）湿疹 湿疹是皮肤的表皮和真皮的轻型过敏性炎症。广义上讲，是指皮肤的急性或慢性炎症状态。通常指除接触性皮炎、脂溢性皮炎、特异性皮炎等以外的皮炎。临床上以皮肤红斑、血疹、水疱、糜烂及鳞屑等为特征。

急性湿疹主要表现为患部呈点状或多形性界限不明显的皮肤丘疹或红疹。病变常开始于面、背部，尤其是鼻梁、眼及面颊部，且易向周围扩散，形成小水疱。小水疱破溃后，局部糜烂。由于瘙痒和患部湿润，病犬不安，舔咬、摩擦患部，使皮肤丘疹症状加重。

慢性湿疹，皮肤增厚、稍有湿润和苔藓化。皮肤形成明显的皱襞，伴有血色素沉着和脱屑。患部界限明显，瘙痒加重。

（2）皮炎 皮炎是指皮肤真皮和表皮的炎症。临床上以红斑、水泡、浸润、结痂、瘙痒等为特征。

皮炎的特点是先在接触部位发生病变。皮损的性质、疹型、范围和严重程度取决于机体的反应性、接触物的性质、浓度、接触方法和接触时间长短。皮肤损伤轻者局部呈红斑、丘疹并时有肿胀，重则发生水泡、糜烂和坏死等。早期皮损与接触物的部位较一致，呈局限性、潮红、轻度肿胀、增温、发痒和疼痛等。由于搔抓、摩擦，皮肤可继发感染，使病情加重。

（3）指间囊肿 指间囊肿是犬指间一种慢性炎症损害，临床上并不表现囊肿，实际以肉芽肿为特征的多形性小结节，故又称指间脓皮病、指间肉芽肿等。发病初期表现为小丘疹，后来逐渐发展为结节，直径均为1~2cm，呈现紫红色，闪亮和波动。挤压可破溃，流出血样渗出物。在1个或几个脚上，可发生1个或多个结节。由异物引起的通常在1个前脚单个发生，而细菌感染的结节常多个发生。局部疼痛，行走跛行，并常舔咬患脚。

[定性诊断]根据皮肤的局部病变表现，可以做出一个初步诊断，要确诊需要进行实验室检查。

正规的动物医院都应有完善的实验室检查项目和临床必备的设备，因为在许多情况下仅凭宠物医生的双眼进行判断会出现很大的误差。

1. 寄生虫检查 ①玻璃纸带检查，即用手贴透明胶带，逆毛采样，易发现寄生虫。②皮肤材料检查，注意刮取的深度，螨虫的检查，临床上常常刮取病灶部皮屑，置于显微镜下寻找虫体。要选择患部皮肤与健康皮肤交界处，用凸刀刀片使其与皮肤垂直搔刮，至皮肤微出血的深度取其搔刮物，或用力挤压病变部位，将挤出的脓汁涂在载玻片上检查更为确实，病变部陈旧或已用过药的，检测难度较大。③粪便螨虫虫卵检查，饱和盐水的方法比涂片法准确。

2. 真菌检查 ①剪毛要宽些，将皮肤挤皱后，用刀片刮到真皮，渗血后，将刮取物放到载玻片上。②Wood's 灯检查，对于犬小孢子菌感染的检出率高。真菌检查多年来延续使用伍德氏灯，预热后照射患部被毛或皮屑，出现荧光为犬小孢子菌，石膏样小孢子菌感染不易看到荧光，须发毛癣菌感染无荧光出现。利用显微镜直接检查或取真菌培养物，以见到真菌孢子为准。③真菌培养：在健康处与病灶交界处取毛。经过真菌培养基的培养，观察真菌的菌落、确定真菌的种类。

3. 细菌检查 直接涂片或触片标本进行染色检查，做细菌培养和药敏试验等。

细菌性皮肤病主要在于掌握皮肤正常微生物菌群的侵入门户，在普通培养、分离培养、真菌培养的基础上，结合生化试验确定致病菌。

4. 皮肤过敏试验

（1）皮内反应 局部剪毛或剃毛消毒后，用装有皮肤过敏试剂的注射器，分点做不同的过敏源试验，局部出现黄色丘疹则为过敏。

（2）斑贴试验 变态反应性皮肤病与接触的食物、药物、化学物质及环境因素有关，查找变应原难度较大，主要在于询问病史，从中获取第一手资料。

5. 病理组织学检查 直接涂片或活体组织检查。

6. 免疫学检查。

7. 内分泌机能检查　通过验血检查甲状腺、肾上腺和性腺的机能。激素性皮肤病主要是测定体内相关激素的变化，实验室检测难度较大，除教学研究外，不易推广应用。

[防控措施]

1. 皮肤病内服药治疗　如应用抗组胺药物、抗真菌药物、糖皮质激素、免疫抑制剂及维 A 酸类等。

2. 皮肤病外用药治疗　软膏、乳膏等。

3. 皮肤病的物理治疗　如电疗、光疗、水疗、冷冻疗法、放射疗法及激光治疗。

[经验小结]

1. 皮肤与营养的关系很重要，食物中不饱和脂肪酸、必需脂肪酸、维生素、某些矿物质、蛋白质等都与皮肤的机能关系密切。地理环境、微生态环境对不同病因的皮肤病影响很大。不同个体对湿度、温度感受性也有差异。

2. 做好皮肤护理可促进皮肤血液循环，加快皮肤代谢过程，有利于保护皮肤的正常屏障功能。治疗皮肤病时的用药梯队、药物剂量、用药时间、给药途径及药物剂型等十分重要。临床上忽视局部用药和全身用药的结合非常普遍，为了消除皮肤病的瘙痒，滥用皮质类固醇制剂，尽管药效确实，但容易产生依赖。无论多大面积的皮肤病，注射给药应该说只是一种辅助方法。患病期间洗澡过勤或大量饲喂动物内脏及含不饱和脂肪酸高的食物，都会影响皮肤病的治疗效果。

第六章

产 科 病

一、妊娠期疾病

（一）流产

由于胎儿或母体的生理功能紊乱而使妊娠中断，可能表现为胚胎完全被吸收或排出不足月胎儿、排出死胎（包括腐败胎儿）称为流产。流产不仅使胎儿夭折，也危害母犬健康，甚至导致不孕。

[临诊实例] 一只 1 岁雌性贵宾犬，体重 4.1kg。一个多月前发情，主人给予交配，半个月后阴部开始流血，血量不多，近日血液成暗红色，血量增多，该犬容易出现疲劳，睡觉较多。精神、食欲均可，大小便正常。小便未见明显血色。近日感觉腹部有变大。

临诊检查：体温：37.9℃，精神尚可，血色正常，心、肺听诊正常，阴部有血液流出。腹围有增大。

[病因浅析] 引起犬流产的原因很多，主要有以下方面：

1. 饲养不当 饲料单一或不足，长期饥饿，使胎儿不能得到充分的营养，发育受到影响，造成流产。饲料中缺乏维生素（A、D、E）、矿物质（钙、磷、钠等），均可引起流产。

2. 机械性损伤 任何外力（打架、跳跃、碰撞、跌倒、压迫等）作用于孕犬腹壁，均可能造成流产。

3. 手术影响 如孕犬的外科手术、保定等刺激，可引起子宫收缩导致流产。

4. 用药错误 给孕犬全身麻醉、子宫收缩以及大量的泻剂、利尿、发汗剂等，均能造成流产。

5. 生殖器官疾病 慢性子宫内膜炎，虽然妊娠，但妨碍胎儿继续发育，怀孕到一定时间发生流产。

6. 胎膜和胚胎发育不良 由于近亲交配或其他原因，使精子或卵子发育不良，受精的合子生活力不强，可使胚胎早期死亡被吸收。胎水过多、胎膜水肿、胎盘异常，使胎儿的营养供给发生障碍，引起胎儿死亡。

7. 全身性疾病 母犬的心、肺、肝、肾及胃肠疾病、某些传染病（犬瘟热、结核病、布鲁氏菌病、传染性肝炎等）、寄生虫病（犬弓形虫）、中毒病等，均可并发流产。在传染性的病因中，布鲁氏菌是引起犬流产的最常见的病原菌。其次，感染大肠杆菌、葡萄球菌、链球菌可引起老龄母犬发生流产，也有感染犬瘟热病毒、犬疱疹病毒、弓形体引起流产的。

8. 内分泌失调 孕犬体内雌激素过多而孕激素不足，可引起流产。甲状腺功能减退可使细胞氧化过程受到障碍，也能影响胚胎继续发育而使其死亡。

[诊断依据] 临床诊断一般比较容易，如发现妊娠母犬不足月即发生腹部努责，排出活的或死的胎儿即可确诊。要注意的是大部分病例并不一定能看到流产的过程及排出的胎儿，而只是看到阴道流出分泌物；在妊娠早期发生的隐性流产，由于胚胎已被子宫吸收，阴道也无异常改变。遇有这些情况就要对母犬做全面的检查，先看看营养状况如何，有无其他疾病，然后仔细地触诊腹壁，以确定子宫内是否还存有胎儿。有时母犬所怀胎儿只有一个或几个流产，剩余胎儿仍可能继续生长到怀孕足月时分娩出，称之为部分流产。对流产的病因诊断非常重要，只有弄清病因，才能确定病犬能否继续酿种和采用何种治疗方法。如患有布鲁氏菌病的母犬，就不能再配种怀孕，即使妊娠了，最终还要流产，

病因诊断比较复杂，需要做多项实验室检查，如血清学试验、激素测定、尿液分析、阴道分泌物的微生物培养等。有条件者，还要对流产胎儿做各项检查。因此，母犬流产后，犬主应将产出的胎儿一并送检。

[防控措施] 对母犬出现流产征兆时，要采取保胎措施。可给病犬肌内注射黄体酮；其剂量为 2～5mg/次，连用 3～5 天。并进行对症治疗。如病犬体质虚弱，要及时输液、补糖。体温升高，呈炎症变化时，要注射抗生素；对胎儿排出困难、胎衣不下或子宫出血等症状，应注射催产素等催产药物（用量为 2～10U/次）；对胎儿已腐败的病例，除注射抗生素外；还应用 0.1% 高锰酸钾液冲洗生殖道。为防止流产，配种前应检查母犬有无布鲁氏菌病等传染性疾病。妊娠期间应加强饲养管理；对有流产病史的母犬，可在妊娠期间注射黄体酮，预防流产。

（二）假孕

犬假孕是犬在繁殖季节常见的一种疾病，多发于 3～5 岁母犬。假孕症是指母犬发情后在未交配或交配后没有受孕的情况下，出现一系列妊娠母犬所特有变化的一种综合征。假孕症虽然并不会引起生殖道的疾病，但会影响母犬的正常繁殖，造成经济损失，是母犬常见现象。犬假孕有时伴有子宫疾病，会引起严重的后果，轻则不孕，重则引起死亡。

[临诊实例] 一只 3 岁雌性北京犬，体重 4.3kg，交配后出现妊娠反应，59～60 天后，腹围增大，触诊无硬块也无波动感，拒食，但未见下仔。乳腺增生，乳房胀大，大量泌乳，触痛，发热，呕吐，体温升至 39.5～40℃，精神倦怠，心、肺、胃、肠系统无异常病变。

[病因浅析] 一般认为可能与黄体活性延长有关。犬是季节性单次发情动物，在每年春秋各有一次区分不是很明显的繁殖季节，在每一个繁殖季节仅出现一次发情。犬发情排卵后，无论受

孕与否，都会在卵巢形成黄体，犬是一种比较特殊的哺乳动物，没有黄体溶解机理，不需要胎儿来延长黄体寿命。如果怀孕，黄体在整个怀孕期都发挥功能；未交配或交配未孕，黄体功能也维持近似妊娠期的时间。黄体分泌的孕酮是一种维持妊娠和引起妊娠变化的激素。如果黄体存在时间延长（有时可达 100 天之久），并且孕酮分泌量与怀孕犬相同时，就会引起某些母犬出现类似怀孕的症状。在发情后期之后，犬进入很长的乏情期；在乏情期间，卵巢处于完全休止状态。由于黄体期较长，犬在每一黄体期都伴随着一定程度的乳腺发育。因此，有人将正常的未孕犬黄体期称为生理性或隐性假孕。由于不同品种或不同个体的母犬在发情后期乳腺发育的程度不同。因此，一般将出现明显假孕临床症状的犬，才认为是发生了假孕。

具体原因主要有：发情周期的促乳素分泌过多；对内分泌变化敏感，包括孕酮的逐渐降低及促乳素的适度升高；外源性孕酮导致的假黄体期，如为避孕或保胎超剂量使用黄体酮。由下列原因所致的孕酮消退：发情间期进行的卵巢摘除术，停止孕酮治疗时，先天性或由前列腺素所致的黄体溶解，抗孕酮药物的治疗；垂体微腺瘤可能引起的先天性高促乳素血症；其他幼犬的寄养引起的视觉刺激等；使用药物，母犬年龄较大，交配后也会出现假孕；自然的或社会因素，导致促乳素反射性过高。

[诊断依据] 本病多发生于发情后 1～2 月，临床表现与正常妊娠非常相似。患犬腹部逐渐膨大，触诊腹壁可感觉到子宫增长变粗，但触不到胎囊、胎体。乳腺发育胀大并能挤出乳汁，但体重变化较小。行为发生变化，如设法搭窝、母性增强、厌食、呕吐、表现不安、急躁等。假孕症的临床表现程度不一，严重者可出现临近分娩时的症状。部分母犬在配种 45 天后，增大的腹围逐渐缩小。发生假孕的母犬有时会伴随生殖道疾病，如子宫蓄脓症等。根据配种史、腹部触诊、X 线摄影及超声波诊断，排除真正怀孕即可确诊。

[**防控措施**] 对于症状较轻的母犬可不予治疗，临床症状明显或严重时才进行治疗。

1. 抗促乳素药物可降低血中促乳素浓度。溴隐亭每千克体重 0.5～4mg，每天 1～2 次，连用 3～5 天。

2. 雄性激素，如甲基睾丸酮，主要是通过对抗雌激素，抑制促性腺激素分泌，从而起到回乳的作用，每千克体重 1～2mg 肌内注射或内服，连用 2～3 天。

3. 孕激素，如醋酸甲地孕酮和醋酸甲羟孕酮，能抑制促乳素的释放或降低组织对促乳素的敏感性，可用于减轻症状，但停药后假孕症状可以复发。用量为每千克体重 2mg，口服。

4. 利用前列腺素加速黄体的溶解作用，可以终止犬的假孕。每次用量 1～2mg，连用 2～3 次。

对不用于繁殖而且常发生假孕的母犬，可以考虑进行绝育，摘除卵巢是唯一的一项永久预防措施。

二、难产

随着人们养犬数量的日益增加，临床发现难产病例也不断增加，据不完全统计，该病的发生大约占母犬的 3.3%。犬的怀孕期为 58～63 天，如果母犬怀孕期超过预产期 5～8 天，同时出现食欲急剧减少，焦躁不安，常曲颈垂首护腹，痛苦哀鸣，阴部流出绿色的黏液仍不产仔或者产两仔间隔超过 3h，可视为难产。

[**临诊实例**] 一只 1 岁雌性京巴犬，初产，自行分娩出 3 只犬仔。产后第 3 天，出现呕吐、腹泻、食欲废绝、精神沉郁等症状。临床检查：体温 36.6℃，体重 3.25kg，患犬卧地不起，对呼唤无反应。眼结膜发绀，牙龈略黄染。皮肤弹性丧失，心音缓慢。腹部触诊有一类似胎儿的硬物。阴道流出恶露，散发出腐烂的臭味。

[**病因浅析**] 造成难产发生的原因主要分两大类：一类是胎

儿性难产，一类是母体性难产。

1. 胎儿性难产

（1）胎儿过大 母犬怀孕期营养好，胎儿生长快，窝产仔少，大型公犬与小型母犬交配，怀孕期长，胎儿畸形等都可造成胎儿过大而发生难产。

（2）胎位不正 胎位异常，如下位、侧位；胎势异常，如后产式（飞节屈曲、被关节屈曲）、前产式（头侧弯、上仰、下弯、肢腕关节屈曲、肘关节屈曲、肩关节屈曲）等都可发生难产。

（3）激素含量不足 胎儿垂体及肾上腺皮质激素不足，无法发动分娩或分娩发动无力。

2. 母体性难产

（1）骨盆因素 母犬未完全达到性成熟年龄，骨盆未发育到生育状态；犬骨盆有骨折病史；骨盆骨有骨窟；骨盆发育畸形等。尤其是小型犬，由于体形小，骨盆狭窄易造成难产。

（2）腹腔因素 母犬年龄偏大，腹壁有疝痛，隔肌损伤等因素可造成母犬阵缩疼痛或阵缩无力而发生难产。

（3）子宫因素 母犬子宫先天性发育畸形、子宫肌纤维变性、子宫扭转等都易导致母犬难产。

（4）宫缩乏力 母犬所怀胎儿过少，对母体的分娩刺激不足，或由于多胎、胎水过多和胎儿总体积过大导致子宫过度扩张；运动不足，过度肥胖，营养不良，年老体弱；雌激素、前列腺素或垂体后叶素分泌失调，孕酮过多；钙不足，葡萄糖不足等都可导致宫缩乏力。

（5）子宫颈、阴道因素 激素不平衡、纤维组织增生或疤痕、先天性发育不良造成的子宫颈扩张不全；先天性发育不良、纤维组织增生、肿瘤、囊肿、脓肿和阴道脱出造成的阴道扩张不全。

（6）心理因素 更换生产环境，产前受强烈刺激而发生恐惧可导致难产。

(7) 生理紊乱 由于在犬孕期滥用药物及各种补品、激素或服药打针不当,也会造成难产。

[诊断依据]难产的症状显而易见,但区分是哪种难产、难产的程度,以及是否还有胎儿分娩出,则需进行病史调查和临床检查。

1. 病史调查 询问的内容包括:初产还是经产,是否有难产史,配种日期,公犬的品种与大小,本次分娩的启动时间,努责的频率和强度,已产出的仔犬数及每个胎儿产出的间隔时间,助产情况及结果。

2. 产科检查 先用消毒水洗净手和犬的会阴部,然后用一手食指及中指伸入产道,另一手触摸按压腹部,力求查明产道扩张程度,有无先天或后天异常,确定难产的种类,是产力性难产、产道性难产、还是胎儿性难产,检查有无胎儿及胎儿的位置及死活。判定胎儿是否存活的方法是,指头插入胎儿的口腔(前产式)或肛门(后产式),是否有吮吸动作及收缩反应。

3. 腹腔放射学检查 临产母犬和在产母犬 X 光照片可显示胎儿个数,胎儿体位及是否进入产道等。

4. 腹腔超声检查 临产母犬和在产母犬 B 超检查可显示胎儿数量,胎儿是否存活及活力,子宫内有无囊肿。

5. 难产诊断指征 有以下情况之一可判定为难产。从配种的当天开始计算,母犬妊娠的天数大于 72 天。阴道检查发现盆腔阻塞。腹部强烈收缩持续 30min 以上而未产出胎儿。腹部次数很少的无力收缩,2h 以上没有分娩出胎儿。X 光检查发现胎儿胎位不正,胎儿未被送达产道。B 超检查发现胎儿心跳弱,处于应激状态分娩乏力时阴道有绿色排出物。

[防控措施]难产正确处理的原则有两个,一是既保母又保子,使胎儿产出并成活,母子平安。二是弃子保母,当胎儿死亡或截胎术后,尽力保证母犬安全。

1. 产力性难产 当母犬表现阵缩无力,而子宫颈已开放时,可注射催产素，每次注射 3～5 单位，增强子宫的收缩力。若子宫颈没开放，或开放得很小时，可先注射雌激素，促进子宫颈开放，待开放后再用催产素。体况较差，分娩力不足者，可进行强心补液，提高机体的抵抗力。

2. 产道性难产　当胎儿进入骨盆而软产道狭窄，如阴门过小，可在阴门上方扩创，待胎儿产出后再缝合好扩创部位，进行外科处理。骨盆腔硬产道狭窄，致使胎儿不能进入骨盆腔的，采用剖腹产术。

3. 胎儿性难产　当胎位是纵向，只是前肢或后肢某关节屈曲引起的难产，可在人工矫正好胎体的位置后，再牵引胎儿产出。如果胎儿是横向或者肢体过度扭曲无法矫正时，为保母犬安全，可进行截胎术。

4. 剖腹产　经人工助产仍无法解决难产时，需立即剖腹取胎。可采用腹白线或腹侧哺乳和避免刀口感染。常规切开腹壁各层组织。腹白线切口时注意勿伤及切口两侧增大的乳腺。用手轻轻拉出一侧子宫角，用消毒纱布与切口隔离。

在子宫大弯部纵行切开 4～6cm。轻轻挤压靠近切口处的胎儿，当胎儿被推至切口处时将之拉出并一同拉出胎膜，结扎或挫断脐带。依次取出该侧胎儿。另侧子宫角的胎儿最好也从此切口取出。胎儿数多或子宫收缩强烈，也可切开对侧子宫，胎盘完全清除后缝合子宫。用温青霉素生理盐水冲洗子宫后还纳腹腔。常规方法闭合腹腔，并包扎腹绷带。

[经验小结]

1. 存在与产科相关疾病的犬尽量少配或不配　如存在腹壁疝、骨盆骨折、子宫和阴道纤维组织增生、子宫肿瘤及有难产史的犬不适合作为配种用。

2. 搞好选配　杜绝体型大的公犬配体型小的母犬，遵循体型相近或差距小的公母犬相配。

3. 把握配种年龄　体未成熟的犬，骨盆、子宫及产道的发育都未达到生育要求。因此，不应在犬刚刚性成熟时配种，而应在体成熟时配种，防止早配带来难产。

4. 妊娠母犬的合理运动　据调查分析，在难产病例中，有相当一部分与妊娠期缺乏运动有关，因为母体的运动与胎儿的活动有密切关系，特别是在母犬的妊娠后期更要注意合理运动，运动不足会成为发生难产的诱因。合理运动不仅可以增强母犬体质，增加母犬产犬时的产力；而且可增强血液循环，增强仔犬的活力。但妊娠母犬运动要适度，一般是妊娠前期每天运动 2h，妊娠后期 3h 左右，临产前 2~3 天可在室内运动。

5. 合理控制母犬的营养　营养太好，可使胎儿过大而发生难产；营养不足，可使胎儿发育不良而出现弱胎。因此，针对采食不大，食欲不旺盛的犬可增加一些高蛋白的饲料；而对一些采食量大，食欲旺盛的犬可相对控制食量，特别是在怀孕 45 日龄以后，要注意调整母犬的营养，防止胎儿过大或过小。

6. 减少母犬产犬时的恐惧心理　母犬在产前要提前进入产房，让其熟悉生产环境，尽量不要更换饲养员，保证产区安静。

三、产后疾病

（一）产后搐搦症

产后搐搦症是一种以低血钙为特征的代谢性疾病，表现为肌肉强直性痉挛，意识障碍。本病在产前、分娩过程中及分娩后均可发生，但以产后 2~4 周内发病最多，且多见于泌乳量高的母犬。

[临诊实例] 2001 年 4 月 2 日，1 只重达 10kg 的北京犬顺利产下 5 只仔犬。产后 2 周母犬泌乳量较高，仔犬营养充足，均健康成长。4 月 27 日中午 12 时左右，该犬出现精神兴奋，呼吸急促，流涎，不安，怕人，行动不正常等现象。下午 2 时左右，出现抽搐症状，步态摇摆不定，有时突然倒地，卧地不起，四肢僵

直，口吐白沫。口服抗生素无效，来医院就诊。

临床检查患犬为小型犬，体况中等；呼吸 27 次/min，体温 40.2℃，心跳 110 次/min。可视黏膜呈蓝紫色、充血。肌肉间歇性强直痉挛，四肢僵直，角弓反张，口吐白沫。畜主反映，仔犬均正常，患犬发病前以米饭为主食，偶尔也补充一些精肉、鸡蛋等，其他食物较少。

[病因浅析] 缺钙是导致发病的主要原因。胎儿骨骼的形成和发育需要从母体摄取大量的钙，产后随乳汁也要排出部分钙。如果母犬得不到钙的及时补充，体内就会缺钙，缺钙引起神经肌肉的兴奋性增高，最终导致肌肉的强直性收缩。

[诊断依据] 一般是突然发病，没有先兆，病初呈现精神兴奋症状，病犬表现不安，胆怯，偶尔发出哀叫声，步样笨拙，呼吸促迫。不久出现抽搐症状，肌肉发生间歇性或强直性痉挛，四肢僵直，步态摇摆不定，甚至卧地不起。体温升高（40℃以上），呼吸困难，脉搏加快，口吐白沫可视黏膜呈蓝紫色。从出现症状到发生痉挛，短的约 15min，长的约 12h，经过较急，如不及时救治，多于 1～2 天后窒息死亡。快速诊断十分重要，结合临床症状，检测血钙含量，如血钙低于 0.67mmol/L（6mg/dL）即可确诊。

[防控措施] 静脉注射 10％葡萄糖酸钙 5～20mL（需缓慢注入），同时静脉注射戊巴比妥钠（每千克体重 2～4mg）或盐酸氯丙嗪（每千克体重 1.1～6.6mg，肌内注射）控制痉挛。母犬口服钙片或在食物中添加钙剂。

为预防产后搐搦症，在分娩前后，食物中应提供足量钙、维生素 D 和无机盐等。泌乳期间要注意日粮的平衡和调剂。

（二）产后感染

[临诊实例] 一只 2.5 岁母狼犬，体重 40kg，于 3 月 28 日生下 9 只仔犬后，3 月 30 日畜主发现母犬精神沉郁，食欲废绝

（只饮些清水），并有污红色腥臭的污秽物不时从阴道内流出。4月1日上午，前来就诊。

临床检查：体温39.8℃；眼结膜充血、微黄；触诊四肢末梢及两耳发凉；腹部紧缩，触摸有痛感，咬牙、呻吟；多卧少立，不愿走动；阴道检查时，刚触及阴门，病犬极力反抗，不给检查，此时从其阴道又流出腥臭的红色液体，液体混有组织碎片和少许脓汁。

[**病因浅析**] 母犬分娩和产后期间，其生殖器官发生了剧烈的变化，子宫颈开张，产道黏膜表层受损，子宫内积存大量恶露，不断从阴道流出，经7～14天才能排出干净，这为病原微生物的侵入和繁殖创造了条件。细菌经由产道感染而扩散至子宫，引起子宫发炎。

[**诊断依据**] 其症状为发烧，体温升至40℃以上，并有恶臭的分泌物排出，有时还会并发尿道感染。产后热发生原因大都为生产时间过久或接生时手指不清洁所引起，故治疗容易，当病症发生时应尽快找兽医师治疗，否则延误过久易造成不孕甚而危及母犬性命。近几年抗生素种类繁多，普遍使用，对犬的治疗起了决定性的作用。

发病期一般分三个阶段：产子后几日；1个月以后外阴分泌粉红色的浓血；母犬发情，发情时子宫颈张开，流出来的不是血，是脓血，带恶臭。

[**防控措施**] 在此期间，可给予母犬口服益母草浸膏，或肌内注射益母草针剂，促进子宫收缩和恶露排出。

1. 分娩完注射缩宫素，可收缩子宫、止血、催奶，并且连续3天注射抗生素。

2. 每天用洁尔阴、新洁尔灭液或温盐水清洗外阴1～2次，直到恶露消失为止。同时，搞好犬床卫生，防止蚊蝇带来污染。

3. 约30天（满月）还有从阴道流出恶露和血水就需要治疗，注射酚磺乙胺注射液（止血敏），止血、冲洗子宫。

冲洗子宫步骤：（用药）甲硝唑溶液（用量 200mL，直接使用）、氯化钠注射液（0.9％）（用量 250～500mL）、高锰酸钾、雷夫奴耳、可用氨苄西林钠（用量 1g）青霉素钠（用量 160 万 U）等。将犬固定在工具上（一般在犬笼上）；将稀释好的溶液放在热水里加热，（30～35℃），再把溶液放进输液袋里；拿出导尿管，把导尿管的一端和输液管连接在一起，然后对导尿管和犬的外阴进行消毒，避免感染。操作者需套上手套，拿住尿管的另一端，将其送入子宫内深度 10～12cm，与此同时，打开输液器开关，使溶液能顺利地进入子宫内，并进行冲洗，刚开始时要将外阴捏住，尽量不让溶液大量的流出来，等到溶液充满了子宫过后再放开，然后再捏住，这样一放一收，直到溶液放完，博美犬的用量一般一次在 200mL 以上。

四、阴道及阴户疾病

（一）阴道增生

阴道增生多发生于母犬的发情期前和发情期，是阴道黏膜对雌激素反应亢进引起的。发情期间分泌的雌激素会使阴道黏膜发生充血、水肿现象，尿道口前端的阴道底壁黏膜对雌激素反应较前庭部黏膜强，故该部位最常发生增生。

这种疾病的发生还与犬的品种和家族性有关，短头型大多易发病，尤其是拳师犬、斗牛马士提大犬、斗牛犬和大麦叮犬有家族性遗传倾向。

[临诊实例] 一只 9 月龄黑色藏獒，体重 44.3kg，该犬于 2007 年 11 月 2 日前来就诊。主诉该犬 8 天前第一次发情，前一天晚上发现阴道脱出一块，去某宠物医院就诊，医生作还纳处理，现在又向外脱出。该犬食欲正常，大小便正常，检查发现，该犬起卧不安，阴道增生物脱至阴门外，粉红色，质地坚实，如拳头样，表面光滑，有数条纵形皱褶，向前延伸至阴道

底壁。阴道流出血样分泌物，体温 38.1℃，心率 108 次/min，呼吸 40 次/min。

[病因浅析] 青年母犬在第一到第三个发情周期的卵泡期多发此病。增生物的形状大小不一，表面大都光滑湿润，呈粉红色，质地柔软。不突出于阴门之外的较小增生物随着体内孕酮水平的增高一般会自行消退。较大的增生物多呈舌形或梨形，突出于阴门外。尽管黏膜的增生往往引起尿道口的异位，但通常不会引起排尿困难。

[诊断依据] 通过视诊和触诊可做出初步诊断，病理学检查可确诊。与阴道肿瘤的区别是，阴道增生经常发生在发情期前或发情期的青年母犬，增生的黏膜多是尿道口前端的阴道底壁黏膜，在发情间期会自行消退。阴部肿瘤常发生于老龄的没有去势的母犬。做阴道的细胞学检查，如果在阴道上皮之间看不到红血球，同时并具有角质化的上皮细胞，则可确定是雌激素的刺激引起的，可在增生与肿瘤之间做鉴别诊断。

[防控措施]

1. 药物治疗 药物治疗取决于增生的程度、黏膜是否损伤、是否是种母犬等。如果增生物很小，没有突出于阴门之外，在发情间期一般会消退，不需要治疗。对于突出于阴门外的增生物，表面要涂布润滑剂、抗生素软膏或抗生素/糖皮质激素混合软膏等，以保持清洁，湿润。

可以使用促性腺激素释放激素（GnRH）和绒毛膜促性腺激素（HCG）诱导排卵，缩短母犬的性周期，达到治疗目的，但是效果不太理想，而且促性腺激素释放激素还可能会引起犬的卵巢囊肿。

醋酸甲地孕酮和米勃酮通过抑制发情来达到治疗目的，可以达到使增生物快速缩小的目的。醋酸甲地孕酮用于发情前期的早期，剂量为每天每千克体重 2mg，连续给予 8 天，在开始使用后 3~8 天内发情会被抑制，下次发情在 4~6 个月之后。

米勃酮必须于预计发情前 30 天以前使用才会有效，否则无法抑制发情，其使用剂量为 0.5～12kg 的犬给予 30mg/天，12～22kg 的犬给予 60mg/天，23～45kg 的犬给予 120mg/天，45kg 以上的犬给予 180mg/天，在服药期间不会发情，停药后 2～3 月后会恢复发情。

2. 手术治疗 对于较严重不可回复的增生性脱垂以及阴道突出物发生溃疡坏死时应予手术治疗。手术过程是：犬侧卧或呈站立姿势，给予适量的镇静剂。增生物尽可能向外牵出，找到尿道口，插入导尿管。用大号缝针穿两条较粗的不可吸收缝线，从距尿道口背侧 2cm 处穿入增生物基部，两条缝线分别向增生物基部两侧打结，线尾不减掉，留待下一步固定弹性胶带。用一条 15～20cm 的弹性绷带在缝线部绕增生物基部结扎、系紧，用两条缝线的预留线尾固定绷带以防滑脱，剪掉缝线和绷带的尾部，切除增生的黏膜，剩余的黏膜还纳进阴道，拔出导尿管。随着切除部位伤口的愈合，黏膜萎缩，绷带和线套会自行脱落，排出阴道之外。在术后的 6 天内要仔细观察病犬，以保证绷带和线套已经脱出。通过这种手术治疗的病例在下一个发情期复发的可能性小，而且这种手术方法不会引起犬的阴道狭窄，不会对下一次的交配和分娩产生不利影响。

要彻底根除这种疾病，患犬需要实施卵巢切除术或卵巢子宫切除术。卵巢子宫切除术最好在母犬发情间期的后期实施。

（二）阴道脱

[临诊实例] 2009 年 4 月 1 只成年母狼犬略显发情特征，又有异常症状，前来就诊。

临床检查：病犬鼻端潮湿，双目有神，被毛光泽，膘情中上等。体重约 20kg，表现精神紧张，站立不安，频频骚动，忽而前冲、忽而后坐，吠叫。阴门外凸，阴唇内有一鹅蛋大的球状物。经手术探查后诊断为阴道脱垂。

[病因浅析] 母犬发情时，由于受到雌激素的作用，阴道黏膜都有不同程度的增生或充血。如果增生过度，长时间不消退，就会导致部分或全部阴道翻出阴门之外，造成阴道脱出。本病的发生率不高，可见于年轻的大型犬。

[诊断依据] 部分阴道脱出的患犬，病初卧地时往往可见粉红色阴道组织团块突出于阴门之外，站立时可复原。若脱出时间过久，脱出部分增大，患犬站立后也不能纳入阴道。若脱出部分接触异物而被擦伤，则可引起黏膜出血或糜烂。

阴道全部脱出的患犬，可见整个阴道翻出于阴门之外，呈红色球状物露出，站立时不能自行还纳。如脱出时间较短、可见黏膜充血；如脱出时间较长，则黏膜发紫、水肿、发热、表面干裂、裂口中有渗出液流出。

注意与阴道平滑肌瘤鉴别诊断。阴道肿瘤的特点是：附着在阴道任何部位的坚实无蒂团块，一旦突出于阴门之外就不能复位，其发生与发情无关，常发生于老龄犬，不能自然退化。阴道增生与脱出的特点是，脱出团块柔软，能够复位。其发生明显与发情有关，间情期自然退化。

[防控措施] 轻度脱出者，如脱出的阴道黏膜仍保持湿润状态，没有受损伤，也没有被粪尿泥土沾污，在局部涂抹抗生素-甾体激素软膏后，加以整复即可。

全部脱出的病例，可用2％明矾或1％硼酸液洗净脱出部分，将后肢提起，在脱出部涂上润滑油。用手指轻轻将阴道送入阴门，投入一些抗生素软膏后，作阴门结节缝合可防止阴道再次脱出。

若脱出的阴道黏膜已变干燥，发生坏死，伴有严重损伤，无法整复或组织已失去活性时则必须采用手术疗法，将脱出部分切除。

怀孕期间发生阴道脱出时，大都采取保守疗法。保守疗法无效时，为了保存母犬生命，方施行剖腹产。

五、卵巢与子宫疾病

(一) 卵巢囊肿

母犬的卵巢囊肿包括卵泡囊肿和黄体囊肿。卵泡囊肿是由于卵泡不破，促使卵泡素增多，雌激素含量高，需要促黄体素治疗；发生黄体囊肿时，促黄体素增多，使孕酮含量上升，造成母犬不发情。

[临诊实例] 一只9岁雌性藏獒，平时精神状态好，食欲正常，近3年时间未发情，无其他生殖异常。腹部膨大、下坠，可触诊到篮球大团块物。冲击一侧，可感受到团块物整体向对侧移动后又回原位置。超声检查，肾后区卵巢位置可见局限液性暗区（无回声区）。为进一步确认，作剖腹探查确诊为卵巢囊肿。

[病因浅析] 卵巢囊肿有4种类型：卵泡囊肿、黄体囊肿、上皮小管囊肿和卵巢网囊肿。前2种较为常见。卵泡囊肿是由于卵泡上皮变性、卵泡壁结缔组织增生变质、卵细胞死亡、卵泡液未被吸收或者增多而形成。黄体囊肿由未排卵的卵泡壁上皮细胞黄体化而形成，因而又称为黄体化囊肿。卵巢囊肿多因促性腺激素分泌紊乱而引起，多见于老龄犬。本病是导致不孕症的原因之一。

[诊断依据] 卵巢囊肿的母犬常见躯干背部慢性对称性脱毛，皮肤增厚，皮肤色素过度沉着。卵泡囊肿时母犬持续发情、性欲亢进、阴门红肿，有时有血样分泌物，常爬跨其他犬、玩具或者人的裤腿等处，但是母犬拒绝交配；黄体囊肿的母犬在此期间不发情，也拒绝公犬的交配。临床上一般根据症状做出初步判断，必要时可以开腹探查。

1. 卵泡囊肿的病犬表现为频繁或持续发情，有时爬跨公犬，即所谓慕雄狂状态。精神急躁，行为反常甚至攻击主人。若一侧发病，另一侧卵泡可正常发育，但多不排卵，或排卵但不能受孕。手术可见卵泡囊壁很薄，充满水样液体。黄体囊肿时性周期完全停止。

2. 卵泡囊肿大的血浆雌二醇水平升高。

3. 大的卵巢囊肿，能形成可以触知的腹部团块。含有大囊肿的卵巢可能发生扭转。

4. 如囊肿较大，腹部 X 线摄影检查，可显示肾后液体密度的团块。B 超检查，肾后区卵巢位置可见局限性液性暗区（囊肿）。

5. 注意与多囊肾、肾上腺和肾的肿瘤、卵巢肿瘤及其他中腹部团块鉴别诊断。

[防控措施]

1. 多数卵泡囊肿，不经治疗可在数月内自然消失。

2. 对于持久的卵泡囊肿母犬可以肌内注射促绒毛膜促性腺激素（HCG）使其黄体化，剂量为 $20\sim50\mu g$，如果有效，$1\sim2$ 天内由前情期转入发情期，1 周后不见效则再次注射，并且剂量稍大些。对于黄体囊肿的母犬，可以肌内注射促卵泡激素（FSH）$20\sim50U$，或己烯雌酚 $1\sim2mg$，每天 1 次，连用 $2\sim3$ 天。

3. 手术摘除卵巢子宫是本病的根治方法。如果囊肿限于一侧卵巢，则切除患侧卵巢可取得良好效果。

（二）子宫积脓

犬子宫积脓是犬子宫的炎症或感染所致，通常继发于细菌感染导致子宫异常。部分子宫积脓是指细菌感染绝育犬残余的子宫体。根据子宫颈的开放与否分为开放型和闭锁型。

[临诊实例] 2010 年 1 月 24 日，9 岁北京犬前来就诊。主诉从 1 月 3 日发情以来阴门一直有红色污物流出，时多时少，有难闻异味。主人一直以为是发情所致，没有就医。最近几天，该犬精神委靡，食欲减退，遂来就诊。该犬几年前产过一窝小狗后没

再生育。

临床检查：该犬体型偏胖，精神抑郁，眼角有脓性分泌物，眼睛黯淡无神、贪饮、多尿，有轻微腹泻，体温 39.8℃。经过触诊发现子宫角变粗大，并有波动感，给该犬做 B 超检查，结果为子宫积脓。

[病因浅析] 造成子宫积脓的原因很多，主要有以下几种：

1. 发情后感染。发情后雌激素使子宫颈口扩张，外阴肿胀、子宫内膜脱落、出血使生殖道抵抗力降低，同时犬常坐于地面，阴道易被地面的细菌等病原微生物污染，如果主人不注意清洗公犬和母犬的生殖器，会在配种时引起细菌感染。

2. 母犬发情间期产生的孕酮促使子宫分泌物积聚和刺激子宫内膜增生。子宫分泌物中含有大量的白细胞和蛋白，白细胞分解形成的脓球积存在子宫内造成子宫积脓。

3. 外用合成雌激素不当，可使接受治疗的年轻母犬产生急性子宫积脓。孕酮和合成孕激素如甲地孕酮的使用已经证明可以导致母犬子宫积脓。

4. 继发感染。周围组织器官的炎症造成子宫感染，如膀胱炎、阴道肿瘤、盆腔炎、化脓性腹膜炎等，化脓菌由血液进入子宫造成子宫积脓。

5. 产后感染。死胎、助产不当和胎衣不下等可造成子宫颈阻塞，引流不畅可导致母犬子宫化脓性炎症。

6. 子宫内异物如剖腹时用不可吸收缝线缝合子宫或子宫颈阻塞引流不畅可导致子宫积液。

[诊断依据] 患犬初期往往全身症状不明显。一般是感染 15～30 天后出现症状。开放型子宫积脓的特征是流出脓性或脓血性分泌物。有些犬具有全身症状，精神欠佳、食欲不振、烦渴、排尿次数增多，有些犬除了阴道分泌物之外，其他表现正常。闭锁型子宫积脓无阴道分泌物，由于子宫内容物的存在而使犬腹部膨大，犬由于毒血症症状加重，表现为呕吐、脱水和氮血

症甚至发展为休克和昏迷。

该病的确诊主要依据以下几点：

1. 病史调查 发情后的老龄母犬、成年母犬给予不当药物或者曾用过甲地孕酮或其他孕激素类治疗（有用孕酮等给母犬避孕的历史）。

2. 物理检查 开放型子宫积脓可看到阴门分泌物，而闭锁型子宫积脓可在犬排尿后腹部触诊感知增大柔软和面团状的子宫。

3. 血液学检查 所有病犬的白细胞总数增加为 $40 \times 10^9 / L$ 左右，高的可达 $50 \times 10^9 / L$ 以上，这要取决于子宫颈的开放程度，可能出现非障碍性贫血。

4. 泌尿道参数 对于子宫颈闭锁型病例有的会出现脱水，可能出现氮血症和高磷酸盐血症，脱水严重了就会多尿、烦渴。可能会出现脓尿和细菌尿，但很难与泌尿道感染区别，因为尿液排出过程中很可能被子宫分泌物污染，但膀胱穿刺取尿不提倡，很容易刺破膨大的子宫引起子宫破裂。

5. X 线检查 做腹部侧位和腹背位 X 线检查，在腹腔中后部可观察到轮廓清晰、密度中等肠管状或念珠样影像。严重的闭锁型病例可见子宫膨胀如囊状，并将肠管压迫至胸腔方向。犬开放型子宫积脓在 X 线检查时子宫可能不增大。

6. 超声检查 病犬采取仰卧姿势，用 5MHz 线阵探头于脐孔部位纵向和横向断层扫描。当探头于腹白线方向平行纵切时，呈现为长条形宽径的无回声均匀液性暗区。当改变探头位置和腹白线方向垂直横切时，即显示多个层叠相间的类圆形无声液性暗区，都有明显的较强回声壁围绕，主要为粗大管状液性结构的病变回声。

7. 内窥镜检查 开放型子宫积脓时，阴道镜检查可以确定阴门分泌物来自子宫还是阴道。子宫积脓时，阴道黏膜通常表现正常。当子宫颈可见时，可以腹部触压子宫，子宫内容物通常可以穿透子宫颈，来进行细胞学检查或培养。

8. 直肠检查 排尽粪便后提高后躯，手指尽量向直肠深部插入，即可触到骨盆前方扩张的子宫（轻度黏液便，粪便污染肛周被毛）。腹水位置随犬仰位、俯位、头向上发生相应变化，而犬子宫积脓则否。

[防控措施]

1. 保守疗法 如果动物主人希望挽救犬作为种用，可以尝试用前列腺素 F 治疗。前列腺素 F 可以收缩子宫肌层，抑制黄体酮类固醇激素生成，促使子宫分泌液的排出，减少血液中孕酮的含量，这对开放型子宫积脓的犬治疗效果好。许多犬完全消除子宫的感染需要 2 个疗程的治疗。许多经前列腺素治疗的犬后来产下健康的幼仔。对闭锁型子宫积脓的治疗效果不佳，存在比手术更大的危险。成功治疗后生殖机能可能受到影响，应该在完成下一个发情周期再进行交配。

2. 手术治疗 采用卵巢子宫切除治疗。患犬仰卧保定，全身麻醉。在腹侧倒数第 2、3 对乳头间的腹中线上作皮肤切口。打开腹腔后找出卵巢和子宫作结扎切除。如子宫过度膨大而无法同时取出两侧子宫角时，可先取出一侧子宫角进行分离结扎，然后再进行另一侧的操作。避免过度拉扯而使紧张的子宫破裂，也不应随时扩大创口。子宫颈断端充分消毒，包埋缝合。避免脓汁倒流或粘连。术后充分休息，12h 内限制饮水、饮食，防止在麻醉未完全清醒下食物、饮水误入气管导致窒息。术后 10 天拆线。此间口服青霉素或头孢类抗生素抗感染。在不宜立即手术的危重病例和体虚的病例中，配合全身疗法，提高机体抵抗力。

（三）产后子宫复旧不全

产后子宫不能在一定时间内恢复到接近原有的大小，称为子宫复旧不全。

[临诊实例] 一只 2 岁德国牧羊犬，产后 10 天，体温 40℃，

精神高度沉郁，食欲废绝，肛门收缩无力，拱背努责，常作排尿姿势。不久后病程进一步发展，明显地表现出脱水和酸中毒症状，迅速消瘦、黏膜发绀、眼球下陷、心跳弱而快。

[病因浅析] 主要有子宫收缩无力、子宫疲劳、内分泌失调以及局部炎症或胎盘残留、胎盘附着面复旧不全等几个方面的原因。

严重的子宫复旧不全病例，由于子宫收缩迟缓，恶露积留在子宫内发生腐败，刺激子宫壁黏膜，引起炎性渗出，使子宫恶露增多，有害物质被子宫黏膜吸收，而引发严重的子宫内膜炎和败血症的发生。

[诊断依据] 突出症状是从产道持久排出（不定期）血性分泌物、新鲜血液或血凝块。正常情况下，产后出血不超过 7 天，但本病出血可持续数周甚至数月，3 岁以下犬更易患本病。腹部触诊未复旧子宫虽粗大但质地较柔软。子宫内滞留的渗出物、血液、胎盘等可迅速分解，分解产物被母犬吸收，经乳汁排出引起仔犬患病。

[防控措施] 治疗原则是促进子宫内容物排出，收缩子宫和防止感染。可皮下或肌内注射苯甲酸雌二醇 0.2～0.5mg/次，催产素 5～10U/次，每隔 2h 重复应用 2～3 次。按每千克体重皮下注射醋酸甲地孕酮 2mg 24h 内可减少出血，当出血停止后再继续用药 1 天。注射氯地孕酮 10～30mg 也能成功治疗非创伤性产后出血。

六、乳房疾病

（一）乳房炎

犬乳房炎是指由各种病因引起的一个或多个乳房发生的炎症。犬乳房炎可发生于经产母犬，家犬乳房炎是母犬泌乳期中最常见是一种疾病，如不及时治疗，轻则影响犬的哺乳，重则引起母犬死亡。

[临诊实例] 2008 年 10 月 10 日，患犬三岁半，体重 31kg，黑背。主诉：该犬不久前产 4 只幼犬，在分娩 18 天后，该犬精神极度沉郁，卧地不起，很少活动，不愿睁眼，常用舌舔发病乳房，饮食减少，甚至废绝，乳汁少，不愿喂乳。遂对该犬进行全面临床检查，发现该犬腹下左侧第 3、4 对乳房红肿，局部呈紫褐色，体积增大数倍，局部触诊温度升高，反应敏感，乳头干涸，挤压可流出黄白色乳汁混合物和血水，质地较硬，乳房实质内形成大小不一、界限分明、坚硬的结节，腹壁紧张，腋下和腹股沟等淋巴结明显肿胀，体温 41.2℃。可能是被幼犬咬伤所致。

[病因浅析] 本病多由外伤和微生物入侵乳腺引起。常见的病原菌主要有链球菌，葡萄球菌，大肠杆菌等。感染途径主要是幼犬的抓咬，也可以由摩擦，挤压，碰撞等机械因素损伤而感染。某些疾病如结核病、布鲁氏菌病、子宫炎等也可并发乳房炎。

[诊断依据] 在临诊上，家犬乳房炎大体可分为两个类型，一是普通乳房炎，局部可见乳房肿胀，充血，部分乳头焦干，皮肤紧而发亮，触之有灼热感，乳量减少，乳质变差，拒绝哺乳。同时病犬精神沉郁，食欲减退，体温升高达 40℃以上。二是败血型乳房炎，初期乳房红肿，腹部紫红，粪干，有时排出胶样黏便，体温高达 41℃以上，本型死亡率高，快的只有 2～3 天时间即可死亡。

假孕及初次怀孕受感染的母犬，主要症状为乳房的异常肿胀，质地柔软或坚硬，乳房可挤出脓性或带血的乳汁，严重者可出现乳腺变黑甚至发生溃烂。病犬精神沉郁，体温升高以及出现白细胞总数升高、核左移等现象。

[防控措施] 对于病犬的治疗多数可采用局部挤压，排出已感染变质的乳汁，热敷以及全身应用抗生素或磺胺类药物治疗。病情严重的、乳房溃烂的病犬，可通过引流或手术切除乳腺进行

治疗。

1. 保守疗法 对于受感染的乳房应禁止幼犬吮乳，并挤出乳房中已变质的乳汁，乳房局部用抗生素或消毒剂冲洗。用40～50℃温水灭菌纱布蘸水温敷乳房，每次5～10min，每天3～4次，同时注射先锋5号，每次0.5g，一天3～4次，轻者一般3天左右即可治愈，如果乳房已有脓肿，宜切开排脓，挤出脓汁，而后用3％双氧水灌洗，并且每天肌内注射抗生素，为保持创口可以用纱布包扎。

2. 手术疗法 犬的乳腺位于胸腹下两侧皮下，左右各一排，呈纺锤状排列。乳腺切除的选择取决于动物体况和乳房患病的部位及淋巴流向，有4种切除法：单个切除、区域切除、一侧切除、两侧切除。一侧切除切口外侧缘应是在乳腺组织的外侧，切口内侧缘应在腹中线；两侧切除是以椭圆形切开皮肤，但胸前部应做Y形皮肤切口，以防张力过大。术后护理应使用腹绷带，创腔过大的犬应放置引流管，一般10天拆线。

（二）产后无乳或乳不足

产后或泌乳期乳腺机能异常，可引起泌乳不足，甚至无乳。各种母犬均可发生。

[临诊实例] 某犬场在2000—2001年的饲料转型期间，先后出现6例母犬不同程度的产后缺乳现象。主要表现为乳房增大不充分（明显），产前1～2天挤不出乳汁。产后1～2天仔犬明显吸不到初乳，人工挤压也不出乳汁，部分犬3～7天内有少许乳汁。仔犬由于吸不到乳或乳量严重不足而不能正常发育，体温下降，最后导致仔犬死亡。

[病因浅析] 多见于初产母犬。原因有乳腺发育不全、内分泌机能障碍、体质瘦弱、肥胖或患有严重疾病，以及妊娠后期营养缺乏等。此外，犬精神紧张也是引起本病的原因之一。

[诊断依据] 临诊可见乳房松软、缩小、乳汁逐渐减少，或

无乳，或突然无乳汁排出。仔犬吮乳次数增加，并经常用头撞乳房，常因饥饿而鸣叫。母犬有时因为疼痛而拒绝哺乳。

[防控措施] 改善饲养管理，喂以富含营养的食物或汤类食饵催乳。让病犬在安静、熟悉的环境中生活。温敷及按摩乳房是一项重要的刺激乳腺机能的方法，每天进行 2～3 次。母犬产后即喂催乳糖浆或催乳糖片，也可试用中药催乳，常用补气、行血、通经为主的中药治疗，如：

黄芪 50g，党参 50g，当归 100g，川芎 25g，寸冬 20g，木通 20g，漏芦 15g，桔梗 20g，炮甲珠 25g，王不留 100g，甘草 25g，共为末，开水冲，候温加黄酒 100g 为引灌服。用于气血不足造成的无乳症。

黄芪 50g，党参 50g，当归 100g，通草 50g，川芎 50g，白术 50g，川断 50g，阿胶 50g，木通 40g，杜仲炭 40g，王不留 100g，穿山甲 50g，炙甘草 40g，共为末，开水冲，候温灌服，用于气血不足、食欲不振。

当归 20g，川芎 20g，生地 20g，白芍 20g，黄芩 20g，党参 202g，穿山甲 20g，王不留 20g，通草 10g，甘草 15g，蒲公英 50g，共为末。分两次混于食内喂服，用于阴虚内热的缺乳症。

七、新生仔疾病

(一) 窒息

仔犬刚出生后，呼吸发生障碍或完全停止，而心脏尚在跳动，称为新生仔犬窒息或假死。

[临诊实例] 1 只 1.5 岁母犬前来就诊。母犬 2 个月前交配，前天晚上 10 时左右，见母犬从阴道露出 1 个小红水泡，4h 后，水泡破裂，液体流出，未产仔，当日 9 时来院求治。立即对母犬施行剖腹产手术，取出 4 只仔犬，进入产道的仔犬已经死亡，最后面的 1 只仔犬一切正常。靠近产道的两只仔犬无呼吸，经触

摸，发现这两只仔犬仍有心跳。

[病因浅析] 产道干燥、狭窄、胎儿过大、胎位及胎势不正等。使胎儿不能及时排出而停滞于产道。胎儿骨盆前置，脐带自身缠绕，使胎盘血液循环受阻。产犬高热、贫血及大出血等，使胎儿过早脱离母体。尿膜、羊膜未及时破裂，造成胎儿严重缺氧，刺激胎儿过早发生呼吸反射，致使羊水被吸入呼吸道等。

[诊断依据] 因窒息的程度不同，分为轻度窒息和重度窒息。

轻度窒息：表现呼吸微弱而短促，吸气时张口并强烈扩张胸壁，两次呼吸；间隔延长，舌脱垂于口外，口鼻内充满黏液，听诊肺部有湿性啰音，心跳及脉搏快而无力，四肢活动能力很弱。

重度窒息：表现呼吸停止，全身松软，反射消失，听诊心跳微弱，触诊脉搏不明显。

[防控措施] 治疗原则：一是兴奋仔犬呼吸中枢，二是使仔犬呼吸道畅通。

具体可采取以下方法：

1. 清理呼吸道　速将仔犬倒提或高抬后躯，用纱布或毛巾揩净口鼻内的黏液，再用空注射器或橡皮吸管将口鼻喉中的黏液吸出，使呼吸道畅通。

2. 人工呼吸　呼吸道畅通后，立即做人工呼吸。方法有三：①有节律的按压仔犬腹部。②从两侧捏住季肋部，交替地扩张和压迫胸壁，同时，助手在扩张胸壁时将舌拉出口外；在压迫胸壁时，将舌送回口内。③握住两前肢，前后拉动，以交替扩张和压迫胸壁。

人工呼吸使仔犬呼吸恢复后，常在短时间内又复停止，故应坚持一段时间，直至出现正常呼吸。

3. 刺激　可倒提仔犬抖动，甩动；或拍击颈部及臀部；冷水突然喷击仔犬头部；以浸有氨溶液的棉球置于仔犬鼻孔旁边；将头以下部位浸泡于 45℃ 左右温水中；徐徐从鼻吹入空气；针刺入口、耳尖及尾根等穴都有刺激呼吸反射而诱发呼吸的作用。

4. 药物治疗　选用尼可刹米、山梗碱、肾上腺素、咖啡因等药物经脐血管注射。

（二）新生弱仔及死亡

弱胎是在犬的繁殖过程中经常遇到的问题。部分初生仔犬在体重、体质、吮乳能力和抗逆性等方面弱于正常仔犬，生活能力低下，死亡几率较高，我们把这部分仔犬称为弱胎仔犬。

[临诊实例]　一只高加索牧羊犬，共分娩12只，2只出生后即死亡。2只体型明显小于同窝的其他仔犬。与同窝仔犬争抢乳头明显处于下风。五天后死亡。

[病因浅析]　弱胎仔犬出现的原因可分为先天和后天两种。

1. 先天原因　母体体质不好，不能给胎儿提供充足的营养物质，造成仔犬由母体获得的营养物质不均衡，影响了部分胎儿的发育，造成出生后弱胎。

母体存在生殖系统疾病，影响了胎儿的正常发育。

同窝仔犬数量过多，母体所提供的营养物质不能满足全部仔犬的需要，从而造成个别仔犬弱胎。

2. 后天原因　分娩过程受非正常外力（如不合理的助产手段等）影响，造成仔犬损伤而影响了出生后的体质，造成弱胎。

环境温度过低，造成初生仔犬适应外界环境受挫，造成弱胎。

没有及时吃到初乳，影响了正常的发育，体质越来越差，造成弱胎。

[诊断依据]　弱胎仔犬主要表现在体重、体质、吮乳能力和抗逆性四个方面。有的仔犬是某一方面弱，有的仔犬是某几方面弱。

1. 体重　同窝仔犬的初生体重是有差异的。正常情况下，个体体重和平均窝重的偏差不会超过20%，弱胎仔犬会出现体重小于平均窝重20%的现象。

2. 体质　初生仔犬的体质指标表现得并不明显，从初生到生后约 12h 为仔犬的恢复期，12h 后，仔犬的躯体动作明显加强，出现自主性乳啼，我们可以通过仔犬身体动作的强度和乳啼的强弱来界定仔犬的体质。

3. 吮乳　仔犬的吮乳行为具有先天的遗传性。初生仔犬在身体恢复到一定的程度后，会自行寻找乳头，自行吮乳，颌部有足够的力量衔住乳头并吸出乳汁，并且能自主地吞咽乳汁。弱胎仔犬则表现出有自主寻找乳头的意识，但意识弱；能够自主寻找乳头，但受体质影响，找不到乳头或在与同窝仔犬的争抢中衔不住乳头；颌部力量不足以吸住乳头，乳头经常从嘴中脱落；当母犬乳汁进入弱胎仔犬口中时，自主吞咽意识不强，被动吞咽行为占优。

4. 抗逆性不强　初生仔犬的抗逆性主要表现在抗环境低温能力、抗母体挤压能力两方面：初生仔犬对环境温度要求很高，其自身的体温调控机制不健全，对环境温度没有完全的自主适应能力，低温造成的负面影响非常大。初生仔犬相当多的能量消耗在对环境低温的适应上。弱胎仔犬对环境温度的适应能力明显低于正常仔犬。另外，因体力不足、乳啼声音不足等各种原因，不能及时引起母犬的注意与保护，丧失了由母犬提供环境温度的机会。在仔犬初生后的一段时间内，母犬受分娩过程的影响，体力不足，对仔犬的护理可能不够周到，会产生挤压现象，弱胎仔犬对这种挤压的适应能力不足，受挤压时反应迟钝，不能引起母犬的注意和保护。

[防控措施]

1. 人工补足初乳　初乳中含有仔犬所需要的各类物质，是生命必需的。在弱胎仔犬不能自主吮乳的情况下，要进行人工哺乳，每次哺乳的量要能满足仔犬的需要。

2. 保持仔犬的小环境温度足够高　弱胎仔犬的小环境温度要接近母体的体温，37～39℃为宜。这样可以降低仔犬适应外界环境温度的能量损耗。

3. 防止母犬的挤压，必要时单独隔离管理 为确保弱胎仔犬的健康，看护人员要及时监控，防止母犬挤压造成意外损失。必要时可使用婴儿保育箱等设备单独隔离管理。

4. 加强后天的管理与培训 弱胎仔犬在同窝仔犬中属于弱势个体，为确保健康发育，在管理与培训上应特别注意。可以采取及早分窝的措施，避免同窝强势个体的影响，在管理与培训过程中要特别注意犬自信心与胆量的培养。

图书在版编目（CIP）数据

犬病临床诊疗实例解析／贺生中，卓国荣主编 . —
北京：中国农业出版社，2011.2（2024.4 重印）
（兽医临床经典案例解析丛书）
ISBN 978-7-109-15366-0

Ⅰ . ①犬…　Ⅱ . ①贺…②卓…　Ⅲ . ①犬病-诊疗
Ⅳ . ①S858.292

中国版本图书馆 CIP 数据核字（2010）第 265244 号

中国农业出版社出版
（北京市朝阳区农展馆北路 2 号）
（邮政编码 100125）
责任编辑　武旭峰　颜景辰

中农印务有限公司印刷　新华书店北京发行所发行
2011 年 5 月第 1 版　2024 年 4 月北京第 3 次印刷

开本：850mm×1168mm 1/32　印张：10
字数：245 千字
定价：49.00 元
（凡本版图书出现印刷、装订错误，请向出版社发行部调换）